60 ANOS

TRADIÇÃO EM
COMPARTILHAR
CONHECIMENTO

CB008425

Adam Kucharski

A ciência da sorte

A matemática e o mundo das apostas:
de loterias e cassinos ao mercado financeiro

Tradução:
George Schlesinger

Revisão técnica:
Marco Moriconi
professor do Instituto de Física/UFF

Para os meus pais

Título original:
The Perfect Bet
(*How science and maths are taking the luck out of gambling*)

Tradução autorizada da primeira edição inglesa,
publicada em 2016 por Profile Books,
de Londres, Inglaterra

Copyright © 2016, Adam Kucharski

Copyright da edição em língua portuguesa © 2017:
Jorge Zahar Editor Ltda.
rua Marquês de S. Vicente 99 – 1º | 22451-041 Rio de Janeiro, RJ
tel (21) 2529-4750 | fax (21) 2529-4787
editora@zahar.com.br | www.zahar.com.br

Todos os direitos reservados.
A reprodução não autorizada desta publicação, no todo
ou em parte, constitui violação de direitos autorais. (Lei 9.610/98)

Proibida a venda em Portugal.

Grafia atualizada respeitando o novo
Acordo Ortográfico da Língua Portuguesa

Preparação: Diogo Henriques | Revisão: Carolina Sampaio, Otávio Fernandes
Indexação: Nelly Praça | Capa: Estúdio Insólito
Imagem da capa: © elbud/Shutterstock.com, © topseller/Shutterstock.com

CIP-Brasil. Catalogação na publicação
Sindicato Nacional dos Editores de Livros, RJ

K97c
Kucharski, Adam, 1986-
A ciência da sorte: a matemática e o mundo das apostas: de loterias e cassinos ao mercado financeiro/Adam Kucharski; tradução George Schlesinger; revisão técnica Marco Moriconi. – 1.ed. – Rio de Janeiro: Zahar, 2017.
il.

Tradução de: The perfect bet: how science and maths are taking the luck out of gambling
Inclui índice
ISBN 978-85-378-1692-9

1. Matemática. 2. Estatística. I. Schlesinger, George. II. Moriconi, Marco. III. Título.

CDD: 513.93
CDU: 51-7

17-42525

Sorte é probabilidade em nível pessoal.

CHIP DENMAN

Sumário

Introdução 9

1. Os três graus de ignorância 17
2. Um negócio de força bruta 38
3. De Los Alamos a Monte Carlo 50
4. Especialistas com doutorado 85
5. Ascensão dos robôs 122
6. A vida consiste em blefar 147
7. O oponente-modelo 175
8. Para além da contagem de cartas 206

Notas 228
Agradecimentos 251
Índice remissivo 252

Introdução

EM JUNHO DE 2009, um jornal britânico[1] contou a história de Elliot Short, um ex-investidor que ganhou mais de £20 milhões apostando em corridas de cavalos. Ele tinha uma Mercedes com chofer, mantinha um escritório no exclusivo distrito de Knightsbridge em Londres e com frequência bancava enormes contas nos bares dos melhores clubes da cidade.[2] Segundo o artigo, a estratégia vencedora de Short era simples: sempre apostar contra o favorito. Como o cavalo mais bem cotado nem sempre ganha, foi possível fazer uma fortuna usando essa abordagem. Graças a esse sistema, Short obteve imensos lucros em algumas das mais conhecidas corridas da Grã-Bretanha, desde £1,5 milhão no Festival de Cheltenham até £3 milhões no Royal Ascot.

Havia somente um problema: a matéria não era inteiramente verdadeira. As lucrativas apostas que Short alegava ter feito[3] em Cheltenham e Ascot nunca foram registradas. Tendo persuadido investidores[4] a despejar centenas de milhares de libras no seu sistema de apostas, ele gastara grande parte do dinheiro em férias e noitadas. Por fim, seus investidores começaram a fazer perguntas, e Short foi preso. Quando o caso foi a julgamento[5] em abril de 2013, Short foi considerado culpado em nove acusações de fraude e condenado a cinco anos de prisão.

Pode parecer surpreendente que tanta gente tenha sido enganada. Mas existe algo de sedutor na ideia de um sistema de apostas perfeito. Histórias de sucesso nesse terreno contrariam a noção de que casas de apostas e cassinos são imbatíveis. Elas implicam que há falhas nos jogos de azar, e que estas podem ser exploradas por qualquer um que tenha um faro agudo o suficiente para identificá-las. A aleatoriedade pode ser raciocinada em termos de fórmulas, e a sorte controlada através delas. A ideia é tão atraente que, desde o início da existência de muitos desses jogos, as pessoas vêm tentando achar meios de vencê-los. Todavia, a busca pela aposta perfeita não tem influenciado apenas jogadores. Ao longo da história, as apostas transformaram toda a nossa compreensão da sorte.

Quando a primeira roleta surgiu nos cassinos parisienses no século XVIII, não levou muito tempo para os jogadores fazerem aparecer novos sistemas de apostas. A maioria das estratégias vinha com nomes atraentes, e taxas de sucesso imensas. Uma dessas estratégias era o chamado *martingale*, ou "sistema de gamarra", que tinha evoluído de uma tática usada em jogos de bar e era, dizia-se, infalível. Com a sua reputação se espalhando,[6] tornou-se incrivelmente popular entre jogadores locais.

O *martingale* envolvia fazer apostas no preto ou no vermelho. A cor não importava, e sim o valor da aposta. Em vez de pôr a mesma quantia toda vez, o jogador a dobrava após uma perda. Quando finalmente acertasse a cor, acabaria ganhando de volta todo o dinheiro perdido em apostas anteriores mais um lucro igual à sua aposta inicial.

À primeira vista, o sistema parecia não ter falhas. Mas tinha um grande inconveniente: às vezes o volume da aposta requerida aumentava muito além do que o jogador, ou mesmo o cassino, podia se permitir. Seguir esse sistema poderia dar ao jogador um pequeno lucro inicial, mas no longo prazo a solvência sempre viria atrapalhar a estratégia. Embora possa ter sido popular, era uma tática que ninguém podia se permitir executar com sucesso. "O sistema de gamarra é elusivo como a alma",[7] nas palavras do escritor Alexandre Dumas.

Uma das razões para a estratégia ter seduzido tantos jogadores – e continuar seduzindo até hoje – é que matematicamente ela parece perfeita. Anote a quantia que você apostou e a quantia que pode ganhar, e você sempre sai por cima. Os cálculos só falham quando vão de encontro com a realidade. No papel, o sistema de gamarra parece funcionar muito bem; em termos práticos, não tem jeito.

Introdução

Quando se trata de jogos de apostas, entender a teoria por trás de um jogo pode fazer toda a diferença. Mas e se essa teoria ainda não tiver sido inventada? Durante a Renascença, Girolamo Cardano foi um ávido jogador. Tendo dissipado a sua herança,[8] resolveu fazer fortuna com apostas. Para Cardano, isso significava medir o grau de probabilidade de eventos aleatórios.

A probabilidade como a conhecemos não existia no tempo de Cardano. Não havia leis sobre eventos casuais, nem regras sobre o quanto alguma coisa era provável. Se alguém tirasse dois 6 num jogo de dados, era simplesmente sorte. Em muitos jogos, ninguém sabia com precisão qual devia ser uma aposta "justa".[9]

Cardano foi um dos primeiros a perceber que tais jogos podiam ser analisados matematicamente. Ele se deu conta de que navegar no mundo do acaso significava entender onde residiam suas fronteiras. Assim, examinava a coleção de todos os resultados possíveis, e então se concentrava naqueles que eram de interesse. Embora dois dados pudessem cair em 36 arranjos diferentes, só havia uma maneira de tirar dois 6. Ele também elaborou uma forma de lidar com eventos aleatórios múltiplos, deduzindo a "fórmula de Cardano"[10] para calcular as chances corretas para jogos repetidos.

O intelecto de Cardano não era sua única arma em jogos de cartas. Ele também levava consigo um punhal, e não era avesso a usá-lo. Em 1525, estava jogando cartas em Veneza e percebeu que seu adversário trapaceava. "Quando observei que as cartas estavam marcadas, acertei irado seu rosto com meu punhal", disse Cardano, "mas não foi um corte profundo."[11]

Nas décadas que se seguiram, outros pesquisadores também se dedicaram a desbastar os mistérios da probabilidade. A pedido de um grupo de nobres italianos,[12] Galileu investigou por que algumas combinações de faces de dados apareciam com mais frequência que outras. O astrônomo Johannes Kepler também tirou uma folga[13] de seus estudos sobre o movimento planetário para escrever um pequeno texto sobre a teoria dos dados e jogos de apostas.

A ciência do acaso[14] floresceu em 1654 como resultado de uma pergunta sobre jogos de apostas formulada por um escritor francês chamado

Antoine Gombaud. Ele estava intrigado pelo seguinte problema: o que é mais provável, tirar um único 6 em quatro lances de um só dado ou tirar um duplo 6 em 24 lances de dois dados? Gombaud acreditava que os dois eventos ocorriam com igual frequência, mas não era capaz de provar. Então escreveu ao seu amigo matemático Blaise Pascal, perguntando se era realmente isso que ocorria.

Para atacar o problema dos dados, Pascal recrutou o auxílio de Pierre de Fermat, um rico advogado e colega matemático. Juntos, eles avançaram o trabalho anterior de Cardano sobre aleatoriedade, gradualmente estabelecendo as leis básicas da probabilidade. Muitos dos novos conceitos viriam a se tornar centrais para a teoria matemática. Entre outras coisas, Pascal e Fermat definiram o "valor esperado" de um jogo, que mensurava o quanto ele seria lucrativo, em média, se jogado repetidamente. Sua pesquisa mostrou que Gombaud estava errado: a probabilidade de tirar um 6 em quatro lances de um dado[15] é maior do que a probabilidade de tirar um duplo 6 em 24 lances de dois dados. Ainda assim, graças à dúvida de jogo de Gombaud, a matemática ganhara um conjunto de ideias inteiramente novo. Segundo o matemático Richard Epstein, "os apostadores podem reivindicar merecidamente serem os padrinhos da teoria da probabilidade".[16]

Além de ajudar os pesquisadores a entenderem o quanto uma aposta vale a pena em termos puramente matemáticos, as apostas também revelaram como avaliamos decisões na vida real. Durante o século XVIII, Daniel Bernoulli perguntou-se por que as pessoas em geral preferiam apostas de baixo risco àquelas que, em teoria, eram mais lucrativas.[17] Se não era o lucro esperado que as conduzia em suas tomadas de decisão, então o que era?

Bernoulli solucionou o problema do apostador pensando em termos de "utilidade esperada" em vez de remuneração esperada. Sugeriu que a mesma quantia de dinheiro vale mais – ou menos – dependendo de quanto a pessoa já tem. Por exemplo, uma única moeda vale mais para uma pessoa pobre do que para uma rica. Como disse seu colega de pesquisa Gabriel Cramer: "Os matemáticos estimam o dinheiro em proporção à sua quantidade, e homens de bom senso em proporção ao uso que fazem dele."[18]

Introdução

Tais percepções provaram ser muito poderosas. De fato, o conceito de utilidade é subjacente a todo o ramo de seguros. A maioria das pessoas prefere fazer pagamentos regulares, previsíveis, a não pagar nada e arriscar-se a ser atingido por uma conta pesada, mesmo que isso signifique pagar mais em média. Compramos ou não uma apólice de seguro conforme a sua utilidade. Se alguma coisa é relativamente barata de substituir, somos menos propensos a colocá-la no seguro.

Ao longo dos próximos capítulos, descobriremos como apostar continuou a influenciar o pensamento científico, da teoria dos jogos e da estatística até a teoria do caos e a inteligência artificial. Talvez não surpreenda que a ciência e os jogos de apostas estejam tão entrelaçados. Afinal, apostas são janelas para o mundo do acaso. Elas nos mostram como equilibrar risco e retorno e por que damos valores diferentes às coisas à medida que as nossas circunstâncias mudam. Elas nos ajudam a desvendar como tomamos decisões e o que podemos fazer para controlar a influência da sorte. Por abrangerem matemática, psicologia, economia e física, as apostas são um foco natural para pesquisadores interessados em eventos aleatórios – ou aparentemente aleatórios.

A relação entre ciência e apostas não beneficia apenas pesquisadores. Apostadores estão cada vez mais usando ideias científicas para desenvolver estratégias de jogo bem-sucedidas. Em muitos casos, os conceitos fecham o círculo: métodos que originalmente surgiram a partir da curiosidade acadêmica sobre apostas estão agora retroalimentando tentativas de vencer a banca na vida real.

NA PRIMEIRA VEZ QUE visitou Las Vegas, no final dos anos 1940, o físico Richard Feynman foi de jogo em jogo, calculando o quanto podia esperar ganhar (ou, mais provavelmente, perder). Ele concluiu que, embora os jogos de dados fossem um mau negócio, não eram tão ruins assim: para cada dólar apostado, ele podia perder em média US$0,014. É claro que essa era a perda esperada ao longo de um grande número de tentativas. Quando

Feynman tentou o jogo,[19] porém, foi particularmente azarado, perdendo US$5 de imediato. Foi o suficiente para fazê-lo desistir de vez do cassino.

Entretanto, Feynman fez diversas viagens a Las Vegas no correr dos anos. Ele gostava especialmente de bater papo com as coristas dos shows. Durante uma de suas viagens, almoçou com uma delas, chamada Marilyn. Enquanto comiam, ela apontou um homem passeando pelo gramado. Era Nick Dandolos, ou "Nick, o Grego", um conhecido jogador profissional. Feynman achou o conceito intrigante. Tendo calculado as chances para cada jogo de cassino, não conseguia deduzir como Nick podia ganhar dinheiro consistentemente.

Marilyn chamou Nick para a mesa, e Feynman perguntou como era possível ganhar a vida na jogatina. "Eu só aposto quando as chances estão a meu favor", retrucou Nick. Feynman não entendeu o que ele queria dizer. Como as chances podiam estar alguma hora a favor de alguém?

Nick, o Grego contou a Feynman o verdadeiro segredo por trás do seu sucesso. "Eu não aposto com a banca", disse, "e sim com pessoas em volta da mesa que tenham ideias supersticiosas sobre números da sorte." Nick sabia que o cassino tinha vantagem nas apostas, então, em vez disso, apostava com colegas jogadores ingênuos. Ao contrário dos jogadores parisienses que usavam o sistema de gamarra, ele compreendia os jogos, e compreendia as pessoas que os jogavam. Nick havia olhado além das estratégias óbvias – com as quais perderia dinheiro – e encontrado um jeito de virar as chances a seu favor. Calcular os números não fora a parte astuciosa: a verdadeira habilidade era transformar esse conhecimento numa estratégia efetiva.

Embora o brilhantismo geralmente seja menos comum do que a bravata, histórias de outras estratégias de apostas bem-sucedidas têm surgido ao longo dos anos. Há relatos de grupos que exploraram com sucesso furos na loteria e equipes que lucraram com mesas de roleta defeituosas. E há também os estudantes – frequentemente da área matemática – que fizeram pequenas fortunas contando cartas.

Contudo, em anos recentes, essas técnicas foram superadas por ideias mais sofisticadas. De estatísticos fazendo previsões de placares esportivos a inventores de algoritmos inteligentes que vencem jogadores de pôquer humanos, as pessoas estão encontrando novas maneiras de lidar com os cassinos e as casas de apostas. Mas quem são as pessoas que estão transformando ciência sólida em dinheiro sólido? E – talvez o mais importante – de onde vieram suas estratégias?

Empreitadas vencedoras costumam ser apresentadas na mídia enfocando quem eram os jogadores e quanto ganharam. Os métodos científicos para apostas são mostrados como truques de mágica matemáticos. As ideias críticas são deixadas de lado no relato; as teorias continuam enterradas. Mas deveríamos nos interessar em saber como esses truques são feitos. As apostas têm um longo histórico como inspiração para novas áreas da ciência e fonte para se compreender a sorte e tomar decisões. Os métodos de aposta também têm permeado a sociedade mais ampla, desde a tecnologia até as finanças. Se pudermos descobrir o funcionamento interno das estratégias modernas de apostas, poderemos descobrir como as abordagens científicas continuam a desafiar as nossas noções de acaso.

Do simples ao intricado, do audacioso ao absurdo, apostar é uma linha de produção para ideias surpreendentes. Ao redor do globo, jogadores estão lidando com os limites da previsibilidade e a fronteira entre ordem e caos. Alguns examinam as sutilezas da tomada de decisões e da competição; outros observam equívocos no comportamento humano e exploram a natureza da inteligência. Dissecando estratégias de apostas bem-sucedidas, podemos descobrir como apostar ainda influencia a nossa compreensão da sorte – e como essa sorte pode ser domada.

1. Os três graus de ignorância

DEBAIXO DO RITZ HOTEL em Londres existe um cassino onde se aposta alto. É chamado de Ritz Club,[1] e se orgulha do seu luxo. Crupiês vestidos de preto supervisionam as mesas ornadas. Pinturas renascentistas adornam as paredes. Lâmpadas espalhadas iluminam o dourado da decoração. Infelizmente para o jogador casual, o Ritz Club também se orgulha da exclusividade. Para apostar lá dentro, você precisa ter um título de sócio ou a chave de um quarto do hotel. E, é claro, uma saudável conta bancária.

Certa noite, em março de 2004,[2] uma loira entrou no Ritz Club acompanhada por dois homens em ternos elegantes. Eles estavam lá para jogar na roleta. O grupo não era como os outros grã-finos;[3] recusaram muitos dos privilégios geralmente oferecidos a jogadores de muita grana. Seu foco foi recompensado, e no decorrer da noite eles ganharam £100 mil. Não foi exatamente uma soma pequena, mas de modo algum era inusitada para os padrões do Ritz. Na noite seguinte o grupo voltou ao cassino e mais uma vez se empoleirou ao lado da mesa da roleta. Dessa vez seus ganhos foram bem maiores.[4] Quando foram trocar suas fichas, levaram embora £1,2 milhão.

O pessoal do cassino ficou desconfiado. Depois que os jogadores se foram, a segurança deu uma olhada nas fitas gravadas do circuito fechado de televisão. O que viram foi o suficiente[5] para entrarem em contato com a polícia, e o trio foi logo detido num hotel não longe do Ritz. A mulher, que, como se descobriu, era da Hungria, e seus cúmplices, um par de sérvios, foram acusados de ganhar dinheiro por meio de fraude. Segundo as primeiras reportagens, haviam usado um scanner a laser para analisar a mesa da roleta. As medições alimentavam um minúsculo computador oculto, que as convertia em predições sobre onde a bolinha finalmente pararia. Com um coquetel de engenhocas e glamour, aquilo com certeza dava uma boa história. Mas em todos os relatos faltava um detalhe crucial: ninguém havia explicado precisamente como era possível gravar o movimento de uma bolinha de roleta e convertê-lo em uma predição bem-sucedida. Afinal, a roleta em tese não deve ser aleatória?

Há duas maneiras de lidar com a aleatoriedade da roleta, e Henri Poincaré interessou-se por ambas. Foi um dos seus muitos interesses:[6] no começo do século XX, praticamente qualquer coisa que envolvesse matemática tinha de alguma forma se beneficiado da atenção de Poincaré. Ele foi o último "universalista" verdadeiro; desde então ninguém mais foi capaz, como ele, de passar de uma parte a outra do campo da matemática identificando no caminho conexões cruciais.

Da forma como Poincaré os via,[7] eventos como a roleta parecem aleatórios porque ignoramos suas causas. Ele sugeriu que podíamos classificar problemas de acordo com o nosso nível de ignorância. Se conhecemos o estado inicial exato de um objeto – por exemplo sua posição e velocidade – e qual lei física ele segue, temos um problema de livro-texto de física para resolver. Poincaré chamou isso de primeiro grau de ignorância: possuímos toda a informação necessária, só precisamos fazer alguns cálculos simples. O segundo grau de ignorância é quando sabemos as leis físicas mas não conhecemos o estado inicial exato do objeto, ou não podemos medi-lo com precisão. Nesse caso temos que ou aperfeiçoar nossas medições, ou limitar nossas predições àquilo que acontecerá com o objeto num futuro bem próximo. Finalmente, temos um terceiro, e mais amplo, grau de ignorância. Ele ocorre quando não conhecemos o estado inicial do objeto nem as leis físicas. Também é possível incorrermos no terceiro nível de ignorância se as leis forem intricadas demais para que possamos esclarecê-las totalmente. Por exemplo, suponha que deixemos cair uma lata de tinta numa piscina.[8] Seria fácil predizer a reação dos banhistas, mas predizer o comportamento individual das moléculas de tinta e de água seria muito mais difícil.

No entanto, é possível adotar outra abordagem. Poderíamos tentar entender o efeito das moléculas batendo umas nas outras sem estudar as minúcias das interações entre elas. Se olharmos todas as partículas juntas, seremos capazes de vê-las se misturando entre si até se espalharem regularmente por toda a piscina – após um certo intervalo de tempo. Sem saber nada sobre a causa, que é complexa demais para captarmos, ainda assim podemos fazer algumas considerações sobre o efeito final.

O mesmo vale para a roleta. A trajetória da bola depende de uma série de fatores, que talvez não sejamos capazes de captar simplesmente observando a roleta girar. Da mesma forma que as moléculas individuais de água, não podemos fazer predições para um giro isolado se não compreendemos as causas complexas por trás da trajetória da bola. Mas, como sugeriu Poincaré, não temos necessariamente que saber o que faz a bola cair exatamente onde cai. Em vez disso, podemos apenas observar um grande número de giros e ver o que acontece.[9]

Foi isso que Albert Hibbs e Roy Walford fizeram em 1947. Hibbs na época estava se graduando em matemática, e seu amigo Walford era estudante de medicina. Tirando uma folga dos estudos na Universidade de Chicago,[10] a dupla foi a Reno ver se as mesas de roleta eram realmente tão aleatórias quanto os cassinos pensavam.

A maioria das mesas de roleta mantiveram o desenho original francês de 38 casas, com números de 1 a 36, coloridas alternadamente de preto e vermelho, além de 0 e 00 na cor verde. Os zeros desequilibram o jogo a favor do cassino. Se fizéssemos uma série de apostas de US$1 no nosso número favorito, poderíamos esperar ganhar em média uma vez a cada 38 tentativas, e nesse caso o cassino pagaria US$36. No curso de 38 giros, portanto, colocaríamos na mesa US$38, mas em média só ganharíamos 36. Isto se traduz numa perda de US$2, ou cerca de US$0,05 por giro, ao longo dos 38 giros.

A margem do cassino se baseia em haver uma chance igual de a roleta produzir cada número. Mas, como qualquer máquina, uma mesa de roleta pode ter imperfeições ou pode gradualmente desgastar-se com o uso. Hibbs e Walford estavam à caça de tais mesas, que poderiam não produzir uma distribuição equitativa de números. Se um número aparecesse com mais frequência que os outros, isto poderia funcionar a favor deles. Eles observaram giro após giro, na esperança de identificar algo estranho. E isto levanta a pergunta: o que realmente queremos dizer com "estranho"?

ENQUANTO POINCARÉ ESTAVA na França pensando sobre as origens da aleatoriedade, Karl Pearson, do outro lado do canal da Mancha, passava suas férias de verão lançando moedas. Quando as férias acabaram, o matemático tinha lançado uma moeda de 1 xelim 25 mil vezes, anotando diligentemente o resultado de cada lançamento. A maior parte do trabalho foi feita ao ar livre, o que, segundo Pearson, "deu-me, tenho pouca dúvida, uma péssima reputação no bairro onde eu estava". Além de realizar experimentos com xelins, Pearson fez um colega lançar uma moeda de 1 centavo mais de 8 mil vezes[11] e tirar repetidamente bilhetes de rifa de dentro de um saco.

Para entender a aleatoriedade, Pearson acreditava que era importante coletar o máximo possível de dados. Nas suas palavras, não temos "nenhum conhecimento absoluto de fenômenos naturais", apenas "conhecimento das nossas sensações".[12] E Pearson não parou em lançamentos de moedas e bilhetes de rifa. Em busca de mais dados, voltou sua atenção para as mesas de roleta de Monte Carlo.

Como Poincaré, Pearson era uma espécie de polímata. Além do interesse pelo acaso, escreveu peças de teatro e poesia, e estudou física e filosofia. Inglês de nascimento, viajara muito. Tinha particular apreço pela cultura germânica:[13] depois que o pessoal da administração da Universidade de Heidelberg registrou acidentalmente seu nome como Karl em vez de Carl, ele manteve a nova grafia.

Infelizmente, sua planejada viagem a Monte Carlo não parecia promissora. Ele sabia que seria quase impossível obter verba para uma "visita de pesquisa" aos cassinos da Riviera Francesa. Mas talvez não precisasse observar as mesas, porque o jornal *Le Monaco*[14] publicava toda semana um registro dos resultados da roleta. Pearson decidiu focalizar os resultados de um período de quatro semanas durante o verão de 1892. Primeiro olhou as proporções dos resultados de vermelho e preto. Se a roleta fosse girada um número infinito de vezes – e os zeros fossem ignorados –, seria de esperar que a proporção geral de vermelho e preto fosse aproximadamente 50/50.

Dos 16 mil e tantos giros publicados pelo *Le Monaco*, 50,15% deram vermelho. Para identificar se a diferença podia ser atribuída ao acaso, Pearson calculou a quantidade de giros observados que se desviavam de 50%. Então comparou esse resultado com a variação que seria de esperar se as roletas fossem aleatórias. Concluiu que uma diferença de 0,15% não era particularmente incomum, e certamente não lhe dava motivo para duvidar dessa aleatoriedade.

Vermelho e preto podiam ter aparecido um número similar de vezes, mas Pearson também queria calcular outras coisas. A seguir, observou com que frequência a mesma cor aparecia várias vezes seguidas. Jogadores podem ficar obcecados com tais sequências de sorte. Tomemos a noite de 18 de agosto de 1913, quando a bola da roleta em um dos cassinos de Monte Carlo caiu no preto mais de uma dezena de vezes seguidas. Os jogadores se amontoaram em torno da mesa[15] para ver o que aconteceria em seguida. Seguramente era impossível dar preto outra vez, não? Enquanto a roda girava, as pessoas empilhavam seu dinheiro no vermelho. E a bola caía de novo no preto. Mais dinheiro apostado no vermelho. E lá vinha outro preto. E mais outro. E outro. No total, a bola caiu numa casa preta 26 vezes seguidas. Se a roleta fosse aleatória, cada giro estaria totalmente não relacionado com os outros. Uma sequência de pretos não tornava o vermelho mais provável. No entanto, os jogadores naquela noite acreditavam que sim. Esse viés psicológico tem sido conhecido desde então como "falácia de Monte Carlo", ou "falácia do apostador".

Quando Pearson comparou a duração das sequências das diferentes cores com as frequências que seriam esperáveis se as roletas fossem aleatórias, algo pareceu errado. Sequências de duas ou três vezes a mesma cor eram mais raras do que deveriam. E sequências de uma só cor – um preto ensanduichado entre dois vermelhos – eram muito mais comuns. Pearson calculou a probabilidade de observar um resultado pelo menos tão extremo quanto esse, assumindo que a roleta fosse realmente aleatória. Essa probabilidade, que ele denominou de valor-p, era minúscula. Tão pequena, na verdade, que Pearson disse que mesmo que tivesse observado as mesas de Monte Carlo desde o começo da história da Terra não teria esperado ver um resultado tão extremo. Ele acreditou que a evidência conclusiva era que a roleta não era um jogo de acaso.

A descoberta o deixou furioso. Ele nutria a esperança de que as rodas da roleta seriam uma boa fonte de dados aleatórios e ficou zangado que o seu laboratório gigante em forma de cassino estivesse gerando resultados não confiáveis. "O homem de ciência pode orgulhosamente predizer os resultados ao lançar uma moeda", disse ele, "mas a roleta de Monte Carlo confunde suas teorias e zomba de suas leis."[16] Com as rodas da roleta tendo claramente pouca utilidade para sua pesquisa, Pearson sugeriu que os cassinos fossem fechados e seus patrimônios doados para a ciência. Entretanto, mais tarde veio à tona que os resultados estranhos de Pearson na verdade não se deviam a roletas defeituosas. Embora *Le Monaco* pagasse repórteres para observar as mesas de roleta e registrar os resultados, estes haviam decidido que era mais fácil simplesmente inventar os números.[17]

Ao contrário dos jornalistas preguiçosos, Hibbs e Walford de fato observaram as roletas quando visitaram Reno e descobriram que uma em cada quatro roletas tinha algum tipo de viés. Uma delas era especialmente tendenciosa, então jogar nela fez a aposta inicial da dupla, de US$100, crescer rapidamente. Relatos dos seus lucros finais diferem,[18] mas o que quer que tenham ganhado foi o suficiente para comprar um veleiro e velejar pelo Caribe durante um ano.

Há diversas histórias sobre jogadores que tiveram êxito usando uma abordagem similar. Muitos contaram o caso[19] do engenheiro vitoriano Joseph Jagger, que fez fortuna explorando uma roleta desregulada em Monte Carlo, e o do consórcio argentino que limpou os cassinos de propriedade do governo no começo dos anos 1950. Poderíamos pensar que, graças ao teste de Pearson, localizar uma roleta vulnerável é bastante fácil. Mas achar uma roleta viciada não é o mesmo que achar uma roleta lucrativa.

Em 1948, um estatístico chamado Allan Wilson registrou os giros de uma roleta 24 horas por dia durante quatro semanas. Quando usou o teste de Pearson para descobrir se cada número tinha a mesma chance de aparecer, ficou claro que a roleta era viciada. Contudo, não estava claro como ele deveria apostar. Quando Wilson publicou seus dados,[20] divulgou um desafio para seus leitores inclinados à jogatina. "Com que base estatística você deveria decidir jogar num determinado número da roleta?", indagou ele.

Foram necessários 35 anos para aparecer uma solução. O matemático Stewart Ethier acabou percebendo que o truque não era testar uma roleta não aleatória, mas testar uma roleta que fosse favorável nas apostas. Mesmo que observássemos uma quantidade enorme de giros e descobríssemos evidência substancial de que um dos 38 números surgia com mais frequência do que os outros, isso podia não ser suficiente para dar lucro. O número teria que aparecer em média pelo menos uma vez a cada 36 giros; do contrário, ainda deveríamos esperar perder para o cassino.

O número mais comum nos dados da roleta de Wilson era 19, mas o teste de Ethier não descobriu nenhuma evidência de que apostar nele daria lucro com o tempo. Embora estivesse claro que a roleta não era aleatória, não parecia haver nenhum número favorável. Ethier estava ciente de que seu método provavelmente chegara tarde demais para a maioria dos jogadores: depois que Hibbs e Walford obtiveram grandes ganhos em Reno, as roletas viciadas foram aos poucos entrando em extinção. Mas a roleta não permaneceu imbatível por muito tempo.

Quando estamos no nosso nível mais profundo de ignorância, com causas complexas demais para serem compreendidas, a única coisa que podemos fazer é observar um número grande de eventos em conjunto e ver se emerge algum padrão. Como vimos, essa abordagem estatística pode ser bem-sucedida se a roleta for viciada. Sem saber nada sobre a física de um giro da roleta, podemos fazer predições acerca do que pode surgir.

Mas e se não houver viés ou o tempo for insuficiente para coletar uma grande quantidade de dados? O trio que ganhou no Ritz não observou um monte de giros na esperança de identificar uma mesa viciada. Eles observaram a trajetória da bolinha enquanto percorria a roda. Isso significava escapar não só do terceiro nível de ignorância de Poincaré, mas também do segundo.

Este não é um feito pequeno. Mesmo que decupemos os processos físicos que fazem a bola seguir a trajetória que segue, não podemos necessariamente prever onde ela cairá. Diferentemente das moléculas de tinta chocando-se com as de água, as causas não são complexas demais para captar. Ao contrário, a causa pode ser pequena demais para identificar: uma diferença mínima na velocidade inicial da bola causa uma grande mudança sobre onde ela acaba pousando. Poincaré argumentou que a diferença no estado inicial de uma bola de roleta – uma diferença tão minúscula que foge da nossa atenção – pode levar a um efeito tão grande que não é possível deixar de notá-lo, e então dizemos que esse efeito deve-se ao acaso.

O problema, que é conhecido como "sensibilidade às condições iniciais", significa que, mesmo que coletemos medidas detalhadas sobre um processo – seja um giro de roleta ou uma tempestade tropical –, um pequeno descuido pode ter consequências dramáticas. Setenta anos antes de o matemático Edward Lorenz perguntar em uma palestra se "o bater de asas de uma borboleta no Brasil pode provocar um tornado no Texas", Poincaré já havia descrito o "efeito borboleta".[21]

O trabalho de Lorenz, que cresceu para originar a teoria do caos, estava focado principalmente na predição. Ele era motivado por um desejo de fazer previsões melhores sobre o clima e encontrar um jeito de ver mais longe no futuro. Poincaré estava interessado no problema oposto: quanto tempo leva até que um processo se torne aleatório? Na verdade, será que a trajetória de uma bola de roleta em algum momento se torna realmente aleatória?

Poincaré foi inspirado pela roleta, mas fez a sua grande descoberta estudando um conjunto muito mais grandioso de trajetórias. Durante o século XIX, os astrônomos haviam esboçado a posição dos asteroides que se encontravam espalhados ao longo do zodíaco. Descobriram que esses asteroides estavam distribuídos de maneira bastante uniforme pelo céu noturno. E Poincaré queria descobrir por que isso acontecia.

Ele sabia que os asteroides deviam seguir as leis de movimento de Kepler, e que era impossível conhecer a sua velocidade inicial. Nas palavras de Poincaré, "o zodíaco pode ser encarado como uma grande roleta[22] na qual o Criador lançou um número muito grande de bolinhas". Para compreender o padrão dos asteroides, Poincaré decidiu então comparar a distância total que um objeto hipotético percorre com o número de vezes que ele gira em torno de um ponto.

Imagine-se desenrolando uma folha de papel de parede incrivelmente longa e incrivelmente lisa. Colocando a folha numa superfície plana, você pega uma bola de gude e a faz rolar pelo papel. Então joga mais uma bola, seguida de várias outras. Algumas delas você põe para rolar depressa, outras devagar. Como o papel de parede é liso, as velozes em pouco tempo chegam bem longe, enquanto as mais lentas percorrem a folha de papel muito mais paulatinamente.

As bolas de gude seguem rolando, e após algum tempo você tira um instantâneo das posições naquele momento. Para marcar suas localizações, você faz um pequeno corte na borda do papel perto de cada uma. Então retira as bolinhas e volta a enrolar a folha. Se olhar para a borda do rolo, cada corte terá a mesma probabilidade de aparecer em qualquer posição em torno da circunferência. Isto ocorre porque o comprimento da folha – e portanto as distâncias que as bolinhas podem percorrer – é muito maior que o diâmetro do rolo. Uma pequena variação na distância total de cada bolinha tem um grande efeito sobre onde o corte aparece na circunferência. Se você esperar tempo suficiente, esta sensibilidade às condições iniciais significará que as localizações dos cortes parecerão aleatórias. Poincaré mostrou que a mesma coisa acontece com as órbitas dos asteroides. Com o tempo, elas acabarão se distribuindo regularmente pelo zodíaco.

Para Poincaré, o zodíaco e a mesa de roleta eram meramente duas ilustrações da mesma ideia. Ele sugeriu que depois de um número grande de voltas, a posição final da bolinha de uma roleta também seria completamente aleatória. E ressaltou que certas opções de apostas tropeçariam no campo da aleatoriedade mais cedo que outras. Como as casas da roleta são coloridas alternadamente de vermelho e preto, predizer qual das duas aparece significava calcular exatamente onde a bola cairia. Isso se tornaria extremamente difícil após um ou dois giros. Outras opções, tais como predizer em que metade da roleta a bola vai cair, eram menos sensíveis às condições iniciais. E, portanto, seria necessária uma grande quantidade de giros para o resultado se tornar efetivamente aleatório.

Para a felicidade dos jogadores, uma bolinha de roleta não gira durante um intervalo de tempo extremamente longo (embora com frequência se repita o mito de que o matemático Blaise Pascal inventou a roleta[23] enquanto tentava construir uma máquina de moto-perpétuo). Como resultado, os jogadores podem – em teoria – evitar cair no segundo grau de ignorância de Poincaré medindo a trajetória inicial da bolinha. Simplesmente precisam descobrir quais medições fazer.

O EPISÓDIO DO RITZ não foi a primeira vez em que veio à tona um caso de tecnologia buscando entender o comportamento da roleta. Oito anos depois de Hibbs e Walford explorarem aquela roleta viciada em Reno, Edward Thorp estava sentado numa sala da Universidade da Califórnia, em Los Angeles, discutindo com seus colegas estudantes esquemas para enriquecer depressa. Era uma gloriosa tarde de domingo, e o grupo estava debatendo como vencer a roleta. Quando um dos colegas disse que as roletas dos cassinos não costumavam apresentar defeitos, Thorp de repente teve um lampejo. Ele tinha começado um doutorado em física recentemente, e ocorreu-lhe que vencer uma robusta e bem-conservada roleta de fato não era uma questão de estatística. Era um problema de física. Nas palavras de Thorp, "a bolinha da roleta em órbita de repente parecia um planeta em sua majestosa, precisa e previsível trajetória".[24]

Em 1955, Thorp arranjou uma mesa de roleta com metade do tamanho normal e pôs mãos à obra analisando os giros com uma câmera e um cronômetro. Ele logo notou que aquela roda em especial tinha tantos defeitos que tornava inviável a predição. Mas perseverou e estudou a física do problema como pôde. Numa ocasião, não atendeu a porta quando seus sogros chegaram para jantar. Eles acabaram por encontrá-lo cercado de bolinhas de gude rolando pelo chão da cozinha, em meio a um experimento para descobrir até que distância cada uma viajaria.

Depois de completar seu doutorado, Thorp foi para o leste trabalhar no MIT – o Instituto de Tecnologia de Massachusetts. Ali conheceu Claude Shannon, um dos gigantes acadêmicos da universidade. Durante a década anterior, Shannon fora pioneiro no campo da "teoria da informação", que revolucionou a forma como dados são armazenados e comunicados; o trabalho mais tarde ajudaria a pavimentar o caminho para missões espaciais, telefones celulares e a internet.

Thorp contou a Shannon sobre as predições da roleta, e o professor sugeriu que continuassem a trabalhar na sua casa, nos arredores da cidade. Quando Thorp entrou no porão de Shannon, ficou claro o quanto este gostava de engenhocas. O lugar era o playground de um inventor. Shannon devia ter lá embaixo uns US$100 mil em motores, polias, comutadores e engrenagens. Tinha até mesmo um par de enormes "sapatos" de poliestireno que lhe permitiam dar passeios sobre a água de um lago nas proximidades, para grande alarme de seus vizinhos. Não demorou muito para que Thorp e Shannon adicionassem uma mesa de roleta de padrão industrial no valor de US$1500 à coleção de geringonças.

A MAIORIA DAS ROLETAS é operada de maneira a permitir que os jogadores coletem informação sobre a trajetória da bola antes de apostar. Depois de fazer o eixo da roleta girar no sentido anti-horário, o crupiê lança a bola em sentido horário, soltando-a perto do aro superior da roda. Uma vez que a bola tenha dado algumas voltas, o crupiê anuncia "Apostas encerradas", ou – se o cassino quiser esnobar e dar um toque de charme francês – *"Rien ne vas plus"*. Eventualmente a bolinha bate em um dos defletores espalhados em torno do aro superior da roda e cai numa casa. Infelizmente para os jogadores, a trajetória da bola é o que os matemáticos chamam de "não linear": o dado de entrada (a velocidade) não é diretamente proporcional ao resultado na saída (o ponto onde ela cai). Em outras palavras, Thorp e Shannon tinham acabado de voltar ao terceiro nível de ignorância de Poincaré.

Em vez de tentarem buscar uma saída deduzindo equações para o movimento da bola, eles resolveram basear-se em observações passadas. Realizaram experimentos para ver quanto tempo uma bola viajando a certa velocidade permanecia girando e usaram esta informação para fazer predições. Durante o giro, cronometravam quanto tempo a bola levava para dar uma volta na roleta, e então comparavam esse tempo com seus resultados anteriores para estimar quando ela atingiria um defletor.

Os cálculos precisavam ser feitos na mesa de roleta, então, no fim de 1960, Thorp e Shannon construíram o primeiro computador portátil e o levaram a Las Vegas. Testaram-no apenas uma vez, pois a fiação não era confiável, necessitando de frequentes reparos. Mesmo assim, parecia que o computador podia ser uma ferramenta bem-sucedida. Como o sistema dava uma vantagem aos jogadores, Shannon achou que os cassinos poderiam abandonar a roleta uma vez que a pesquisa se tornasse conhecida. Desse modo, o sigilo era de máxima importância. Como recorda Thorp, "ele mencionou que, estudando a disseminação de rumores, teóricos da malha social alegavam que duas pessoas escolhidas ao acaso, digamos, nos Estados Unidos, geralmente estão ligadas por três ou menos conhecidos, ou 'três graus de separação'". A ideia de "seis graus de separação" acabaria penetrando a cultura popular graças a um experimento de 1967, altamente divulgado, feito pelo sociólogo Stanley Milgram. No estudo, participantes eram solicitados[25] a ajudar a fazer uma carta chegar a um destinatário-alvo, enviando-a a algum de seus conhecidos que julgassem mais provável de conhecer o alvo. Em média, a carta passava pelas mãos de seis pessoas antes de chegar a seu destino, e assim nascia o fenômeno dos seis graus. Entretanto, pesquisas subsequentes demonstraram que a sugestão de Shannon de três graus de separação era provavelmente mais próxima do alvo. Em 2012, pesquisadores analisando conexões do Facebook – que são um substituto bastante bom para conhecidos da vida real – descobriram que há em média 3,74 graus de separação[26] entre duas pessoas quaisquer. Evidentemente, os temores de Shannon eram bem fundados.

Perto do fim de 1977, a Academia de Ciência de Nova York abrigou a primeira importante conferência sobre a teoria do caos. Foi convidada uma mistura diversificada de pesquisadores, incluindo James Yorke, o matemático que cunhou pela primeira vez o termo "caótico" para descrever fenômenos ordenados mas imprevisíveis como a roleta e o clima, e Robert May, um ecologista da Universidade de Princeton que estudava a dinâmica populacional.

Outro participante[27] era um jovem físico da Universidade da Califórnia em Santa Cruz. Para seu doutorado, Robert Shaw estava estudando o movimento da água corrente. Mas este não era o único projeto no qual estava trabalhando. Junto com alguns colegas, ele também vinha desenvolvendo um modo de tomar conta dos cassinos de Nevada. Eles se autodenominavam "eudaimônicos"– um aceno à antiga noção grega de felicidade –, e as tentativas do grupo de bater a casa na roleta desde então se tornaram parte das lendas dos jogos de apostas.

O projeto teve início no fim de 1975, quando Doyne Farmer e Norman Packard, dois alunos de pós-graduação da Universidade da Califórnia, compraram uma roleta renovada. A dupla tinha passado o verão anterior brincando com sistemas de apostas para uma variedade de jogos antes de acabar focando na roleta. Apesar das advertências de Shannon, Thorp fizera uma referência enigmática em um de seus livros ao fato de ser possível bater a roleta; esse comentário jogado no ar, metido ali por perto do fim do texto, bastou para convencer Farmer e Packard de que a roleta era digna de maiores estudos. Trabalhando à noite no laboratório de física da universidade, eles gradualmente desvendaram a física do giro da roleta. Fazendo medições[28] enquanto a bola girava na roda, descobriram que seriam capazes de coletar informação suficiente para fazer apostas lucrativas.

Um dos eudaimônicos, Thomas Bass, mais tarde documentou as explorações do grupo em seu livro *The Eudaemonic Pie*. Ele descreveu como, depois de afiar seus cálculos, o grupo escondeu um computador dentro de um sapato e o usou para predizer a trajetória da bola em alguns cassinos. Mas havia uma informação que Bass não incluiu: as equações que sustentavam o método de predição dos eudaimônicos.

A maioria dos matemáticos com interesse em jogos de apostas já deve ter ouvido a história dos eudaimônicos. Alguns também já devem ter se perguntado se tal predição é viável. Quando, porém, apareceu um novo artigo sobre a roleta[29] na revista *Chaos*, em 2012, ele revelou que alguém finalmente pusera o método em teste.

Michael Small se deparara pela primeira vez com *The Eudaemonic Pie* enquanto trabalhava para um banco de investimento sul-africano. Ele não era jogador e não gostava de cassinos. Ainda assim, ficou curioso em relação ao computador no sapato. Para seu doutorado, ele analisara sistemas com dinâmica não linear,[30] uma categoria na qual a roleta se encaixava muito bem. Dez anos se passaram, e Small mudou-se para a Ásia a fim de assumir um cargo na Universidade Politécnica de Hong Kong. Junto com Chi Kong Tse, um colega de pesquisa no departamento de engenharia, Small decidiu que construir um computador de roleta podia ser um bom projeto para alunos de graduação.

Pode parecer estranho que tenha levado tanto tempo para que pesquisadores testassem publicamente uma estratégia de roleta tão conhecida. No entanto, não é fácil ter acesso a uma roleta. Os jogos de cassino geralmente não estão nas listas de aquisições de uma universidade, então as oportunidades de estudar a roleta são limitadas. Pearson baseou-se em duvidosos relatos de jornal porque não conseguiu convencer ninguém a financiar uma viagem a Monte Carlo, e, sem o patrocínio de Shannon, Thorp teria penado para conseguir levar adiante seus experimentos com a roleta.

A realidade prática de uma roleta também constituía um entrave para a pesquisa. Não porque a matemática por trás da roleta fosse muito complexa, mas porque era simples demais. Editores de revistas científicas podem ser meticulosos em relação aos tipos de artigos científicos que publicam, e tentar bater a roleta com física básica geralmente não é um tópico que os atraia muito. De vez em quando surge um ou outro artigo sobre a roleta, tal como o que Thorp publicou descrevendo seu método. Mas, embora tivesse apresentado o suficiente para persuadir os leitores – inclusive os eudaimônicos – de que aquela predição baseada no computador podia ter êxito, ele omitiu os detalhes. Os cálculos cruciais estavam notavelmente ausentes.

Tendo convencido a universidade a comprar a roleta, Small e Tse puseram mãos à obra tentando reproduzir o método de predição dos eudaimônicos. Começaram por dividir a trajetória da bola em três fases separadas. Quando o crupiê põe a roda em movimento, a bola inicialmente gira em volta do aro superior enquanto o centro da roda gira no sentido oposto. Durante esse tempo, duas forças concorrentes agem sobre a bola: a força centrípeta que a mantém no aro e a gravidade que a puxa para baixo, para o centro da roda.

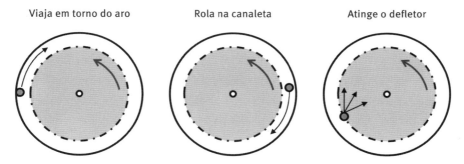

FIGURA 1.1. Os três estágios de um giro da roleta.

A dupla admitiu que, enquanto a bola rola, o atrito reduz sua velocidade. O momento angular da bola diminui tanto que a gravidade torna-se a força dominante. A esta altura, a bola passa para a segunda fase. Deixa o aro superior e rola livremente na canaleta entre o aro e os defletores. Ela se aproxima do centro da roda até atingir um dos defletores distribuídos em torno da circunferência.

Até este ponto, a trajetória da bola pode ser calculada usando a física de livro-texto. Mas, uma vez que atinge um defletor, ela se dispersa, caindo potencialmente em uma entre várias casas. Do ponto de vista do apostador, a bola deixa um mundo previsível e acolhedor e passa a uma fase verdadeiramente caótica.

Small e Tse poderiam ter usado uma abordagem estatística para lidar com esta incerteza. No entanto, em nome da simplicidade, resolveram definir sua predição como o número do qual a bola estava próxima ao atingir o defletor. Para predizer o ponto onde a bola atingiria um dos defletores, Small e Tse necessitavam de seis informações: a posição, a velocidade e a aceleração da bola, e o mesmo para a roda. Felizmente, essas seis medidas podiam ser reduzidas a três, se considerassem as trajetórias de um ponto de vista diferente. Para alguém observando a mesa da roleta, a bola parece mover-se num sentido e a roda no outro. Mas também é possível fazer os cálculos do "ponto de vista da bola", e nesse caso só é necessário medir como a bola se move em relação à roda. Small e Tse fizeram isso usando um cronômetro para marcar o instante em que a bola passava por um ponto específico.

Certa tarde, Small conduziu uma série inicial de experimentos para testar os métodos. Tendo desenvolvido um programa de computador no seu laptop, ele pôs a bola para girar, fazendo as medições necessárias à mão, como teriam feito os eudaimônicos. Após a bola percorrer o aro superior cerca de uma dúzia de vezes, ele reuniu informação suficiente para fazer predições sobre onde ela cairia. Só teve tempo de fazer o experimento 22 vezes antes de precisar deixar a sala. Nessas tentativas, ele predisse o número correto três vezes. Se tivesse dado apenas chutes ao acaso, a probabilidade de ter acertado pelo menos a mesma quantidade de vezes (o valor-p) era inferior a 2%. Isto o convenceu de que a estratégia dos eudaimônicos funcionava. Parecia que a roleta realmente podia ser batida com a física.

Tendo testado o método manualmente, Small e Tse montaram uma câmera de alta velocidade para coletar medidas mais precisas sobre a posição da bola. A câmera tirou fotos da roda numa razão de cerca de noventa quadros por segundo. Isso possibilitou explorar o que acontecia depois que a bola atingia um defletor. Com a ajuda de dois estudantes de engenharia, Small e Tse giraram a roleta setecentas vezes, registrando a diferença entre sua predição e o resultado final. Juntando toda essa informação, calcularam a probabilidade de a bola cair a uma distância específica de uma casa predita. Para a maioria das casas, essa probabilidade não era particularmente grande ou pequena; era bastante próxima do que teriam esperado pegando casas aleatoriamente. No entanto, alguns padrões emergiram. A bola caiu na casa predita com muito mais frequência do que teria caído se o processo fosse deixado ao acaso. Mais ainda, ela raramente caía em números na roda imediatamente anteriores à casa predita. Isso fazia sentido, porque a bola teria de pular para trás para chegar a essas casas.

A câmera mostrou o que acontecia na situação ideal – quando havia informação muito boa sobre a trajetória da bola –, mas a maioria dos jogadores teria dificuldade de entrar num cassino com uma câmera de alta velocidade. Em vez disso, teriam de confiar em medições feitas à mão. Small e Tse achavam que isso não era uma desvantagem tão grande: sugeriram que predições feitas com um cronômetro ainda podiam prover aos jogadores um lucro esperado de 18%.

Depois de anunciar seus resultados, Small recebeu mensagens de jogadores que estavam usando o método em cassinos reais. "Um sujeito me mandou uma descrição detalhada do seu trabalho", contou ele, "inclusive fotos fabulosas de um dispositivo de 'clicagem' feito com um mouse de computador modificado atado ao seu dedão do pé." O trabalho também chamou a atenção de Doyne Farmer. Ele estava velejando na Flórida[31] quando ouviu falar do artigo de Small e Tse. Farmer mantivera seu método debaixo dos panos por mais de trinta anos porque – assim como Small – não gostava de cassinos. As viagens que fez a Nevada durante sua época com os eudaimônicos bastaram para convencê-lo de que viciados em jogo estavam sendo explorados pela indústria. Se as pessoas queriam usar computadores para bater a roleta, ele não queria dizer nada que pudesse devolver a vantagem aos cassinos. No entanto, quando o artigo de Small e Tse foi publicado, Farmer decidiu que finalmente era hora de romper o silêncio. Especialmente porque havia uma diferença importante entre a abordagem dos eudaimônicos e aquela sugerida pelos pesquisadores de Hong Kong.

Small e Tse tinham assumido que o atrito era a principal força que reduzia a velocidade da bola, mas Farmer discordava. Ele julgava que a resistência do ar[32] – e não o atrito – era a principal causa de desaceleração da bola. De fato, Farmer ressaltava que, se colocássemos a roleta numa sala sem ar (e, portanto, sem resistência do ar), a bola giraria pela roda milhares de vezes antes de cair num número.

Como a abordagem de Small e Tse, o método de Farmer exigia que certos valores fossem estimados estando na mesa da roleta. Durante suas viagens a cassinos,[33] os eudaimônicos tinham três coisas a determinar: o valor da resistência do ar, a velocidade da bola quando deixava o aro da roda e a taxa de desaceleração da roda. Um dos maiores desafios era estimar a resistência do ar e a velocidade de abandono do aro. Ambas influenciavam a predição de modo similar: assumir uma resistência menor era muito parecido com ter uma velocidade maior.

Também era importante saber o que estava acontecendo em torno da bola da roleta. Fatores externos podem ter um grande efeito num processo físico. Considere um jogo de bilhar. Se você tem uma mesa perfeitamente lisa, uma tacada fará com que as bolas ricocheteiem numa teia de colisões. A fim de predizer para onde irá a bola da vez[34] depois de alguns segundos, você teria de saber precisamente como ela foi atingida. Mas, se quiser fazer predições de prazo mais longo, Farmer e seus colegas mostraram que não basta meramente saber acerca da tacada. Você também precisa levar em conta forças como a gravidade – e não só a da terra. Para predizer exatamente para onde a bola da vez irá depois de um minuto, você precisa incluir nos seus cálculos a atração gravitacional de partículas nos limites da galáxia.

Ao fazer predições para a roleta, é crucial obter informações corretas sobre o estado da mesa. Mesmo uma mudança de tempo pode afetar os resultados. Os eudaimônicos descobriram que se calibrassem os cálculos quando o tempo estava ensolarado em Santa Cruz, a chegada de um nevoeiro podia fazer a bola deixar a canaleta meia rotação mais cedo do que eles esperavam. Outras rupturas da ordem eram mais prosaicas. Durante uma das visitas ao cassino, Farmer teve de abandonar as apostas porque um homem obeso estava apoiado na mesa, entortando a roda e atrapalhando as predições.

O maior obstáculo para o grupo, porém, era o seu equipamento técnico. Eles implantaram a estratégia de apostas tendo uma pessoa gravando os giros e outra fazendo as apostas, para não despertar suspeitas da segurança do cassino. A ideia era que um sinal sem fio transmitisse mensagens dizendo ao jogador com as fichas em que número apostar. Mas o sistema falhava com frequência: o sinal sumia, levando junto as instruções. Embora teoricamente o grupo tivesse uma margem de 20% sobre o cassino, esses problemas técnicos significavam que essa margem nunca foi convertida numa grande fortuna.

Com o aperfeiçoamento dos computadores, um punhado de gente conseguiu aparecer com dispositivos melhores para a roleta. Muito raramente chegaram aos noticiários, com exceção do trio que ganhou no Ritz em 2004. Naquela ocasião, os jornais foram particularmente rápidos em se agarrar à história de um scanner a laser. Entretanto, quando o jornalista Ben Beasley-Murray[35] conversou com pessoas do ramo alguns meses depois do incidente, elas desprezaram sugestões de que houvesse lasers envolvidos. Em vez disso, era provável que os jogadores do Ritz tivessem usado telefones celulares para cronometrar o giro da roleta. O método básico teria sido semelhante ao usado pelos eudaimônicos, mas progressos tecnológicos significavam que podia ser implantado muito mais efetivamente. Segundo o ex-eudaimônico Norman Packard,[36] toda a coisa teria sido bem fácil de montar.

E também era perfeitamente legal. Embora o grupo do Ritz tivesse sido acusado de ganhar dinheiro por meio de fraude – uma forma de roubo –, na realidade não tinha manipulado o jogo. Ninguém havia interferido com a bola nem trocado fichas. Nove meses depois da prisão do grupo, portanto, a polícia encerrou o caso e devolveu o £1,3 milhão. Sob muitos aspectos, o trio devia agradecer às leis de jogo maravilhosamente arcaicas do Reino Unido pelo seu prêmio. A Lei dos Jogos de Apostas, assinada em 1845, não havia sido atualizada para lidar com os novos métodos acessíveis aos jogadores.

Infelizmente, a lei não dá vantagem apenas aos jogadores. O acordo não escrito que você tem com um cassino – acerte o número correto e seja recompensado com dinheiro – não é legalmente vinculador no Reino Unido. Você não pode levar um cassino aos tribunais se ganhar e o cassino não pagar. E embora os cassinos adorem jogadores com um sistema perdedor, são menos simpáticos àqueles que têm estratégias vencedoras.

Qualquer que seja a estratégia usada, você terá de escapar das contramedidas da casa. Quando Hibbs e Walford ultrapassaram US$5 mil[37] em ganhos caçando mesas viciadas em Reno, o cassino embaralhou as mesas de roleta para confundi-los. Mesmo que os eudaimônicos não precisassem observar a mesa por longos períodos de tempo, ainda assim ocasionalmente precisavam bater em ligeira retirada.

ALÉM DE CHAMAREM a atenção da segurança do cassino, estratégias bem-sucedidas na roleta têm outra coisa em comum: todas se baseiam no fato de os cassinos acreditarem que as roletas são imprevisíveis. Quando não são, as pessoas que observaram a mesa tempo suficiente podem explorar o viés. Quando a roleta está perfeita, e solta números uniformemente distribuídos, pode ser vulnerável se os jogadores conseguirem coletar informação suficiente sobre a trajetória da bola.

A evolução de estratégias bem-sucedidas na roleta reflete como a ciência do acaso evoluiu durante o século passado. Os primeiros esforços para bater a roleta envolviam escapar do terceiro nível de ignorância de Poincaré, onde não se conhece nada sobre o processo físico. O trabalho de Pearson sobre a roleta era puramente estatístico, visando encontrar padrões nos dados. Tentativas posteriores de lucrar com o jogo, inclusive as do Ritz, tinham uma abordagem diferente. Essas estratégias tentavam superar o segundo nível de ignorância de Poincaré e resolver o problema de o resultado da roleta ser incrivelmente sensível ao estado inicial da roda e da bola.

Para Poincaré, a roleta era uma maneira de ilustrar sua ideia de que processos físicos simples podem cair naquilo que parece aleatoriedade. Esta ideia formava parte crucial da teoria do caos, que surgiu como novo campo acadêmico nos anos 1970. Durante esse período, a roleta sempre estava à espreita no pano de fundo. Na verdade, muitos dos eudaimônicos acabariam publicando artigos sobre sistemas caóticos. Um dos projetos de Robert Shaw demonstrava que o ritmo constante de gotas de uma torneira pingando transforma-se numa batida imprevisível ao se abrir um pouco mais a torneira. Este foi um dos primeiros exemplos da vida real de uma "transição caótica" por meio da qual um processo passa de um padrão regular para um padrão que pode ser considerado aleatório. O interesse na teoria do caos e na roleta não parece ter esmorecido com os anos. Os tópicos ainda conseguem capturar a imaginação do público, como mostra a extensiva atenção da mídia dedicada ao artigo de Small e Tse em 2012.

A roleta pode ser um desafio intelectual sedutor, mas não é o modo mais fácil – ou mais confiável – de ganhar dinheiro. Para começar, há o problema dos limites da mesa de cassino. Os eudaimônicos jogavam por pequenas apostas, que os ajudavam a manter um perfil discreto, mas também impunham um teto aos ganhos em potencial. Jogar em mesas de apostas altas pode fazer entrar mais dinheiro, mas também traz escrutínio adicional da segurança do cassino. E aí há as questões legais. Computadores de roleta são proibidos em muitos países, e, mesmo que não sejam, os cassinos são compreensivelmente hostis a qualquer um que os utilize. Isso faz com que seja complicado ter bons lucros.

Por essas razões, a roleta é de fato apenas uma pequena parte da história de apostar cientificamente. Desde as façanhas dos eudaimônicos com seus computadores no sapato, os jogadores têm se ocupado de atacar outros jogos. Como a roleta, muitos deles têm uma longa e firme reputação de serem imbatíveis. E, como na roleta, há pessoas usando abordagens científicas só para mostrar o quanto essa reputação pode estar errada.

2. Um negócio de força bruta

DENTRE AS FACULDADES da Universidade de Cambridge,[1] Gonville and Caius é a quarta mais velha, a terceira mais rica e a segunda maior produtora de ganhadores do Prêmio Nobel. É também uma das poucas que servem jantares formais de três pratos todas as noites, o que significa que a maioria dos estudantes sai bem familiarizada com o salão de jantar neogótico e os vitrais únicos de suas janelas.[2]

Um desses vitrais retrata uma hélice em espiral de DNA, uma reverência ao ex-aluno de doutorado Francis Crick. Outro mostra um trio de círculos que se sobrepõem, em tributo a John Venn. Há também um tabuleiro de damas num terceiro vitral, cada quadrado colorido de forma aparentemente aleatória. Ele está lá para celebrar um dos fundadores da estatística moderna, Ronald Fisher.

Depois de ganhar uma bolsa em Gonville and Caius, Fisher passou três anos estudando em Cambridge,[3] especializando-se em biologia evolutiva. Graduou-se às vésperas da Primeira Guerra Mundial e tentou entrar para o Exército Britânico. Embora tenha feito os exames médicos várias vezes, falhou em todas elas por causa de sua visão deficiente. Como resultado, passou a guerra lecionando matemática em diversas e proeminentes escolas particulares inglesas, publicando artigos acadêmicos em seu tempo livre.

Com o conflito se aproximando do fim, Fisher começou a procurar um novo emprego. Uma opção era entrar para o laboratório de Karl Pearson, onde lhe fora oferecido o papel de estatístico-chefe. Fisher não estava particularmente encantado com a ideia: no ano anterior, Pearson havia publicado um artigo criticando parte de sua pesquisa. Ainda se refazendo do ataque, Fisher recusou o emprego.

E assumiu um cargo na Estação Experimental Rothamsted, onde voltou sua atenção à pesquisa agrícola. Em vez de simplesmente interessar-se pelos resultados dos experimentos, Fisher queria garantir que estes fossem planejados de modo a serem o mais úteis possível. "Consultar um estatístico depois que um experimento está terminado é muitas vezes pedir-lhe meramente que conduza um exame pós-morte", afirmou. "Talvez ele possa dizer qual foi a *causa mortis* do experimento."[4]

Considerando o trabalho que tinha à mão, Fisher ficou intrigado sobre como distribuir diferentes tratamentos de plantio por um terreno durante um experimento. O mesmo problema aparece ao se conduzir experimentos médicos em uma grande área geográfica. Se estamos comparando vários tratamentos diferentes, vamos querer nos assegurar de que estejam distribuídos por uma região ampla. Mas se os distribuímos selecionando localidades ao acaso, existe uma chance de pegarmos repetidamente locais similares. E, nesse caso, um tratamento acaba concentrado apenas numa área, e teremos um experimento bastante malfeito.

Suponha que queiramos testar quatro tratamentos em dezesseis locais de teste, dispostos segundo uma grade quatro por quatro. Como podemos distribuí-los pela área sem correr o risco de que todos eles terminem no mesmo lugar? Em seu livro seminal *The Design of Experiments*, Fisher sugeria que os quatro tratamentos fossem distribuídos de modo que apareçam em cada linha e coluna apenas uma vez. Se o campo tem um solo bom numa extremidade e pobre na outra, todos os tratamentos ficariam, portanto, expostos a ambas as condições. Acontecia que o padrão proposto por Fisher já tinha encontrado popularidade em outro lugar. Era comum na arquitetura clássica, onde ficou conhecido como quadrado latino, como mostra a Figura 2.1.

O vitral em Gonville and Caius apresenta uma versão maior de um quadrado latino, com as letras – uma para cada tipo de tratamento – substituídas por cores. Além de serem merecedoras de um tributo num salão tradicional, as ideias de Fisher continuam a ser usadas hoje. O problema de como elaborar algo ao mesmo tempo aleatório e equilibrado surge em

C	D	B	A
B	A	D	C
D	C	A	B
A	B	C	D

Quadrado latino

A	A	B	D
A	B	D	B
A	C	D	C
D	C	C	B

Quadrado malfeito

FIGURA 2.1

muitos campos, inclusive na agricultura e na medicina. E também nos jogos de loteria.

Loterias são programadas para custar dinheiro a quem joga. Elas se originaram como uma forma de imposto palatável, muitas vezes para apoiar importantes projetos de construção. A Grande Muralha da China[5] foi financiada com lucros de uma loteria dirigida pela dinastia Han; receitas de uma loteria de 1753[6] financiaram o Museu Britânico; e muitas das universidades da Ivy League, a elite americana, foram construídas com verbas de loterias organizadas pelos governos coloniais.[7]

As loterias modernas são compostas de diversos jogos diferentes, com as raspadinhas sendo uma parte lucrativa do negócio. No Reino Unido, elas representam um quarto das receitas da Loteria Nacional,[8] e as loterias estaduais americanas ganham dezenas de bilhões de dólares[9] com vendas de bilhetes. Os prêmios chegam a milhões, então os operadores de loteria têm o cuidado de limitar o fornecimento de bilhetes vencedores. Eles não podem pôr números aleatórios sob a camada a ser raspada, porque há uma chance de produzir mais prêmios do que poderiam pagar. Tampouco seria sensato mandar arbitrariamente maços de bilhetes aos vários lugares, porque uma cidade poderia ficar com todos os bilhetes "sortudos". As raspadinhas precisam incluir um componente de sorte para garantir que o jogo seja justo, mas os operadores também precisam manipulá-lo de alguma forma para assegurar que não haja um número enorme de ganhadores ou muitos em um único lugar. Citando o estatístico William Gosset, elas precisam de "aleatoriedade controlada".[10]

Para Mohan Srivastava, a ideia de que as raspadinhas seguem certas regras começou com um presente de brincadeira. Em junho de 2003, presentearam-no com um punhado de cartões, um deles com uma coleção de jogos da velha. Ao raspar a camada metálica, ele descobriu três símbolos em linha, que lhe valeram US$3. E também o levaram a pensar em como a loteria rastreia[11] os diferentes prêmios.

Srivastava trabalhava como estatístico em Toronto, e desconfiou que cada cartão continha um código que identificava se era ganhador. Quebrar códigos era algo que ele sempre achara interessante; Srivastava tinha conhecido Bill Tutte,[12] o matemático britânico que em 1942 quebrara o código da máquina criptográfica nazista Lorenz,[13] façanha posteriormente descrita como "um dos maiores feitos intelectuais da Segunda Guerra Mundial". A caminho de buscar seu prêmio no posto de gasolina local, Srivastava começou a se perguntar como a loteria podia atuar para distribuir os cartões de jogo da velha. Ele tinha experiência de sobra com algoritmos desse tipo. Trabalhava como consultor para companhias de mineração, que o contratavam para ir à caça de jazidas de ouro. No colégio, chegara a escrever uma versão de computador do jogo da velha para um trabalho.[14] Ele notou que cada lâmina metálica no cartão tinha uma grade três por três de números impressos. Quem sabe esses números não eram a chave?

Mais tarde nesse dia, Srivastava parou novamente no posto de gasolina e comprou um maço de cartões de raspadinha. Examinando os números, descobriu que alguns apareciam diversas vezes no mesmo cartão, e alguns apenas uma vez. Ao percorrer a pilha de cartões, constatou que se uma linha contivesse três desses números especiais, geralmente era sinal de que se tratava de um cartão premiado. Era um método simples e efetivo. O desafio era achar esses cartões.

Infelizmente, cartões ganhadores não são tão comuns. Durante as primeiras horas de 16 de abril de 2013, por exemplo, um carro entrou pelas portas de uma loja de conveniência no Kentucky. Uma mulher saltou, agarrou um expositor contendo 1500 cartões de raspadinha, pegou o carro e foi embora. Quando finalmente foi presa uma semana depois,[15] só tinha conseguido recolher US$200 em prêmios.

Mesmo que Srivastava tivesse um método confiável – e legal – de encontrar cartões lucrativos, isso não significava que ele pudesse transformá-lo num negócio rentável. Ele calculou quanto tempo levaria para varrer todos os cartões potenciais e achar os premiados e percebeu que teria uma vida melhor se mantivesse seu emprego. Tendo decidido que não valia a pena mudar de carreira, Srivastava pensou que a loteria gostaria de saber da sua descoberta. Primeiro, ele tentou contatá-los por telefone, mas, talvez pensando que se tratava apenas de mais um jogador com um sistema esperto, não retornaram suas ligações. Então ele dividiu vinte cartões intocados em dois grupos – um de ganhadores, outro de perdedores – e os enviou por um serviço de courier para a equipe de segurança da loteria. Srivastava recebeu uma chamada telefônica mais tarde no mesmo dia. "Precisamos conversar",[16] disseram.

Os jogos da velha logo foram retirados das lojas. Segundo a loteria, o problema era devido a um defeito de projeto. Mas, desde 2003, Srivastava vinha examinando outras loterias nos Estados Unidos e no Canadá, desconfiando que algumas delas ainda podiam estar produzindo raspadinhas com o mesmo problema.

Em 2011, alguns meses depois que a revista *Wired* publicou a história de Srivastava, surgiram relatos de uma jogadora de raspadinha no Texas inusitadamente bem-sucedida. Joan Ginther tinha ganhado quatro grandes boladas[17] na loteria de raspadinha do Texas entre 1993 e 2010, faturando um total de US$20,4 milhões. Seria pura sorte? Embora Ginther jamais tenha comentado a razão de seus múltiplos prêmios, alguns especularam que seu doutorado em estatística poderia ter algo a ver com isso.

Não são apenas os cartões de raspadinha que são vulneráveis ao pensamento científico. As loterias tradicionais não incluem aleatoriedade controlada, mas não estão a salvo de jogadores com inclinação matemática. E, quando têm um furo, uma estratégia vencedora pode começar com algo tão inócuo quanto um projeto de faculdade.

MESMO DENTRO DE uma universidade tão conhecidamente fora do padrão quanto o MIT, Random Hall tem a reputação de ser um tanto peculiar. Segundo a lenda do campus, os estudantes que primeiro moraram ali em 1968 queriam chamar os alojamentos de "Random House" [Casa aleatória],[18] até que a editora de livros homônima lhes mandou uma carta de objeção. Os andares individuais também têm nomes. Um deles chama-se Destiny [Destino], porque seus moradores curtos de grana venderam no eBay o direito de nomeá-lo:[19] o lance vencedor foi de US$36, feito por um homem que quis batizar o andar em homenagem à filha. O lugar tem até um website[20] próprio, feito pelos alunos, que permite aos ocupantes conferir se os banheiros ou as máquinas de lavar estão disponíveis.

Em 2005, outro plano começou a tomar forma nos corredores de Random Hall. James Harvey estava chegando ao fim de sua graduação em matemática e precisava de um projeto para o último semestre. Enquanto buscava um tópico, interessou-se por loterias.[21]

A Loteria Estadual de Massachusetts foi criada em 1971 como meio de levantar receita extra para o governo. Ela administra vários jogos diferentes, sendo os mais populares o Powerball e o Mega Millions. Harvey concluiu que uma comparação entre os dois jogos podia constituir um bom projeto. No entanto, este cresceu – como geralmente ocorre com projetos –, e Harvey logo começou a comparar seus resultados com outros jogos, inclusive um chamado Cash WinFall.

A Loteria de Massachusetts introduziu o WinFall no outono de 2004. Ao contrário de jogos como o Powerball, que também existem em outros estados, o Cash WinFall era exclusivo de Massachusetts. As regras eram simples. Os jogadores escolhiam seis números para cada bilhete de US$2. Se acertassem todos os seis números no sorteio, ganhavam um prêmio de no mínimo meio milhão de dólares. Se acertassem alguns mas não todos os números, ganhavam quantias menores. A loteria projetou o jogo de tal maneira que US$1,20 de cada US$2 seria pago em prêmios, com o resto sendo gasto em boas causas locais. Sob muitos aspectos, o WinFall era como os outros jogos de loteria. No entanto, tinha uma diferença importante. Geralmente, quando ninguém ganha o primeiro prêmio numa loteria, este acumula para o próximo sorteio. Se mais uma vez não houver jogo vencedor, ele acumula novamente e continua a acumular até que alguém acabe acertando todos os números. O problema com as acumulações é que os vencedores – que são boa publicidade para a loteria – podem ser raros. E se não houver rostos sorridentes e cheques gigantescos aparecendo nos jornais por algum tempo, as pessoas param de jogar.

A Loteria de Massachusetts enfrentou precisamente esta dificuldade em 2003, quando seu jogo Mass Millions passou um ano inteiro sem ganhador. Eles decidiram que o WinFall evitaria esse constrangimento limitando o grande prêmio. Se o prêmio chegasse a US$2 milhões sem ganhador, a bolada "desacumularia" e, em vez disso, seria dividida entre os jogadores que tivessem acertado três, quatro ou cinco números.

Antes de cada sorteio, a loteria publicava sua estimativa para o grande prêmio, que se baseava nas vendas de bilhetes dos sorteios anteriores. Quando o prêmio estimado chegasse a US$2 milhões, os apostadores saberiam que o dinheiro desacumularia se ninguém acertasse os seis números. As pessoas logo perceberam que as chances de ganhar dinheiro eram muito melhores numa semana de desacumulação do que em outras, o que significava que as vendas de bilhetes sempre explodiam antes desses sorteios.

Ao estudar o jogo, Harvey concluiu que era mais fácil ganhar dinheiro no WinFall do que em outras loterias. De fato, a recompensa esperada às vezes era positiva: quando acontecia uma desacumulação, havia pelo menos US$2,30 à espera em dinheiro para cada bilhete de US$2 vendido.

Em fevereiro de 2005, Harvey formou um grupo de apostas com alguns de seus colegas do MIT. Cerca de cinquenta pessoas fizeram uma vaquinha para o primeiro pacote de bilhetes – levantando US$1 000 no total – e triplicaram seu dinheiro quando saíram os números. Nos anos seguintes, jogar na loteria tornou-se um emprego de tempo integral para

Harvey. Em 2010, ele e seus colegas de equipe incorporaram o negócio. Deram-lhe o nome de Random Strategies Investments, LLC, em homenagem a suas antigas acomodações no MIT.

Outros consórcios também entraram em ação. Uma equipe consistia em pesquisadores biomédicos da Universidade de Boston. Outro grupo era chefiado pelo lojista aposentado (e graduado em matemática) Gerald Selbee, que já tivera sucesso com um jogo similar. Em 2003, Selbee havia notado um furo num jogo de loteria em Michigan que também incluía desacumulações. Reunindo um forte grupo de apostas de 32 pessoas, Selbee passou dois anos comprando bilhetes por atacado – e acertando as boladas – antes de a loteria ser interrompida em 2005. Quando o grupo de Selbee ouviu falar do WinFall, voltou sua atenção para Massachusetts. Havia um bom motivo para o influxo de tais equipes de apostas. O Cash WinFall tinha se tornado a loteria mais lucrativa dos Estados Unidos.

Durante o verão de 2010, o prêmio acumulado do WinFall chegou perto do limite. Depois que um prêmio de US$1,59 milhão passou sem ganhador em 12 de agosto, a loteria estimou que a bolada para o sorteio seguinte seria em torno de US$1,68 milhão. Com a desacumulação seguramente a apenas dois ou três sorteios, os consórcios de apostas começaram a se preparar. No final do mês, planejavam mais milhares de dólares em ganhos.

Mas a desacumulação não veio nem dois, nem três sorteios depois. Veio na semana seguinte, em 16 de agosto. Por algum motivo, houvera um enorme aumento na venda de bilhetes, o suficiente para puxar o prêmio total para mais de US$2 milhões. Essa enchente de vendas deflagrou uma desacumulação prematura. Os funcionários da loteria ficaram tão surpresos quanto qualquer outra pessoa: nunca tinham vendido tantos bilhetes com o prêmio estimado ainda tão baixo. O que estava acontecendo?

Quando o WinFall foi introduzido, a loteria examinara a possibilidade de alguém deliberadamente cutucar o sorteio e provocar uma desacumulação comprando um grande número de bilhetes. Ciente de que as vendas dependiam do prêmio estimado – e de potenciais desacumulações –, ela não queria ser pega de surpresa subestimando o prêmio em dinheiro.

Calcularam que um jogador que usasse as máquinas automáticas da loteria, que cuspiam bilhetes com números arbitrários, era capaz de fazer cem apostas por minuto. Se a bolada estivesse em menos de US$1,7 milhão, o apostador teria de comprar mais de 500 mil bilhetes para forçá-la acima do limite de US$2 milhões. Como isso levaria bem mais de oitenta horas, a loteria não achava que alguém fosse capaz de superar os US$2 milhões a não ser que o prêmio já estivesse acima de US$1,7 milhão.

O grupo do MIT pensava diferente. Quando James Harvey começou a examinar a loteria em 2005, fez uma viagem à cidade de Braintree, onde ficava a sede dos escritórios da loteria. Queria conseguir uma cópia das diretrizes do jogo, que explicavam precisamente como o prêmio em dinheiro era distribuído. Na época, ninguém foi capaz de ajudá-lo. Mas em 2008 finalmente lhe mandaram as diretrizes. A informação foi um incentivo para o grupo do MIT, que até então vinha confiando apenas em seus próprios cálculos.

Olhando os sorteios passados, o grupo descobriu que, se o prêmio não atingisse US$1,6 milhão, a estimativa para o prêmio seguinte quase sempre ficava abaixo do valor crucial de US$2 milhões. Forçar o limite já no sorteio de 16 de agosto fora resultado de um extensivo planejamento. Além de esperar por uma bolada de tamanho apropriado – perto, mas abaixo de US$1,6 milhão –, o grupo do MIT precisava preencher cerca de 700 mil volantes de apostas, tudo à mão. "Levamos mais ou menos um ano montando o esquema para chegar a isso",[22] disse mais tarde Harvey. O esforço valeu a pena:[23] estima-se que naquela semana ganharam cerca de US$700 mil.

Infelizmente, os lucros não continuaram por muito tempo mais. Em um ano, o *Boston Globe* tinha publicado[24] uma matéria sobre o furo do WinFall e os consórcios de apostas que haviam lucrado com ele. No verão de 2011, Gregory Sullivan, inspetor-geral de Massachusetts, compilou um detalhado relatório sobre o assunto. Sullivan mostrava que as ações do grupo do MIT e de outros eram inteiramente legais e concluía que "ninguém teve suas chances de bilhete vencedor afetadas pelo alto volume de apostas". Ainda assim, estava claro que algumas pessoas estavam ganhando muito dinheiro com o WinFall, e o jogo foi sendo gradualmente tirado de circulação.

Mesmo que o WinFall não tivesse sido cancelado, o consórcio da Universidade de Boston disse ao inspetor-geral que o jogo não teria continuado a ser lucrativo para as equipes de apostas. Mais pessoas estavam comprando bilhetes em semanas de desacumulação, de modo que os prêmios eram divididos em boladas cada vez menores. À medida que aumentava o risco de perder dinheiro, encolhiam as recompensas potenciais. Num ambiente tão competitivo, era crucial obter uma vantagem sobre as outras equipes. O grupo do MIT fez isso entendendo o jogo melhor que muitos de seus concorrentes: sabiam das probabilidades e dos ganhos e exatamente qual era a vantagem que detinham.

No entanto, o sucesso nas apostas não se limita à competição. Há também a questão não tão pequena da logística. Gerald Selbee ressaltou que se um grupo quisesse maximizar seus lucros durante uma semana de desacumulação, precisaria comprar 312 mil volantes de apostas, porque esse era o "ponto estatisticamente ideal". O processo de compra de tantos bilhetes nem sempre era fácil. As máquinas embolavam os papéis no tempo úmido e funcionavam devagar quando o nível de tinta estava baixo. Numa ocasião, uma queda de energia atrapalhou os preparativos do grupo do MIT. E algumas lotéricas se recusavam terminantemente a atender grupos.

Havia também a questão de como armazenar e organizar todos os bilhetes comprados. Consórcios tinham de conservar milhões de bilhetes perdedores em caixas para mostrar aos auditores de impostos. Além disso, era uma dor de cabeça achar os volantes ganhadores. Selbee alega ter ganhado cerca de US$8 milhões[25] desde que começou a lidar com loterias em 2003. Mas, depois de um sorteio, ele e a esposa tinham de trabalhar dez horas por dia examinando a coleção de bilhetes para identificar os que tinham dado lucro.

Os CONSÓRCIOS DE APOSTAS usaram por muito tempo a tática de comprar grandes combinações de números – um método conhecido como "ataque de força bruta"– para vencer loterias. Um dos exemplos mais conhecidos é o de Stefan Klincewicz, um contador que bolou um plano para ganhar a Loteria Nacional da Irlanda em 1990. Klincewicz tinha notado que lhe custaria pouco menos de £1 milhão para comprar bilhetes suficientes a fim de cobrir todas as potenciais combinações, garantindo assim um bilhete vencedor quando se realizasse o sorteio. Mas a estratégia só funcionaria se o prêmio fosse grande o bastante. Enquanto esperava uma boa acumulada aparecer, Klincewicz reuniu um consórcio de 28 pessoas. Durante um período de seis meses, o grupo preencheu milhares e milhares de volantes de loteria. Quando foi por fim anunciada uma acumulada de £1,7 milhão para o sorteio do feriado bancário de maio de 1992, puseram o plano em ação. Escolhendo lotéricas em locais mais tranquilos, a equipe começou a fazer as apostas necessárias.

O surto de atividade chamou a atenção dos funcionários da loteria, que tentaram impedir o grupo fechando as lotéricas em que estavam fazendo os jogos. Como resultado, os participantes só conseguiram comprar 80% das combinações numéricas possíveis. Não era o bastante para garantir vitória, mas o suficiente para colocar a sorte ao seu lado; quando o sorteio foi anunciado, o consórcio tinha os números vencedores na sua coleção. Infelizmente, houve também mais dois ganhadores, de modo que o grupo precisou dividir a bolada. Mesmo assim, ainda terminaram com um lucro de £310mil.

Abordagens de simples força bruta como estas não requerem muitos cálculos para funcionar. O único obstáculo real é comprar bilhetes suficientes. É mais uma questão de força de trabalho humana do que de matemática, e isso reduz a exclusividade dos métodos. Enquanto os jogadores de roleta precisam apenas ser mais espertos que o cassino, os consórcios de loteria muitas vezes precisam competir com outras equipes tentando ganhar a mesma bolada.

Apesar da contínua concorrência, alguns consórcios de apostas têm conseguido repetidamente – e legalmente – obter lucro. Suas histórias ilustram outra diferença das apostas na roleta. Em vez de agirem sozinhos ou em pequenos times abaixo do radar oficial, muitos consórcios de loteria criaram empresas. Eles têm investidores e preenchem formulários de restituição de imposto de renda. O contraste reflete uma mudança mais ampla no mundo da jogatina científica. O que um dia foram esforços individuais se desenvolveu numa indústria inteira.

3. De Los Alamos a Monte Carlo

BILL BENTER É UM dos jogadores mais bem-sucedidos do mundo. Baseado em Hong Kong, seu consórcio de apostas tem arriscado – e ganhado – milhões de dólares em corridas de cavalo ao longo dos anos. Mas a carreira de jogador de Benter não começou com as corridas. Nem sequer começou com esportes.

Quando era estudante, Benter deparou-se com uma placa num cassino de Atlantic City: "Contadores de cartas profissionais estão proibidos de jogar nas nossas mesas."[1] Não era um empecilho particularmente eficaz. Depois de ler a placa, só um pensamento lhe veio à mente: contar cartas funciona. Era o final dos anos 1970, e os cassinos tinham passado a década anterior reprimindo uma tática que viam como trapaça. Grande parte da culpa – ou talvez do crédito – pelas perdas dos cassinos pode ser atribuída a Edward Thorp. Em 1962, Thorp publicou *Beat the Dealer*, que descrevia uma estratégia vencedora no blackjack.

Embora Thorp tenha sido chamado o pai da contagem de cartas,[2] a ideia para uma estratégia perfeita no blackjack efetivamente nasceu num quartel militar. Dez anos antes de Thorp lançar seu livro, o soldado Roger Baldwin vinha jogando cartas com seus colegas no Campo de Testes Aberdeen, em Maryland, e quando um dos homens sugeriu um jogo de blackjack,[3] a conversa passou para as regras do jogo. Eles concordavam quanto ao formato básico. Cada jogador recebe duas cartas, e a banca abre uma de suas cartas e mantém a outra fechada. Os jogadores então dizem se querem receber outra carta, na esperança de obter um total maior que o da banca, ou se param, conservando o total atual. Se a nova carta faz o total na mão do jogador passar de 21, ele "estoura" e perde a aposta.

Depois que todos os jogadores fizeram suas escolhas, é a vez da banca. Um dos soldados comentou que, em Las Vegas, a banca precisa parar com um total de dezessete ou mais. Baldwin ficou espantado. A banca tinha de seguir regras fixas? Sempre que ele jogava em jogos privados, a banca tinha a liberdade de fazer o que bem entendesse. Baldwin, que tinha mestrado em matemática, entendeu que isso podia ajudá-lo num cassino. Se a banca estava sujeita a restrições precisas, devia ser possível achar uma estratégia que maximizasse suas chances de sucesso.

Como todos os jogos de cassino, o blackjack é planejado para dar uma margem à casa. Embora a banca e o jogador pareçam ambos ter o mesmo objetivo – tirar cartas até obter um total perto de 21 –, a banca tem a vantagem porque o jogador sempre joga primeiro. Se ele pede uma carta a mais e ultrapassa a meta, a banca ganha sem fazer nada.

Observando alguns exemplos de mãos de blackjack, Baldwin notou que suas chances aumentariam se ele levasse em conta o valor da carta aberta da banca ao tomar suas decisões. Se a banca tivesse uma carta baixa, havia uma boa chance de ela ser obrigada a comprar várias cartas, aumentando o risco de o total ultrapassar 21. Com um 6, por exemplo, a banca tinha 40% de chance[4] de estourar. Com um 10, essa probabilidade caía pela metade. Assim, Baldwin podia se safar permanecendo com um total mais baixo se a banca tivesse um 6, porque era provável que as regras a forçassem a tirar cartas demais.

Em teoria, seria simples para Baldwin usar essas ideias para construir uma estratégia perfeita. Na prática, porém, o vasto número de mãos possíveis no blackjack tornava a tarefa quase inviável de ser feita com papel e caneta. Para piorar as coisas, as escolhas de um jogador num cassino não eram limitadas apenas a parar ou tirar outra carta. Os jogadores também tinham a opção de dobrar a aposta, sob a condição de receberem uma carta além das que já tinham. Ou, se tivessem recebido um par de cartas com o mesmo número, podiam "dividi-las" em dois jogos separados.

Baldwin não seria capaz de fazer todo esse trabalho à mão, então perguntou a Wilbert Cantey, um sargento e colega da graduação em matemática, se podia usar a calculadora da base. Intrigado pela ideia de Baldwin,[5]

Cantey concordou em ajudar, assim como James McDermott e Herbert Maisel, dois outros soldados que trabalhavam na divisão de análise.

Enquanto Thorp trabalhava nas suas predições da roleta em Los Angeles, os quatro homens passavam suas noites calculando a melhor maneira de vencer a banca. Após vários meses de cálculos, chegaram ao que julgaram ser a estratégia ideal. Mas seu sistema perfeito acabou não se mostrando exatamente perfeito. "Em termos estatísticos,[6] ainda tínhamos uma expectativa negativa", disse Maisel mais tarde. "A menos que tivéssemos sorte, perderíamos no longo prazo." Mesmo assim, pelos cálculos do grupo, eles tinham conseguido reduzir a margem do cassino a menos 0,6%. Em contraste, um jogador que simplesmente copiasse as regras da banca – sempre parando em dezessete ou mais – podia esperar perder 6% das vezes. Os quatro publicaram seus achados em 1956,[7] num artigo intitulado "The Optimum Strategy in Blackjack".

Aconteceu que Thorp já tinha marcado uma viagem a Las Vegas quando o artigo saiu. Deveria ter sido um feriado relaxante com sua esposa:[8] alguns dias em mesas de jantar em vez de mesas de jogo. Mas, pouco antes de partirem, um professor da UCLA contou a Thorp sobre a pesquisa dos soldados. Sempre curioso, Thorp anotou a estratégia e a levou junto na viagem.

Quando certa noite Thorp tentou a estratégia num cassino, lendo lentamente de uma cola enquanto estava sentado à mesa, seus colegas de jogo acharam que ele estava louco. Thorp pegava cartas quando deveria ter parado e recusava cartas quando deveria pegar. Ele dobrou sua aposta depois de receber cartas fracas. Chegou a dividir seu reles par de 8 quando a banca tinha uma mão muito mais forte. Que diabos ele estava pensando?

Apesar da estratégia aparentemente temerária de Thorp, ele não perdeu todas as fichas. Um por um, os outros jogadores foram deixando a mesa de bolsos vazios, mas Thorp continuou. Finalmente, tendo perdido US$8 dos seus US$10, Thorp deu a noite por encerrada. Mas a pequena excursão o convencera de que a estratégia dos soldados funcionava melhor que qualquer outra. E também o fez se perguntar como podia ser melhorada.

De Los Alamos a Monte Carlo

Para simplificar os cálculos, Baldwin assumira que as cartas eram distribuídas aleatoriamente, com cada uma das 52 cartas do baralho tendo a mesma chance de aparecer. Mas na realidade o blackjack não é tão aleatório. Diferentemente da roleta, na qual cada giro é – ou pelo menos deveria ser – independente do anterior, o blackjack tem uma forma de memória: com o tempo, a banca aos poucos vai percorrendo o baralho.

Thorp estava convencido de que, se pudesse gravar quais cartas haviam sido distribuídas anteriormente, isto o ajudaria a antecipar o que poderia vir em seguida. E, como tinha uma estratégia que em teoria já deixava as coisas empatadas, ter informação sobre se a carta seguinte seria alta ou baixa era o suficiente para virar o jogo a seu favor. Ele logo descobriu que até mesmo uma tática simples como manter a conta da quantidade de 10s no baralho podia se tornar lucro. Contando as cartas, Thorp gradualmente transformou a pesquisa[9] dos quatro soldados de Aberdeen – mais tarde apelidados de "Os Quatro Cavaleiros de Aberdeen" – numa estratégia vencedora.

Embora Thorp ganhasse dinheiro no blackjack, essa não era a principal razão para fazer todas aquelas viagens a Las Vegas. Ele as via mais como um compromisso acadêmico.[10] Quando mencionou pela primeira vez a existência de uma estratégia vencedora, a reação não foi exatamente positiva. As pessoas ridicularizaram a ideia, como os jogadores tinham feito na sua primeira tentativa. Afinal, a pesquisa de Thorp desafiava a premissa largamente respeitada de que o blackjack não podia ser derrotado. *Beat the Dealer* foi o jeito de Thorp de provar que sua teoria estava certa.

AQUELA PLACA EM Atlantic City sempre ficou na cabeça de Bill Benter. Então, quando ele ouviu falar do livro de Thorp durante um ano em que estava estudando no exterior, na Universidade de Bristol, dirigiu-se à biblioteca local para retirar um exemplar. Ele nunca vira algo tão notável. "O livro mostrava que nada era invulnerável", disse. "Velhas máximas sobre a casa sempre ter a margem a seu favor não eram mais verdade."[11] Quando retornou aos Estados Unidos, Benter resolveu tirar um tempo de folga dos estudos. Trocando seu campus universitário em Cleveland, Ohio, pelos cassinos de Las Vegas,[12] pôs-se a trabalhar para colocar o sistema de Thorp em ação. A decisão acabaria se mostrando extremamente lucrativa:[13] com vinte e poucos anos, Benter estava ganhando cerca de US$80 mil por ano no blackjack.

Durante esse tempo, ele conheceu um australiano que também estava ganhando uma quantia razoável a partir de contagem de cartas. Enquanto Benter tinha ido direto dos anfiteatros de aulas para os salões dos cassinos, Alan Woods começara a treinar como atuário depois de deixar a faculdade. Em 1973, sua firma foi encarregada pelo governo australiano[14] de calcular a margem da casa em jogos no primeiro cassino legal do país. O projeto apresentou a Woods a ideia de sistemas lucrativos no blackjack, e nos anos seguintes ele passou seus fins de semana vencendo cassinos ao redor do globo. Na época em que conheceu Benter, Woods era um jogador de blackjack em tempo integral. Mas as coisas estavam ficando mais difíceis para jogadores de sucesso como eles.

Nos anos desde que Thorp publicara sua estratégia, os cassinos tinham-se tornado melhores em identificar contadores de cartas. Um dos maiores problemas em contar – além do foco mental exigido – é que você precisa ver uma porção de cartas antes de ter informação suficiente para fazer predições sobre o resto do baralho. Durante esse tempo, você tem pouca escolha a não ser usar o sistema ideal de Baldwin e fazer apostas pequenas para limitar as perdas. E quando você acaba concluindo que as próximas cartas podem ser favoráveis, precisa aumentar drasticamente suas apostas para tirar o máximo proveito da sua vantagem. Isto dá um claro sinal para qualquer pessoal de cassino à caça de contadores de cartas. "É fácil aprender a contar cartas", disse um profissional de blackjack. "Difícil é aprender como esconder isso."[15]

Manter um registro mental dos valores das cartas não é ilegal em Nevada (ou, sob esse aspecto, em qualquer outro lugar), mas isso não significava que

Thorp e sua estratégia eram bem-vindos em Las Vegas. Como os cassinos são propriedade privada, podem banir quem quiserem. Para escapar da segurança,[16] Thorp passou a a usar disfarces em suas visitas. Com os cassinos atentos a grandes mudanças em padrões de apostas, os jogadores começaram a procurar um jeito melhor de jogar blackjack. Em vez de contar cartas até as coisas parecerem promissoras, seria possível predizer a ordem de um baralho inteiro?

A MAIORIA DOS MATEMÁTICOS no começo do século XX[17] havia lido o livro de Poincaré sobre probabilidade, mas parecia que quase ninguém o compreendera realmente. Um dos poucos que o entenderam foi Émile Borel, outro matemático baseado na Universidade de Paris. Borel estava particularmente interessado na analogia que Poincaré usara para descrever como interações aleatórias – por exemplo, tintas na água – acabam se assentando em equilíbrio.

Poincaré havia comparado a situação com o processo de embaralhar cartas. Se você conhece a ordem inicial de um baralho, trocar aleatoriamente algumas cartas de lugar não acabará de todo com a ordem. Portanto, o seu conhecimento da ordem original ainda será útil. Entretanto, à medida que as cartas são embaralhadas mais e mais vezes, este conhecimento se torna cada vez menos relevante. Como a tinta e a água misturando-se com o tempo, as cartas vão aos poucos ficando uniformemente distribuídas, cada carta tendo igual chance de aparecer em qualquer ponto do baralho.

Inspirado pelo trabalho de Poincaré, Borel descobriu um meio de calcular com que rapidez as cartas poderiam convergir para essa distribuição uniforme. Sua pesquisa é usada até hoje[18] para se calcular o "tempo de mistura" de um processo aleatório, seja embaralhamento de cartas ou interações químicas. O trabalho também ajudou jogadores de blackjack a lidar com um crescente problema.

Para dificultar as coisas para os contadores de cartas, os cassinos começaram a usar múltiplos baralhos – às vezes chegando a combinar seis –

FIGURA 3.1. O embaralhamento dovetail.[19] (*Crédito: Todd Klassy*)

e a embaralhar as cartas antes de terem sido todas distribuídas. Como isso dificultava manter a contagem, os cassinos esperavam que anulasse qualquer vantagem dos jogadores. E não perceberam que as mudanças também tornavam mais difícil embaralhar as cartas efetivamente.

Durante os anos 1970, os cassinos costumavam usar o *"dovetail shuffle"** para embaralhar as cartas. Nesta técnica,[20] o baralho é dividido em dois e as duas metades são soltas em cascata juntas, com velocidade. Se esse movimento de soltar em cascata é feito com perfeição, com cartas de uma metade alternando-se com as da outra enquanto caem, nenhuma informação se perde: a ordem original pode ser recuperada simplesmente olhando cada segunda carta. Porém, mesmo que as cartas caiam aleatoriamente de cada uma das metades, alguma informação permanece.

Suponha que você tenha um baralho de treze cartas. Se fizer um embaralhamento *dovetail*, as cartas trocam de lugar da seguinte maneira:

---

* Também conhecido como "embaralhamento rifle" e "embaralhamento em cascata". (N.T.)

A2345678910JQK

⇓

A234567   8910JQK

⇓

A28391045J6QK7

O baralho misturado está longe de ser aleatório. Em vez disso, há duas sequências claras de números crescentes (mostradas acima em fonte normal e negrito). Na verdade, vários truques de cartas baseiam-se neste fato: se uma carta é colocada num baralho ordenado e ele é embaralhado uma ou duas vezes, a carta extra geralmente sobressai porque não se encaixa numa sequência crescente.

Para um baralho de 52 cartas,[21] matemáticos mostraram que as cartas deveriam ser embaralhadas pelo menos meia dúzia de vezes para não deixar nenhum padrão detectável. No entanto, Benter descobriu que os cassinos[22] raramente se davam o trabalho de serem tão diligentes. Algumas bancas embaralhavam as cartas duas ou três vezes; outras pareciam achar que uma só vez era suficiente.

No início dos anos 1980, os jogadores começaram a usar computadores escondidos para manter a conta do baralho. Entravam com a informação[23] pressionando um botão, e o computador vibrava quando surgia uma situação favorável. Manter a conta dos embaralhamentos significava que não importava que os cassinos usassem vários baralhos. E também ajudava os jogadores a evitar dar sinais claros para a segurança. Se o computador indicasse que havia probabilidade de virem cartas boas na próxima mão, os jogadores não precisavam aumentar as apostas de maneira substancial para lucrar. Infelizmente,[24] a vantagem não existe mais: apostas com auxílio de computador são consideradas ilegais nos cassinos americanos desde 1986.

Mesmo sem a repressão à tecnologia, havia outro problema para jogadores como Woods e Benter. Assim como Thorp, eles acabaram se vendo gradualmente banidos da maioria dos cassinos ao redor do mundo. "Uma vez que você se torna conhecido", diz Benter, "o mundo é muito pequeno."[25] Com os cassinos recusando-se a permitir que jogassem, a dupla acabou decidindo abandonar o blackjack. Em vez de deixar o ramo, porém, planejaram tomar conta de um jogo muito mais grandioso.

As noites de quarta-feira no hipódromo de Happy Valley são movimentadas. Seriamente movimentadas. Espremidos entre os arranha-céus da ilha de Hong Kong numa faixa de terra que costumava ser um pântano, mais de 30 mil espectadores se amontoam em suas barracas. Ovações se erguem acima do som[26] dos motores e buzinas do distrito próximo de Wan Chai. O burburinho e o barulho são sinais de quanto dinheiro está em jogo. As apostas são uma parte grande da vida em Happy Valley: em média US$145 milhões[27] foram apostados durante cada dia de corridas em 2012. Pondo em perspectiva, trata-se do mesmo ano em que o dérbi de Kentucky estabeleceu um novo recorde americano em corridas de cavalos:[28] US$133 milhões.

Happy Valley é administrado pelo Jockey Club de Hong Kong, que também dirige as corridas de sábado no hipódromo de Sha Tin do outro lado da baía em Kowloon. O Jockey Club é uma organização sem fins lucrativos[29] e tem a reputação de dirigir uma boa operação: os apostadores têm confiança em que as corridas sejam honestas.

As apostas em Hong Kong operam no chamado sistema de aposta mútua. Em vez de usarem casas de apostas com taxas de retorno fixadas, o dinheiro dos jogadores vai para um fundo, com as taxas dependendo de quanto já foi colocado em cada cavalo. Como exemplo, suponha que haja dois cavalos correndo. Foi apostado um total de US$200 no primeiro e de US$300 no segundo. A soma das duas dá o total do fundo de apostas. Os organizadores da corrida começam subtraindo uma taxa de remuneração: em Hong Kong ela é de 19%, o que, se o total fosse de US$500, deixaria US$405 no bolo. Então eles calculam as chances de cada cavalo – a quantia que você receberia se apostasse US$1 nele – pegando o total disponível (US$405) e dividindo-o pela aposta nesse cavalo, como mostrado na Tabela 3.1.

TABELA 3.1. Um exemplo de quadro de apostas

	Quantia apostada	Taxa de retorno
Cavalo 1	$200	2,03
Cavalo 2	$300	1,35

Inventado pelo empreendedor parisiense Joseph Oller, que também fundou o cabaré Moulin Rouge, o sistema de apostas mútuas requer cálculos e recálculos constantes para gerar as chances corretas. Desde 1913, esses cálculos têm sido mais fáceis graças à invenção do "totalizador automático", comumente conhecido como "quadro de apostas". Seu inventor australiano, George Julius, originalmente pretendera construir uma máquina de contagem de votos, mas seu governo não se interessou pelo projeto. Sem desistir, Julius alterou o mecanismo[30] para em vez disso calcular chances de apostas e o vendeu para um hipódromo na Nova Zelândia.

No sistema de apostas mútuas, os espectadores efetivamente apostam uns contra os outros. Os organizadores das corridas recebem o mesmo valor independentemente de qual cavalo vence. Portanto, as chances dependem apenas de que cavalo o apostador acha que vai se sair melhor. É claro que as pessoas têm todo tipo de métodos diferentes para escolher seu cavalo preferido. O apostador pode optar por um cavalo que vem tendo desempenhos impressionantes. Talvez ele tenha vencido algumas corridas ou pareça digno de confiança na prática. Ele pode correr bem em certo tempo. Ou ter um jóquei respeitado. Talvez esteja atualmente com um bom peso e uma boa idade.

Se pessoas suficientes apostam, podemos esperar que as chances do sistema mútuo se estabilizem num valor "justo", que reflete as verdadeiras chances de o cavalo ganhar. Em outras palavras, o mercado de apostas é eficiente, reunindo todas as informações espalhadas sobre cada cavalo até que não reste nada para dar vantagem a alguém. Seria de esperar que isso acontecesse. Mas não é o caso.

Quando o quadro de apostas mostra que um cavalo tem taxa de retorno igual a 100, isso sugere que os apostadores pensam que sua chance de ganhar é de cerca de 1%. Parece que as pessoas muitas vezes são generosas demais em relação às chances do cavalo mais fraco. Os estatísticos compararam o dinheiro que as pessoas apostam em tiros no escuro* com a quantia que esses cavalos realmente ganham e descobriram que a probabilidade de vitória é frequentemente muito mais baixa do que as chances divulgadas deixam implícito. Da mesma forma, as pessoas tendem a subestimar as perspectivas do cavalo que é o favorito para vencer.

O viés do favorito/tiro no escuro significa que cavalos de ponta muitas vezes têm maior probabilidade de ganhar do que sugerem suas chances. No entanto, apostar neles não é necessariamente uma boa estratégia. Como no sistema de apostas mútuas a administração recebe uma porcentagem, há uma desvantagem grande a superar. Enquanto os contadores de cartas só precisam melhorar o método dos Quatro Cavaleiros, que resulta praticamente em elas por elas, quem aposta em esportes precisa de uma estratégia[31] que seja lucrativa mesmo quando a administração cobra 19%.

Ele pode não ser perceptível, mas o viés do favorito/tiro no escuro raramente é tão severo. E tampouco é consistente: é maior em algumas pistas do que em outras. Ainda assim, mostra que as chances nas apostas nem sempre estão de acordo com as chances de vitória do cavalo. Como o blackjack, o mercado de apostas em Happy Valley é vulnerável a jogadores espertos. E, na década de 1980, ficou claro que tal vulnerabilidade podia ser extremamente lucrativa.

---

* O termo original, *long-shot*, também é usado em português e refere-se a cavalos que não chegam a ser azarões, mas que têm menos chances de vitória. (N.T.)

Hong Kong não foi a primeira tentativa de Woods de bolar um sistema de apostas para corridas de cavalos. Ele passara o ano de 1982 na Nova Zelândia com um grupo de apostadores profissionais na esperança de que sua visão coletiva bastasse para identificar cavalos com chances incorretas. Infelizmente, foi um ano de sucessos e fracassos.[32]

Benter tinha formação em física e interesse em computadores, então, para as corridas de Happy Valley, a dupla planejava empregar uma abordagem mais científica. Mas ganhar nas corridas de cavalos e no blackjack envolvia conjuntos de problemas muito diferentes. Poderia a matemática realmente ajudar a predizer corridas de cavalos?

Uma visita à biblioteca da Universidade de Nevada trouxe a resposta. Numa edição recente de uma revista de negócios, Benter localizou um artigo de Ruth Bolton e Randall Chapman, dois pesquisadores baseados na Universidade de Alberta, no Canadá. Chamava-se "Searching for Positive Returns at the Track".[33] No parágrafo de abertura, eles sinalizavam o que se seguiria nas vinte páginas seguintes. "Se o público cometer erros sistemáticos e detectáveis ao estabelecer as chances das apostas", escreviam eles, "é possível explorar tal situação com uma estratégia de apostas superior." Estratégias anteriormente publicadas concentravam-se com frequência em discrepâncias bem conhecidas nas chances das corridas, como o favorito/tiro no escuro. Bolton e Chapman haviam adotado uma abordagem diferente: desenvolveram uma maneira de pegar informações disponíveis sobre cada cavalo – tal como porcentagem de corridas ganhas ou velocidade média – e as converter numa estimativa da probabilidade de vitória desse cavalo. "Foi o artigo que fez deslanchar uma indústria de muitos bilhões de dólares",[34] disse Benter. Então, como funcionava?

Dois anos depois do seu trabalho sobre as roletas de Monte Carlo, Karl Pearson conheceu um cavalheiro de nome Francis Galton.[35] Primo de Charles Darwin, Galton partilhava da paixão familiar por ciência, aventura e suíças. No entanto, Pearson logo notou algumas diferenças.

Quando Darwin desenvolveu sua teoria da evolução, dedicou bastante tempo a organizar o novo campo, introduzindo tanta estrutura e orientação que ainda hoje se faz presente. Enquanto Darwin era um arquiteto, Galton era um explorador. Muito como Poincaré, ficava feliz em anunciar uma nova ideia e depois sair perambulando em busca de outra. "Ele nunca esperava para ver quem o estava seguindo", disse Pearson. "Apontava a nova terra para o biólogo, para o antropólogo, para o psicólogo, para o meteorologista, para o economista, e aí deixava a critério deles buscá-la ou não, como lhes aprouvesse."[36]

Galton também tinha interesse em estatística. Ele a via como uma maneira de compreender o processo biológico da hereditariedade, um tema que o fascinara durante anos. Chegara a forçar outros a estudar o tópico. Em 1875, sete dos amigos de Galton receberam sementes de ervilha,[37] com instruções de plantá-las e mandar de volta as sementes da descendência. Alguns receberam sementes pesadas; outros, sementes leves. Galton queria ver como os pesos das sementes genitoras estavam relacionados com os de seus rebentos.

Comparando os diferentes tamanhos de sementes, Galton descobriu que os rebentos eram maiores do que os pais se estes fossem pequenos, e menores do que eles se fossem grandes. Galton chamou isso de "regressão à média". Mais tarde notou o mesmo padrão ao examinar a relação entre alturas de pais e filhos humanos.

É claro que a aparência de um filho é resultado de diversos fatores. Alguns destes podem ser conhecidos; outros podem estar ocultos. Galton percebeu que seria impossível desvendar o papel preciso de cada um. Mas, usando a sua nova análise de regressão, ele seria capaz de ver que alguns fatores contribuíam mais que outros. Por exemplo, Galton notou que, embora características parentais fossem claramente importantes, às vezes traços pareciam saltar gerações, com características provenientes de avós, ou mesmo de bisavós. Ele acreditava que cada ancestral devia contribuir com alguma quantidade de herança numa criança, então ficou encantado ao saber que um criador de cavalos em Pittsburgh, Massachusetts, havia publicado um diagrama ilustrando o processo exato que ele

De Los Alamos a Monte Carlo 63

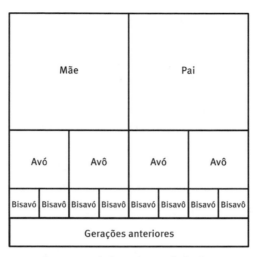

FIGURA 3.2. Ilustração da hereditariedade de A.J. Meston

vinha tentando descrever. O criador, um homem chamado A.J. Meston, usava um quadrado para representar a criança, e então o dividia em quadrados menores para mostrar a contribuição de cada antepassado: quanto maior o quadrado, maior a contribuição. Pais ocupavam metade do espaço; avós um quarto; bisavós um oitavo, e assim por diante. Galton ficou tão impressionado[38] com a ideia que escreveu uma carta à revista *Nature* em janeiro de 1898 sugerindo que a reimprimissem.

Galton passou um bom tempo pensando em como os resultados, tais como o tamanho da criança, eram influenciados por diferentes fatores, e foi meticuloso na coleta de dados para apoiar sua pesquisa. Infelizmente, seu limitado conhecimento matemático significava que não podia tirar pleno proveito da informação. Quando conheceu Pearson, Galton não sabia como calcular com precisão quanto uma mudança num fator específico afetaria o resultado.

Galton havia apontado mais uma vez uma terra nova, e foi Pearson quem a ocupou com rigor matemático. A dupla logo começou a aplicar as ideias a questões sobre hereditariedade. Ambos encaravam a regressão à média[39] como um problema potencial: perguntavam-se como a sociedade podia assegurar que características raciais "superiores" não se perdessem em gerações subsequentes. Na visão de Pearson, uma nação podia ser aprimorada[40] "assegurando que seus números sejam substancialmente recrutados de cepas melhores".

Do ponto de vista moderno, Pearson é um pouco contraditório. Diferentemente de muitos de seus pares, ele achava que homens e mulheres deviam ser tratados como iguais, social e intelectualmente. Contudo, ao mesmo tempo, usou seus métodos estatísticos para argumentar que certas raças eram superiores a outras; também alegava que leis restringindo o trabalho infantil[41] transformavam as crianças em fardos sociais e econômicos. Hoje, tudo isso é bastante repulsivo. Não obstante, o trabalho de Pearson foi tremendamente influente. Não muito depois da morte de Galton em 1911, ele estabeleceu o primeiro departamento de estatística do mundo na University College London. Elaborando o diagrama que Galton enviou à *Nature*, Pearson desenvolveu um método para "regressão múltipla": entre vários fatores potencialmente influentes, deduziu uma maneira de estabelecer como cada um se relacionava com um dado resultado.

A regressão também forneceria a espinha dorsal para as predições de corrida de cavalos dos pesquisadores da Universidade de Alberta. Enquanto Galton e Pearson usavam a técnica para examinar as características de um filho, Bolton e Chapman a empregavam para compreender como diferentes fatores afetavam as chances de vitória de um cavalo. Seria o peso mais importante que a porcentagem de corridas vencidas recentemente? Como a velocidade média se relacionava com a reputação do jóquei?

A primeira exposição de Bolton ao mundo das apostas viera em tenra idade. "Quando eu era criança de colo, meu pai me levava às pistas de corrida", ela conta, "e ao que parece a minha mãozinha escolhia o cavalo vencedor."[42] Apesar do sucesso precoce, foi a última vez que ela foi às corridas. Duas décadas depois, porém, Bolton se viu novamente escolhendo vencedores, desta vez com um método bem mais robusto.

A ideia de um método de predição para corridas de cavalos tomara forma no fim dos anos 1970, quando Bolton era estudante na Queen University, no Canadá. Ela tinha desejado aprender mais sobre uma área da economia conhecida como *choice modelling* [literalmente modelagem de escolhas], que visa capturar os benefícios e custos de uma certa decisão. Para sua dissertação de final de curso, Bolton formou uma equipe com Chapman, que estava pesquisando problemas nessa área. Chapman, que tinha um antigo e duradouro interesse em jogos, já acumulara uma coleção de dados de corridas de cavalos, e juntos eles examinaram como a informação podia ser usada para prever resultados e corridas. O projeto não foi só o começo de uma parceria acadêmica; os pesquisadores se casaram em 1981.

Dois anos depois do casamento, Bolton e Chapman submeteram a pesquisa sobre corridas de cavalos à revista científica *Management Science*. Na época, a popularidade dos métodos de predição estava crescendo, e por isso o trabalho recebeu muito escrutínio. "O artigo ficou um longo tempo em revisão", disse Bolton. A pesquisa acabou passando por quatro rodadas de revisões antes de aparecer impressa no verão de 1986.

Em seu artigo, Bolton e Chapman assumiam que as chances de vitória de um cavalo específico dependiam de sua qualidade, que calcularam reunindo diversas variáveis. Uma delas era a posição de largada. Um número mais baixo significava que o cavalo estava largando mais perto da parte interna da pista, o que deveria aumentar suas chances porque significava uma distância menor a percorrer. A dupla, portanto, esperava que a análise de regressão mostrasse que um aumento no número de largada levaria a uma diminuição na qualidade.

Outro fator era o peso do cavalo, mas não estava muito claro como isso afetava a qualidade. Restrições em certas corridas penalizam cavalos mais pesados, porém os cavalos mais rápidos geralmente têm peso maior. Os sábios entendedores de corridas da velha escola poderiam tentar vir com opiniões sobre o que é mais importante, mas Bolton e Chapman não precisavam levá-las em conta: podiam simplesmente deixar a análise de regressão fazer o trabalho duro e mostrar-lhes como o peso estava relacionado com a qualidade.

No modelo de Bolton e Chapman de uma corrida de cavalos, a medida de qualidade dependia de nove fatores possíveis, inclusive peso, velocidade média em corridas recentes e posição na largada. Para ilustrar como os diferentes fatores contribuem para a qualidade de um cavalo, é tentador usar uma estrutura semelhante ao diagrama que Galton mandou para a *Nature*. No entanto, a vida real não é tão simples quanto sugere uma ilustração dessas. Embora o diagrama de Galton mostre como parentes podem moldar as características de uma criança, o quadro é incompleto porque nem tudo é herdado. Fatores ambientais também podem influenciar as coisas, e nem sempre são visíveis ou conhecidos. Além disso, os quadros bem-definidos – para mãe, pai e assim por diante – estão propensos a se sobrepor: se o pai de uma criança tem certa característica, o avô ou a avó também podem tê-la. Assim, não se pode dizer que cada fator de contribuição é completamente independente dos outros. O mesmo vale para corridas de cavalos. Portanto, além dos nove fatores relacionados com o desempenho, Bolton e Chapman incluíram um fator de incerteza na sua predição da qualidade do cavalo. Este explicava influências desconhecidas sobre o desempenho do animal, bem como os inevitáveis hábitos peculiares de uma raça particular.

Uma vez tendo mensurado a qualidade do cavalo, a dupla converteu as medidas em predições acerca da chance de vitória de cada animal. Fizeram isso calculando a soma total de qualidade de todos os cavalos do páreo. A probabilidade de um cavalo em particular vencer dependia do quanto este contribuía para o total geral.

Para calcular quais fatores seriam úteis para fazer predições, Bolton e Chapman compararam seu modelo com dados de duzentas corridas. Manipular essa informação já foi em si uma façanha, com resultados de páreos armazenados em dezenas de cartões perfurados de computador. "Quando recebi os dados, estavam numa caixa enorme", disse Bolton. "Durante anos, carreguei essa caixa de um lado a outro." Inserir os resultados no computador também foi um desafio: levava cerca de uma hora para inserir os dados de cada corrida.

Dos nove fatores testados por Bolton e Chapman, a dupla descobriu que a velocidade média era o mais importante para decidir em que lugar um cavalo terminaria. Em contraste, o peso parecia não fazer qualquer diferença para as predições. Ou era irrelevante ou qualquer efeito que de fato tivesse era encoberto por outro fator, da mesma maneira que a influência de um avô na aparência de uma criança podia ser mascarada pela contribuição do pai.

Os fatores que acabam por se revelar os mais importantes podem ser surpreendentes. Numa versão inicial do modelo de Bill Benter, o número de páreos que um cavalo havia corrido anteriormente dava uma grande contribuição para as predições. Entretanto, não havia uma razão intuitiva para ser tão crucial. Alguns apostadores poderiam tentar pensar numa explicação,[43] mas Benter evitava especular sobre causas específicas. Isso porque sabia que diferentes fatores tinham propensão a se sobrepor. Em vez de tentar interpretar por que alguma coisa como o número de corridas parecia ser importante, ele se concentrava em montar um modelo que pudesse reproduzir os resultados observados das corridas. Exatamente como os jogadores que buscavam mesas de roleta viciadas, ele podia obter uma boa predição sem determinar as causas subjacentes precisas.

Em outros ramos, é claro, poderia ser necessário isolar o quanto determinado fator afeta o resultado. Enquanto Galton e Pearson estavam estudando hereditariedade, a cervejaria Guinness vinha tentando melhorar a vida útil de sua stout. A tarefa coube a William Gosset,[44] um jovem e promissor estatístico que passara o inverno de 1906 trabalhando no laboratório de Pearson.

Ao passo que consórcios de apostas não têm controle sobre fatores como o peso de um cavalo, a Guinness podia alterar os ingredientes que punha na cerveja. Em 1908, Gosset usou a regressão para ver em que medida o lúpulo influenciava o tempo de vida bebível da cerveja. Sem lúpulo, a companhia podia esperar que a cerveja durasse entre doze e dezessete dias; adicionando a quantidade certa de lúpulo, a vida útil podia aumentar em algumas semanas.

Equipes de apostas não estão particularmente interessadas em saber por que certos fatores são importantes, mas querem de fato saber o quanto suas predições são boas. Pode parecer fácil testar as predições em relação aos dados de corrida que a equipe acabou de analisar. Contudo, essa seria uma abordagem pouco sensata.

Antes de trabalhar na teoria do caos, Edward Lorenz participou da Segunda Guerra Mundial como encarregado de prognósticos do Corpo Aéreo do Exército dos Estados Unidos no Pacífico. No outono de 1944, seu pessoal fez uma série de predições perfeitas sobre as condições climáticas na rota de voo entre a Sibéria e Guam. Pelo menos segundo os relatórios dos aviões que percorreram essa rota. Lorenz logo percebeu o que estava causando o incrível índice de acertos. Os pilotos, ocupados com outras tarefas,[45] estavam simplesmente repetindo a previsão como sendo a observação.

O mesmo problema aparece quando consórcios testam predições para apostas em relação aos dados usados para calibrar o modelo. Na verdade, seria fácil construir um modelo aparentemente perfeito. Para cada resultado de corrida, eles poderiam incluir um fator que indicasse que cavalo chegou em primeiro lugar. Então poderiam manipular esses fatores até que se encaixassem perfeitamente nos cavalos que de fato ganhavam cada corrida. Pareceria que tinham bolado um modelo infalível, quando na verdade só teriam vestido os resultados reais como predições.

Se grupos querem saber como uma estratégia funcionará no futuro, precisam ver o quanto ela é boa em predizer eventos *novos*. Ao coletar informação sobre corridas passadas, portanto, os consórcios põem uma boa parte dos resultados de lado. E usam o resto dos dados para avaliar os fatores do seu modelo; feito isto, testam as predições contra a coleção de resultados ainda a serem usados. Isso lhes permite conferir o desempenho do modelo na vida real.

Testar estratégias em relação a dados novos ajuda a garantir que os modelos satisfaçam o princípio científico da navalha de Occam, que afirma que se você tem que escolher entre diversas explicações para um evento observado, o melhor é escolher a mais simples. Em outras palavras, se você quer construir um modelo de um processo da vida real, deve deixar de fora as características que não pode justificar.

Comparar predições em relação a dados novos ajuda equipes de apostas a evitar introduzir fatores demais num modelo, mas ainda assim elas precisam avaliar o quanto o modelo é realmente bom. Um modo de mensurar a acurácia de uma predição é usar o que os estatísticos chamam de "coeficiente de determinação". O coeficiente varia de 0 a 1 e pode ser pensado como uma medida de poder explanatório de um modelo. O valor 0 significa que o modelo não ajuda nada, e os apostadores podem muito bem escolher o cavalo vencedor ao acaso; o valor 1 significa que as predições se alinham perfeitamente com os resultados reais. O modelo de Bolton e Chapman tinha valor de 0,09. Era melhor do que escolher cavalos ao acaso, mas havia coisas de sobra que ele não estava capturando.

Parte do problema eram os dados usados. Os duzentos páreos analisados vinham de cinco pistas de corrida americanas. Isso significava que havia muita informação oculta: cavalos tinham corrido contra uma ampla gama de adversários, em diferentes condições, com uma variedade de jóqueis. Talvez tivesse sido possível superar alguns desses problemas com uma porção de dados de corridas, mas apenas com duzentos páreos? Pouco provável. Ainda assim, a estratégia talvez pudesse funcionar, se apenas as condições das corridas fossem um pouco menos variáveis.

SE VOCÊ TIVESSE DE montar um experimento para estudar corridas de cavalos, provavelmente seria muito parecido com Hong Kong. Com páreos acontecendo em uma das duas pistas, suas condições de laboratório serão bastante consistentes. Os sujeitos do seu experimento tampouco irão variar demais: nos Estados Unidos, dezenas de milhares de cavalos correm em todo o país; em Hong Kong, há um grupo fechado de cerca de mil cavalos. Com aproximadamente seiscentas corridas por ano, esses cavalos correm uns contra os outros repetidas e repetidas vezes, o que significa que é possível observar eventos similares em diversas ocasiões, como Pearson sempre tentou fazer. E, ao contrário de Monte Carlo e seus preguiçosos repórteres da roleta, em Hong Kong há também uma profusão de dados disponíveis sobre os cavalos e sua performance.

Quando Benter começou a analisar os dados de Hong Kong, descobriu que pelo menos quinhentas a mil corridas eram necessárias para dar boas predições. Com menos que isso, não havia informação suficiente para deduzir quanto cada fator contribuía para a performance, o que significava que o modelo não era particularmente confiável. Em contraste, incluir mais que mil corridas não conduzia a uma melhora significativa nas predições.

Em 1994, Benter publicou um artigo[46] delineando seu modelo básico de apostas. Incluiu uma tabela que mostrava como suas predições se comparavam aos resultados reais das corridas. Os resultados pareciam bastante bons. À parte algumas discrepâncias aqui e ali, o modelo era notavelmente próximo da realidade. No entanto, Benter advertia que os resultados ocultavam uma falha importante. Se alguém tentasse usar as predições para apostar, teria sido catastrófico.

SUPONHA QUE VOCÊ tivesse recebido uma herança inesperada e quisesse usar o dinheiro para comprar uma pequena livraria em algum lugar. Há algumas maneiras de proceder. Tendo elaborado uma pequena lista de lojas viáveis, você poderia entrar em cada uma, checar o inventário, interrogar a gerência e examinar as contas. Ou poderia pular a papelada e simplesmente sentar-se do lado de fora e contar quantos clientes entram e com quantos livros saem. Estas estratégias contrastantes refletem as duas principais formas usadas pelas pessoas na abordagem de investimentos. Pesquisar a empresa minuciosamente[47] é conhecido como "análise fundamentalista", enquanto observar como outras pessoas encaram a empresa ao longo do tempo é conhecido como "análise técnica".

As predições de Bolton e Chapman usavam a abordagem fundamentalista. Tais métodos baseiam-se em ter boa informação e esquadrinhá-la da melhor maneira possível. As opiniões de sábios entendedores não aparecem na análise. Não importa o que outras pessoas estejam fazendo e que cavalos estão escolhendo: o modelo ignora o mercado de apostas. É como fazer predições num vácuo.

Embora seja possível fazer predições de corridas em isolamento, o mesmo não se pode dizer sobre apostar nessas corridas. Se consórcios de apostadores quiserem ganhar dinheiro nas pistas de corrida, precisam ser mais espertos do que outros apostadores. É aí que a abordagem puramente fundamentalista pode dar problema. Quando Benter comparou as predições de seu modelo fundamentalista com as chances divulgadas publicamente, notou um viés preocupante. Ele havia usado o modelo para encontrar "sobreposições": cavalos que, segundo o modelo, tinham maior chance de ganhar do que as taxas divulgadas sugeriam. Esses eram os cavalos nos quais ele apostaria se tivesse esperança de bater outros apostadores. Todavia, quando Benter examinou os resultados reais das corridas, as sobreposições não ganhavam com a frequência sugerida pelas predições. Parecia que as chances verdadeiras de vitória desses cavalos estavam em algum ponto entre a probabilidade dada pelo modelo e a probabilidade implícita nas chances de apostas divulgadas. A abordagem fundamentalista claramente estava perdendo alguma coisa.

Mesmo que uma equipe de apostas tivesse um bom modelo, as opiniões públicas sobre as chances de um cavalo – indicadas pelas taxas de retorno divulgadas no quadro de apostas – não são completamente irrelevantes, porque nem todo apostador escolhe cavalos com base em informação disponível publicamente. Algumas pessoas podem conhecer a estratégia do jóquei para a corrida ou a alimentação e o programa de treinamento do cavalo. Quando elas tentam capitalizar essa informação privilegiada, as taxas de retorno no quadro de apostas mudam.

Faz sentido combinar duas fontes disponíveis de expertise, a saber, o modelo e a opinião de outros apostadores (conforme mostrada pelas taxas de retorno no quadro de apostas). Essa é a abordagem que Benter advogava. Seu modelo ainda ignora inicialmente as opiniões públicas sobre as chances de um cavalo. Seu primeiro conjunto de predições é feito como se as apostas simplesmente não existissem. Essas predições são então fundidas com a opinião pública. A probabilidade de cada cavalo ganhar equilibra-se entre a chance de vitória predita pelo modelo e a chance de vitória segundo os números públicos. A balança pode pender para qualquer um dos lados: o que quer que gere a predição combinada que melhor se alinhe com os resultados reais. Acerte esse equilíbrio, e boas predições poderão então se tornar lucrativas.

QUANDO WOODS E BENTER chegaram a Hong Kong, não tiveram sucesso imediato. Enquanto Benter passou o primeiro ano desenvolvendo o modelo estatístico, Woods tentava ganhar dinheiro explorando o viés do favorito/tiro no escuro. Eles tinham ido para a Ásia com um saldo bancário de US$150 mil; em dois anos haviam perdido tudo. Não ajudou muito que os investidores não estivessem interessados na sua estratégia. "As pessoas tinham tão pouca fé no sistema que não teriam investido nele nem em troca de 100% dos lucros",[48] disse Woods mais tarde.

Em 1986, as coisas já pareciam melhores. Depois de escrever centenas de milhares de linhas de programação de computador, o modelo de Benter estava pronto para ir em frente. A equipe também tinha coletado resultados de corridas suficientes para gerar predições decentes. Usando o modelo para escolher cavalos, naquele ano eles levaram US$100 mil para casa.

Discórdias levaram ao fim da parceria[49] depois daquela primeira temporada bem-sucedida. Em pouco tempo, Woods e Benter haviam criado consórcios rivais e continuaram a competir um contra o outro em Hong Kong. Embora Woods tenha admitido mais tarde que a equipe de Benter tinha o melhor modelo, ambos os grupos viram seus lucros aumentarem drasticamente nos anos que se seguiram.

Diversos consórcios de apostas em Hong Kong agora usam modelos para predizer corridas de cavalos. Como a administração da pista fica com um percentual, é difícil ganhar dinheiro em apostas simples, tais como acertar o vencedor. Em vez disso, os consórcios buscam as apostas disponíveis mais complicadas. Estas incluem a trifeta: para ganhar, os apostadores devem predizer os cavalos que vão terminar em primeiro, segundo e terceiro na ordem correta. Depois há o triplo trio, que envolve ganhar três trifetas em sequência. Embora os ganhos para essas apostas exóticas possam ser imensos, a margem para erro também é muito menor.

Uma das imperfeições no modelo original de Bolton e Chapman é que ele presume o mesmo nível de incerteza para todos os cavalos. Isso torna os cálculos mais fáceis, mas significa sacrificar algum realismo. Para ilustrar o problema, imagine dois cavalos. O primeiro é um bastião de confiabilidade, sempre terminando a corrida mais ou menos no mesmo tempo. O segundo é mais variável, às vezes terminando muito mais rápido do que o primeiro, mas outras vezes levando bem mais tempo. Como resultado, ambos os cavalos levam em média o mesmo tempo para terminar uma corrida.[50]

Se apenas esses dois cavalos estiverem correndo, eles terão igual probabilidade de ganhar. Poderia muito bem ser um lançamento de moeda. Mas e se houver vários cavalos no páreo, cada qual com um diferente nível de incerteza? Se uma equipe de apostas quer escolher acuradamente os três primeiros, precisa levar em conta essas diferenças. Durante anos, isso estava além do alcance até dos melhores modelos de apostas em corridas. Na década passada, porém, os consórcios acharam um jeito de predizer corridas com uma nuvem de incerteza variável pairando sobre cada cavalo. Não foram só os recentes avanços tecnológicos que possibilitaram isso. As predições também se baseiam numa ideia muito mais antiga, originalmente desenvolvida por um grupo de matemáticos que trabalhava na bomba de hidrogênio.

NUMA NOITE DE JANEIRO de 1946, Stanisław Ulam foi para a cama com dor de cabeça. Quando acordou na manhã seguinte, havia perdido a capacidade de falar. Foi levado às pressas para um hospital de Los Angeles, onde cirurgiões preocupados fizeram um furo no seu crânio. Descobrindo seu cérebro severamente inflamado[51] como resultado de uma infecção, trataram o tecido exposto com penicilina para frear a doença.

Nascido na Polônia, Ulam deixara a Europa e fora para os Estados Unidos apenas semanas antes de seu país ser invadido pelos nazistas, em setembro de 1939. Era matemático de formação e passara a maior parte da Segunda Guerra Mundial trabalhando na bomba atômica no Laboratório Nacional de Los Alamos. Terminado o conflito, Ulam entrou para a UCLA como professor de matemática. Não foi sua primeira opção:[52] em meio a rumores de que Los Alamos poderia fechar depois da guerra, Ulam se candidatou a várias universidades proeminentes, e todas o recusaram.

Na Páscoa de 1946, Ulam tinha se recuperado totalmente da operação. A estada no hospital lhe dera tempo para considerar suas opções, e ele decidiu deixar o emprego na UCLA e voltar a Los Alamos. Longe de fechar, o governo estava agora despejando dinheiro no laboratório. Grande parte do trabalho se dirigia à construção da bomba de hidrogênio, apelidada de "Super". Quando Ulam chegou, ainda havia diversos obstáculos no caminho. Em particular, os pesquisadores precisavam de um meio de predizer as reações nucleares em cadeia envolvidas na detonação. Isso significava calcular a frequência de colisão dos nêutrons – e daí a quantidade de energia que eles liberariam – dentro da bomba. Para frustração de Ulam, isso não podia ser calculado usando matemática convencional.

Ulam não gostava de se debruçar sobre problemas durante horas, como muitos matemáticos passam seu tempo. Um colega certa vez recordou-se dele tentando resolver uma equação quadrática no quadro-negro. "Ele franziu o cenho, absolutamente absorto, enquanto rabiscava fórmulas na sua minúscula caligrafia. Quando finalmente chegou à resposta, virou-se e disse aliviado: 'Sinto que fiz o meu trabalho por hoje'."[53]

Ulam preferia se concentrar na criação de novas ideias; outros podiam cuidar dos detalhes técnicos. Não eram somente quebra-cabeças matemáticos que ele enfrentava de forma inventiva. Enquanto trabalhava na Universidade de Wisconsin durante o inverno de 1943, ele notou que vários de seus colegas não apareciam mais para o trabalho. Logo depois, recebeu um convite para entrar num projeto no Novo México. A carta não dizia do que se tratava. Intrigado, Ulam se dirigiu à biblioteca do campus e tentou descobrir o que poderia haver no Novo México. Acontece que havia apenas um livro sobre aquele estado. Ulam verificou quem o tinha retirado recentemente. "De repente, eu soube para onde tinham desaparecido todos os meus amigos",[54] disse. Dando uma olhada nos interesses de pesquisa dos outros, ele rapidamente deduziu em que todos eles estavam trabalhando no deserto.

Com seus cálculos da bomba de hidrogênio virando uma série de becos sem saída matemáticos, Ulam lembrou-se de um desafio no qual tinha pensado durante sua permanência no hospital. Enquanto se recuperava da cirurgia, ele passava o tempo jogando paciência. Durante uma partida, havia tentado calcular a probabilidade de aparecerem certos arranjos de cartas. Defrontado com a necessidade de calcular um vasto conjunto de possibilidades – o tipo de trabalho monótono que ele geralmente tentava evitar –, Ulam percebeu que poderia ser mais rápido distribuir as cartas várias vezes e observar o que acontecia. Se ele repetisse o experimento um número suficiente de vezes, acabaria com uma boa ideia da resposta sem ter que fazer um único cálculo.

Perguntando-se se a mesma técnica podia ser aplicada ao problema dos nêutrons, Ulam levou a ideia a um de seus colegas mais próximos, um matemático de nome John von Neumann. Os dois já se conheciam havia mais de uma década. Fora Von Neumann quem sugerira a Ulam deixar a Polônia para ir aos Estados Unidos na década de 1930; e também fora ele quem convidara Ulam a juntar-se ao projeto de Los Alamos em 1943. Eles formavam uma boa dupla, o corpulento Von Neumann em seus ternos imaculados – sempre de paletó – e Ulam com seu senso de moda displicente e ofuscantes olhos verdes.

Von Neumann era rápido de raciocínio e lógico, às vezes a ponto de ser brusco. Uma vez ficara com fome durante uma viagem de trem e pedira ao cobrador que mandasse um vendedor de sanduíches vir até ele. O pedido caiu em ouvidos pouco simpáticos. "Se eu o vir, peço", disse o cobrador. Ao que Von Neumann retrucou: "Esse trem é linear, não é?"[55]

Quando Ulam descreveu sua ideia do jogo de paciência, Von Neumann imediatamente identificou seu potencial. Recrutando o auxílio de outro colega, um físico chamado Nicholas Metropolis, eles esboçaram uma maneira de solucionar o problema da reação em cadeia simulando repetidamente colisões de nêutrons. Isso foi possível graças à recente construção de um computador programável em Los Alamos. Como trabalhava para uma agência governamental, o trio necessitou de um codinome para a nova abordagem. Como referência a um tio apostador de Ulam, Metropolis sugeriu que a chamassem de "método Monte Carlo".

Como o método envolvia simulações repetidas de eventos aleatórios, o grupo precisava de acesso a montes de números aleatórios. Ulam brincou, dizendo que deveriam contratar pessoas para passar o dia todo jogando dados. Sua irreverência apontava para uma triste verdade: gerar números aleatórios era uma tarefa genuinamente difícil, e eles precisavam de uma quantidade enorme deles. Mesmo se aqueles jornalistas de Monte Carlo do século XIX tivessem sido honestos, Karl Pearson teria lutado muito para construir uma coleção grande o suficiente para os homens de Los Alamos.

Von Neumann, inventivo como sempre, surgiu em vez disso com um método para criar números "pseudoaleatórios" usando simples aritmética. Apesar de fácil de implantar, Von Neumann sabia que seu método tinha deficiências, sobretudo a de não poder gerar números verdadeiramente aleatórios. "Qualquer um que considere métodos aritméticos[56] de produzir dígitos aleatórios está, é claro, em pecado", ele brincou mais tarde.

Com o aumento de potência dos computadores, e bons números pseudoaleatórios tendo se tornado mais facilmente acessíveis, o método Monte Carlo transformou-se numa ferramenta valiosa para os cientistas. Edward Thorp chegou a usar simulações Monte Carlo para produzir estratégias em *Beat the Dealer*. No entanto, as coisas não são tão fáceis e diretas nas corridas de cavalos.

No blackjack, só podem aparecer tantas e tantas combinações de cartas – combinações demais para resolver o problema manualmente, mas não com o auxílio de um computador. Compare isso com modelos de corridas de cavalos, que podem ter mais de cem fatores. É possível alterar a contribuição de cada um – e portanto mudar a predição – numa vasta quantidade de maneiras. Simplesmente escolhendo contribuições diferentes, seria muito improvável que você acertasse o melhor modelo possível. Toda vez que desse um novo palpite, ele teria a mesma chance de ser o melhor, o que dificilmente é a maneira mais eficaz de descobrir a estratégia mais adequada. Idealmente, você tornaria cada palpite melhor que o anterior. Isso significa achar uma abordagem que inclua alguma forma de memória.

Durante o começo do século XX, Poincaré e Borel não foram os únicos pesquisadores curiosos acerca do embaralhamento de cartas. Andrei Markov foi um matemático russo com reputação de ter um imenso talento e um imenso mau gênio. Quando jovem, chegara a ser apelidado de "Andrei Neistovi": Andrei, o zangado.[57]

Em 1907, Markov publicou um artigo sobre eventos aleatórios que envolviam memória. Um exemplo era embaralhar cartas. Assim como Thorp haveria de notar décadas mais tarde, a ordem das cartas depois de embaralhadas depende do seu arranjo anterior. Além disso, essa memória é de curta duração. Para predizer o efeito da próxima embaralhada, basta que você saiba a ordem atual; ter informação adicional sobre o arranjo das várias cartas embaralhadas antes é irrelevante. Graças ao trabalho de Markov, esta memória de um passo tornou-se conhecida como "propriedade de Markov". Se o evento aleatório é repetido diversas vezes, trata-se de uma "cadeia de Markov". Do embaralhamento de cartas ao antigo jogo indiano Cobras e Escadas, as cadeias de Markov são comuns em jogos de azar. E também podem ser úteis quando se busca informação oculta.

Você se lembra de que são necessárias pelo menos seis embaralhadas no estilo *dovetail* para misturar adequadamente as cartas de um baralho? Um dos matemáticos por trás desse resultado foi um professor de Stanford chamado Persi Diaconis. Alguns anos depois de Diaconis publicar seu artigo sobre embaralhamento de cartas, o psicólogo de uma prisão local apareceu em Stanford[58] com outra charada matemática. O psicólogo trouxera um maço de mensagens codificadas, confiscadas de prisioneiros. Cada uma era um ajuntamento de símbolos compostos de círculos, pontos e linhas.

Diaconis decidiu dar o código a um de seus alunos, Marc Coram, como desafio. Coram desconfiou que as mensagens usavam uma cifra de substituição, com cada símbolo representando uma letra diferente. A dificuldade era deduzir qual símbolo correspondia a qual letra. Uma opção era atacar o problema por meio de tentativa e erro. Coram poderia ter usado um computador para embaralhar as letras repetidas vezes e então examinar o texto resultante até deparar com uma mensagem que fizesse sentido. Este é o método Monte Carlo. Ele poderia acabar decifrando as mensagens, mas talvez levasse um tempo absurdamente longo para chegar lá.

Em vez de começar cada vez com um palpite novo, Coram optou por usar a propriedade de Markov do embaralhamento para melhorar gradualmente seus palpites. Primeiro, precisava de uma maneira para medir quão realista era um determinado palpite. Ele baixou uma cópia de *Guerra e paz* para descobrir com que frequência pares de letras apareciam juntos. Isso lhe permitiu calcular quanto cada par específico deveria ocorrer num dado trecho de texto.

Durante cada rodada de adivinhação, Coram trocava ao acaso algumas letras na cifra e checava para ver se o palpite tinha melhorado. Se uma mensagem contivesse emparelhamentos de letras mais realistas que o palpite anterior, Coram permanecia com ela para a próxima rodada. Se a mensagem não fosse realista, ele geralmente trocava de volta. Mas ocasionalmente ficava com uma cifra menos plausível. É um pouco como resolver um cubo mágico, ou cubo de Rubik. Às vezes a rota mais rápida para a solução envolve um passo que à primeira vista nos leva na direção errada. E, como o cubo mágico, poderia ser impossível achar o arranjo perfeito só dando passos para melhorar as coisas.

A ideia de combinar a potência do método Monte Carlo com a propriedade da memória de Markov originou-se em Los Alamos. Quando juntou-se à equipe em 1943, Nick Metropolis havia trabalhado num problema que também intrigara Poincaré e Borel: como compreender as interações entre moléculas individuais. Isso significava resolver as equações que descrevem como as partículas colidem, uma tarefa frustrante devido às grosseiras calculadoras da época.

Após anos de batalha com o problema, Metropolis e seus colegas perceberam[59] que, se unissem a força bruta do método Monte Carlo com uma cadeia de Markov, seriam capazes de inferir as propriedades de substâncias compostas de partículas que interagem. Fazendo adivinhações mais inteligentes, seria possível descobrir gradualmente valores que não podiam ser observados de forma direta. A técnica, que veio a ser conhecida como "cadeia de Markov Monte Carlo", é a mesma que Coram usaria mais tarde para decifrar as mensagens da prisão.

Coram acabou precisando de alguns milhares de rodadas de palpites com assistência do computador para decifrar o código da prisão. Isso foi tremendamente mais rápido do que teria sido o método de pura força bruta. E descobriu-se que as mensagens de um dos prisioneiros descreviam as origens inusitadas de uma briga: "Boxer estava gritando cada vez mais alto, então digo pra ele por favor você pode calar a boca que eu estou jogando xadrez."

Para decifrar o código da prisão, Coram precisou pegar um conjunto de valores não observados (as letras que correspondiam a cada símbolo) e estimá-los usando pares de letras, algo que podia observar. Nas corridas de cavalos, equipes de apostas enfrentam um problema similar. Não sabem quanta incerteza cerca cada cavalo, ou com quanto cada fator deve contribuir para as predições. Mas – para um particular nível de incerteza e combinação de fatores – podem medir quanto as predições batem com os resultados reais das corridas. O método é Ulam clássico. Em vez de tentar anotar e resolver um conjunto de equações quase impenetráveis, deixa-se o computador fazer o serviço.

Em anos recentes, a cadeia de Markov Monte Carlo tem ajudado consórcios[60] a fazer previsões de corridas melhores e a predizer exóticos resultados lucrativos como o triplo trio. Contudo, apostadores de sucesso não precisam apenas achar uma margem. Também precisam aprender a maneira de explorá-la.

SE VOCÊ ESTIVESSE apostando US$1 que daria coroa no lançamento de uma moeda, um prêmio justo seria US$1. Se alguém lhe oferecesse US$2 por uma aposta em coroa, essa pessoa estaria lhe dando uma vantagem. Você poderia esperar ganhar US$2 em metade das vezes e sofrer uma perda de US$1 na outra metade, o que se traduziria num lucro esperado de US$0,50.

Quanto você apostaria se lhe deixassem subir uma aposta tendenciosa como esta? Todo o seu dinheiro? Metade dele? Aposte demais, e você se arrisca a perder todas as suas economias num evento que ainda só tem chance de sucesso de 50%; aposte de menos, e você não estará explorando plenamente a sua vantagem.

Depois de montar seu sistema vencedor no blackjack, Thorp voltou sua atenção para o problema de administrar esse tipo de conta bancária. Dada uma margem específica sobre o cassino, qual era a quantia ideal a apostar? Ele encontrou a resposta numa fórmula conhecida como critério de Kelly. A fórmula é batizada em homenagem a John Kelly,[61] um ousado físico texano que trabalhou com Claude Shannon na década de 1950. Kelly argumentava que, no longo prazo, você deve apostar uma porcentagem da sua conta equivalente ao seu lucro esperado dividido pela quantia que receber se ganhar.

Para o cara ou coroa acima, o critério de Kelly seria o prêmio esperado (US$0,50) dividido pelos ganhos potenciais (US$2). Isso resulta em 0,25, o que significa que você deve apostar um quarto do seu dinheiro disponível. Em teoria, apostar tal quantia garante bons lucros ao mesmo tempo em que limita o risco de acabar com suas reservas. Um cálculo semelhante pode ser feito para corridas de cavalos. Equipes de apostas sabem a probabilidade de um cavalo ganhar segundo seu modelo. Graças ao quadro de apostas, também podem ver qual é a chance que o público acha que o cavalo tem. Se o público acha que uma vitória é menos provável do que o modelo sugere, pode haver um bom dinheiro a se ganhar.

Apesar do seu sucesso no blackjack, há alguns defeitos no critério de Kelly, especialmente em corridas de cavalos. Primeiro, o cálculo presume que você conheça a probabilidade verdadeira de um evento. Embora conheça a chance de um lançamento de moeda dar cara, as coisas ficam menos claras em corridas: o modelo simplesmente fornece uma estimativa da chance de vitória do cavalo. Se uma equipe superestima as chances, seguir o critério de Kelly fará com que aposte demais, aumentando seu risco de ir à falência. Estimar consistentemente em dobro[62] – por exemplo, pensar que um cavalo tem 50% de chance de vitória quando na realidade só tem 25% – com certeza a levará à bancarrota. Por esse motivo, os consórcios geralmente apostam menos do que o critério de Kelly os encorajaria, com frequência apenas metade ou um terço da quantia sugerida. Isso reduz o risco[63] de ter "uma péssima viagem" e perder uma parcela enorme da sua riqueza – ou, pior ainda, toda ela.

Apostar uma quantia pequena também pode ajudar as equipes a superar um dos equívocos do mercado de apostas de Hong Kong. Se você pensa que apostar num certo cavalo terá um grande retorno esperado, o critério de Kelly lhe dirá para pôr muito dinheiro nessa aposta. Em casos extremos, quando você tem certeza do resultado, deveria apostar tudo o que tem. Todavia, no sistema de apostas mútuas, essa não é necessariamente uma boa ideia. As chances de um cavalo dependem da quantia apostada, logo, quanto mais gente apostar nele, menos dinheiro você ganhará se o cavalo vencer.

Mesmo uma única aposta alta é capaz de alterar todo o mercado. Por exemplo, você poderia comparar as predições do seu modelo com as chances correntes e notar que pode esperar um retorno de 20% se apostar num certo cavalo. Aposte US$1 e isso não mudará muito as chances totais, então você continua esperando embolsar US$0,20 se o cavalo ganhar. Se você tem um bolso bem recheado, poderia optar por apostar mais de US$1. O critério de Kelly certamente estará lhe dizendo para fazer isso. Mas, se fizer uma aposta de US$100, isso poderá baixar um pouco a taxa de retorno. Então, seu lucro real será de apenas 19%. Ainda assim você terá ganhado US$19.

Você poderia resolver subir mais e apostar US$1 000. Isto poderia alterar as chances um bocado. Se alguns milhares de dólares já estiveram apostados naquele cavalo, isso poderia baixar seu lucro esperado para 10%, o que significa um retorno de US$100. Acaba chegando um ponto em que pôr mais dinheiro num cavalo efetivamente reduz seus lucros. Se o retorno esperado para uma aposta de US$2 mil é de apenas 4%, você se dará melhor apostando uma quantia menor.

O potencial das apostas de mudar o mercado não é o único problema com o qual você teria de lidar. Todos os cálculos acima pressupõem que você seja a última pessoa a apostar, conhecendo assim as taxas de retorno efetivas. Na realidade, bolar uma estratégia ideal não é tão fácil assim. Nas pistas de corrida, há um atraso no quadro de apostas, às vezes de até trinta segundos, o que significa que mais apostas poderão entrar depois de você ter escolhido o seu cavalo.

O montante de apostas pode ser de US$300 mil quando uma equipe faz sua aposta, mas provavelmente crescerá pelo menos mais US$100 mil até a hora em que a corrida começar. Os consórcios precisam se ajustar para esse influxo de dinheiro ao decidir como apostar; do contrário, uma estratégia que no começo parece que vai gerar um retorno grande pode acabar produzindo um lucro pífio. Os consórcios tampouco podem assumir que haverá dinheiro extra apostado em cavalos aleatórios. Na última década, mais ou menos, apostas científicas tornaram-se mais populares, e agora há diversos consórcios operando em Hong Kong que usam modelos para predizer as corridas. São essas equipes que provavelmente estarão por trás de alguma aposta de último minuto. "O dinheiro tardio tende a ser dinheiro inteligente",[64] disse Bill Benter. Portanto, as equipes devem esperar pelo pior: outros também apostarão num cavalo favorável, assim quaisquer lucros em potencial terão de ser divididos entre mais pessoas.

ATÉ OS CONSÓRCIOS EM Hong Kong começarem a entender abordagens científicas, estratégias bem-sucedidas de apostas em corridas de cavalos eram poucas e espaçadas. As técnicas agora são tão efetivas[65] – e os ganhos tão consistentes – que equipes como a de Benter não comemoram quando suas predições acertam. Grande parte da razão para o sucesso inicial de Benter era sua estrutura especial para apostadores em Hong Kong. Em Happy Valley, os apostadores não precisam ir pessoalmente ao hipódromo; eles podem fazer sua escolha por telefone. Essa foi uma das principais razões que levaram Benter e Woods a escolher o lugar,[66] pois removia uma complicação adicional e assim eles podiam se concentrar em atualizar suas predições computadorizadas em vez de preocupar-se em como fazer as apostas a tempo. Isto, combinado com a boa disponibilidade de dados e um mercado de apostas ativo, fazia de Hong Kong o lugar ideal para implantar sua estratégia.

Aos poucos, outros também notaram os atrativos de Hong Kong. Como resultado, agora é extremamente difícil que equipes de apostas consigam ganhar dinheiro nas pistas de corrida de cavalos. Com a concorrência aumentando em Happy Valley, as ideias inicialmente introduzidas por Bolton e Chapman estão se espalhando para outras regiões, inclusive nos Estados Unidos, onde ao longo da década passada as apostas científicas se tornaram uma parte importante das corridas. Estimou-se que equipes utilizando predições computadorizadas apostem cerca de US$2 bilhões por ano[67] nos hipódromos americanos, quase 20% do total apostado. Essa quantia é ainda mais impressionante quando se considera que essas equipes não podem apostar em várias das grandes pistas.

Equipes de apostas também estão visando eventos em outros países. Como as corridas de carruagens suecas,[68] em que cavalos puxam pela pista carruagens de duas rodas. Imagine uma versão moderna das corridas de bigas romanas, sem capacetes nem espadas. As técnicas também estão crescendo em popularidade nas pistas de corrida na Austrália e na África do Sul. Uma ideia que começou como um projeto de pesquisa acadêmica transformou-se numa indústria verdadeiramente global.

Vale a pena mencionar que não é barato montar um consórcio de apostas científicas. Reunir a tecnologia e expertise necessárias – para não falar no aperfeiçoamento do método de predição e feitura das apostas – custa para a maioria das equipes pelo menos US$1 milhão. Como as estratégias de apostas são caras de administrar, as equipes nos Estados Unidos muitas vezes buscam pistas que oferecem condições favoráveis. Várias delas têm notado o impacto nos lucros que vem junto com as enormes apostas de consórcios e agora estimulam abordagens computadorizadas. Chegam a fechar acordos com equipes, oferecendo descontos se os consórcios apostarem grandes volumes.

Essas dificuldades demonstram que, embora Bolton e Chapman tivessem gostado do aspecto de solução de problemas das predições em corridas de cavalos, na realidade nunca se interessaram pela carreira de apostadores. Cônscios do custo e da logística envolvidos na implantação de sua estratégia, contentaram-se em permanecer na academia. "Nós brincávamos com o fato de saber fazer", diz Bolton. "De vez em quando ouvíamos falar de quanto dinheiro se ganhava e de quanto essas operações tinham ficado grandes, mas não era para nós."[69]

O sucesso dos métodos científicos de apostar em corridas de cavalos é ainda mais extraordinário porque historicamente sempre houve um limite para a capacidade de predição dos apostadores. O problema não se limita às corridas. Apostando nos esportes ou na política, tem sido geralmente difícil acessar a informação necessária e criar modelos confiáveis. Mesmo que os apostadores conseguissem bolar uma predição decente, as estratégias poderiam ser complicadas de implantar. Mas, no começo do século XXI, tudo isso mudou.

4. Especialistas com doutorado

Quando um novo sistema de blackjack chegou à Grã-Bretanha em 2006,[1] comentários sobre o seu sucesso viajaram de forma discreta mas rápida. Não foram precisos disfarces, nem contagem de cartas, nem mesmo visitas a cassinos. Reconhecidamente, a margem de lucro era numa escala que permitia comprar canecas de cerveja e não apartamentos luxuosos, mas o sistema funcionava. Bastava um computador, uma boa dose de tempo livre e disposição para fazer algo tedioso em troca de dinheiro para a cerveja. Os estudantes adoraram.

A estratégia surgiu[2] como resultado da nova Lei para Jogos de Apostas, promulgada pelo governo alguns meses antes. Com ela, firmas com sede no Reino Unido podiam agora prover jogos de cassino online bem como apostas esportivas tradicionais. Aposte £100 e ganhe uma aposta grátis de £50 – esse tipo de coisa. À primeira vista, tal bônus não parece ajudar muito no blackjack. Num jogo online, é muito mais fácil para os cassinos garantir que as cartas sejam distribuídas aleatoriamente, tornando a contagem impossível. E se você usar a estratégia de blackjack ideal dos Quatro Cavaleiros, levando a carta da banca em conta ao tomar sua decisão, pode esperar perder dinheiro com o tempo. Mas o bônus de inscrição reverteu as coisas de volta em favor dos jogadores. As pessoas perceberam que os bônus na verdade subsidiariam quaisquer perdas. Jogando com a estratégia ideal, os jogadores provavelmente perderiam parte das £100 – mas não muito – e, uma vez tendo apostado o total requerido, receberiam o bônus. Em geral também teriam de apostar esse bônus antes de retirá-lo; felizmente, podiam apenas repetir a abordagem anterior para limitar as perdas.

Ao longo do ano de 2006, jogadores saltavam de site em site, participando de centenas de mãos de blackjack para juntar dinheiro em bônus. Não demorou muito para que as firmas de apostas percebessem aquilo que chamaram de "abuso de bônus" e excluíssem jogos como o blackjack de suas ofertas. Embora não haja nada de ilegal em abrir uma conta para obter um bônus, alguns jogadores levaram a vantagem longe demais. A primeira condenação por abuso de bônus[3] veio na primavera de 2012, quando o londrino Andrei Osipau foi sentenciado a três anos de prisão por usar passaportes e carteiras de identidade fraudulentas para abrir múltiplas contas de apostas. Para aqueles que operavam dentro da lei em 2006, os lucros eram bem mais modestos que as £80 mil que Osipau afirma ter ganhado. Ainda assim, o fato de que esses bônus podiam ser explorados ilustra três vantagens cruciais que os jogadores conquistaram em anos recentes.

Primeiro, a explosão de apostas online significou uma gama muito mais ampla de opções de jogos e apostas. Nos cassinos reais, novos jogos geralmente são boa notícia para os jogadores. Segundo o jogador profissional Richard Munchkin, os cassinos raramente entendem quanta vantagem estão oferecendo[4] quando introduzem jogos novos. O furo do blackjack em 2006 mostrou que o mesmo vale para os jogos de apostas online. E, com a internet, notícias e estratégias bem-sucedidas circulam muito, muito mais rápido. A segunda vantagem é a facilidade com que os jogadores podem implantar um sistema potencialmente lucrativo. Eles não precisam mais se esquivar do sistema de segurança dos cassinos ou visitar casas de apostas: podem simplesmente apostar online. Seja por websites ou por mensagens de texto, o acesso é mais rápido e mais fácil do que jamais foi. Por fim, a internet tornou muito mais simples pôr as mãos no ingrediente vital para muitas receitas de apostas bem-sucedidas. Da roleta às corridas de cavalos, o limite de dados tem ditado onde e quando as pessoas apostam. Mas essas limitações estão desaparecendo. Como resultado, as pessoas estão visando a todo um grupo de jogos novos.

TODO OUTONO, equipes de recrutamento baixam nos melhores departamentos de matemática do mundo. A maioria é do pessoal de sempre: companhias petrolíferas em busca de pesquisadores de dinâmica dos fluidos ou bancos tentando achar especialistas em teoria da probabilidade. Mas, em anos recentes, outro tipo de empresa tem começado a aparecer nos eventos de carreira patrocinados pelas universidades britânicas. Em vez de discutir negócios ou finanças, elas se concentram em esportes como o futebol. Suas apresentações de carreira fazem com que a pessoa tenha a impressão de estar assistindo a uma análise pré-jogo muito técnica. Fórmulas e tabelas de dados – que a maioria das empresas esconde dos possíveis candidatos – tomam conta das conversas. Os eventos têm mais em comum com uma palestra que com apresentações de emprego.[5]

Muitas das abordagens são familiares aos matemáticos. Mas, embora pesquisadores possam usar as técnicas para estudar mantos de gelo ou epidemias, essas empresas acharam uma aplicação muito diferente para elas: estão usando métodos científicos para tomar conta das casas de apostas. E estão ganhando.

Predições futebolísticas modernas começaram com o que de outra forma teria sido uma questão de prova desperdiçada. Durante a década de 1990, Stuart Coles era professor na Universidade de Lancaster, a alguns quilômetros das colinas rochosas de Lake District. Coles especializou-se em teoria de valores extremos, que lida com o tipo de evento severo, raro, que em nada se parece com qualquer coisa que já se tenha visto antes. Concebida pioneiramente por Ronald Fisher nos anos 1930, a teoria de valores extremos é usada para predizer os piores dos piores cenários, desde enchentes e terremotos até incêndios florestais e perdas em seguros. Em suma, é a ciência do muito improvável.[6]

A pesquisa de Coles abrangia tudo,[7] desde surtos de tempestades até poluição grave. Incentivado por Mark Dixon, outro pesquisador do departamento, Coles também começou a pensar em futebol. Dixon havia se interessado pelo tópico[8] depois de ver uma prova de estatística para alunos do último ano em Lancaster. Uma das questões envolvia predizer os resultados de um jogo de futebol hipotético, mas Dixon identificou uma falha: o método era simples demais para ser útil na vida real. No entanto, o problema era interessante, e se as ideias fossem estendidas – e aplicadas para ligas de futebol reais –, poderiam levar a uma estratégia de apostas efetiva.

Foram necessários alguns anos para que Dixon e Coles desenvolvessem o novo método e o deixassem pronto para publicação. O trabalho acabou aparecendo[9] no *Journal of Applied Statistics* em 1997. Com a pesquisa encerrada, Coles voltou para seus outros projetos. Mal sabia ele quão importante acabaria se revelando o artigo sobre futebol. "Foi uma dessas coisas que na época pareceram pouco significativas", disse ele, "mas olhando para trás teve um impacto enorme na minha vida."[10]

PARA PREDIZER CORRIDAS de cavalos em Hong Kong, equipes de apostas científicas avaliam a qualidade de cada cavalo e então comparam essas diferentes medidas de qualidade para calcular o resultado provável. É complicado fazer o mesmo no futebol. Embora talvez seja possível pesar as qualidades de cada time e calcular qual deles tem maior probabilidade de êxito ao longo de uma temporada, é muito mais difícil calcular quem tem maior probabilidade de ganhar determinado jogo. Um time que joga bem contra um dado adversário pode jogar mal contra outro. Ou um chute pode entrar enquanto outro passa raspando a trave. Então, há os jogadores. Às vezes uma atuação primorosa pode levantar o time inteiro; às vezes um time consegue se virar com jogadores fracos. Esse emaranhado de atuações em campo significa que há coisas muito mais confusas do ponto de vista estatístico. Durante a década de 1970, alguns pesquisadores até chegaram à conclusão de que um único jogo de futebol era tão dominado pelo acaso que previsões eram impraticáveis.[11]

Ao optar por estudar jogos de futebol, Dixon e Coles estavam claramente entrando num território difícil. No entanto, havia uma coisa a seu favor. No Reino Unido, as taxas de retorno de apostas geralmente eram fixadas vários dias antes do jogo. Ao contrário das febris apostas de última hora nas corridas de cavalos em Hong Kong, qualquer um que analisasse jogos de futebol teria tempo de sobra para aparecer com uma predição e compará-la com as taxas de retorno definidas pelas casas de apostas. Melhor ainda, havia uma profusão de apostas potenciais disponíveis. Graças a um bem-estabelecido mercado de apostas no futebol no Reino Unido, há todo tipo de coisas nas quais apostar, desde o placar do primeiro tempo até a quantidade de escanteios.

Dixon e Coles resolveram começar com a grande questão: que time vai ganhar? Em vez de tentar predizer o resultado final diretamente, eles decidiram estimar o número de gols que seriam marcados antes do apito final. Para facilitar, a dupla supôs que cada time marcaria gols numa taxa fixa ao longo do jogo e que a probabilidade de marcar em um momento qualquer era independente do que já havia acontecido no jogo.

Diz-se de eventos que obedecem a tais regras que eles seguem um "processo de Poisson". Batizado em honra ao físico Siméon Poisson, o processo aparece em muitos aspectos da vida. Pesquisadores o têm usado para criar modelos de chamadas em centrais telefônicas, de decaimento radioativo e até mesmo de atividade neuronal.[12] Se você assume que algo segue um processo de Poisson, está partindo do princípio de que os eventos ocorrem numa taxa fixa. O mundo não tem memória; cada vez é independente das outras; cada período de tempo é independente dos outros. Se um jogo não tiver gols no primeiro tempo, não é isso que vai aumentar a probabilidade de gols no segundo.

Tendo escolhido modelar um jogo de futebol como um processo de Poisson — assumindo, portanto, que gols são marcados numa taxa consistente no decorrer do jogo —, Dixon e Coles ainda precisavam saber qual teria de ser essa taxa de marcação de gols. O número de gols num jogo provavelmente variaria dependendo de quem estivesse jogando. Quantos gols seria possível esperar que cada time marcasse?

No começo de seu artigo de 1997, Dixon e Coles apresentam as coisas que você tem que fazer se quiser construir um modelo de uma liga de futebol. Primeiro, você precisa achar um jeito de medir a capacidade de cada time. Uma opção é usar algum tipo de sistema de ranqueamento. Talvez você possa atribuir a cada time certo número de pontos após cada jogo e então somar o total de pontos conseguidos durante um certo período de tempo. A maioria das ligas de futebol atribui três pontos para a vitória, um para o empate e nenhum para a derrota, por exemplo. Representar a capacidade de cada time com um número único poderia mostrar que time está se saindo bem, mas nem sempre é possível converter rankings em boas predições. Um estudo de 2009 feito por Christoph Leitner e colegas na Universidade de Economia e Negócios de Viena[13] forneceu uma boa ilustração do problema: eles apresentaram previsões para a Eurocopa de 2008 usando rankings publicados pela entidade que rege o esporte, a Fédération Internationale de Football Association (Fifa), e descobriram que as predições das casas de apostas acabavam sendo muito mais acuradas. Para ganhar dinheiro apostando no futebol, parece que você precisa de mais do que uma medida para cada time.

Dixon e Coles sugeriram dividir a capacidade em dois fatores: ataque e defesa. A capacidade de ataque refletia a aptidão do time em marcar gols; a fraqueza defensiva indicava o quanto o time era ruim em impedir os tentos. Dado um time da casa com certa capacidade de ataque e um time visitante com certa fraqueza defensiva, Dixon e Coles assumiam que o número esperado de gols marcados pelo time da casa fosse produto de três fatores:

$$\text{Capacidade de ataque do time da casa} \times \text{Fraqueza defensiva do visitante} \times \text{Fator vantagem de jogar em casa}$$

Aqui o fator "vantagem de jogar em casa" é responsável pelo incentivo que os times frequentemente têm quando jogam em seus domínios. De modo similar, o número esperado de gols como visitante era igual à capacidade de ataque do visitante multiplicada pela fraqueza defensiva do time da casa (ao visitante não era atribuída nenhuma vantagem extra).

Para estimar a destreza de ataque e defesa de cada time, Dixon e Coles coletaram dados de vários anos de jogos de futebol ingleses das quatro primeiras divisões, que entre si abrigam um total de 92 times. Como o modelo incluía capacidade de ataque e defesa de cada time, mais um fator extra que especificava a vantagem de jogar em casa, isso significou estimar um total de 185 fatores. Se todo time tivesse jogado contra todo outro time o mesmo número de vezes, a estimativa teria sido relativamente fácil e direta. No entanto, subidas e quedas de divisão – para não mencionar jogos no formato de copa – significavam que alguns confrontos eram mais comuns que outros. Muito como as corridas de Happy Valley, havia muita informação oculta para cálculos simples. Para estimar cada um dos 185 fatores, foi portanto necessário recrutar o auxílio de métodos computacionais como aqueles desenvolvidos pelos pesquisadores em Los Alamos.

Quando Dixon e Coles usaram seu modelo para fazer predições sobre jogos que haviam sido jogados na temporada 1995-96, eles descobriram que as previsões se alinhavam lindamente com os resultados reais. Mas será que o modelo era suficientemente bom para ser usado em apostas? Eles fizeram o teste passando por todos os jogos e aplicando uma regra simples: se o modelo dissesse que um resultado específico era 10% mais provável do que implicavam as taxas de retorno das casas de apostas, valia a pena apostar. Apesar de usar modelo e estratégia de aposta básicos, os resultados sugeriam que o modelo seria capaz de superar as casas de apostas em termos de desempenho.

Não muito depois de publicar seu trabalho, Dixon e Coles seguiram caminhos separados. Dixon montou a Atass Sports, uma firma de consultoria especializada em predições de resultados esportivos. Mais tarde, Coles entraria na Smartodds,[14] uma companhia com sede em Londres que também trabalhava com modelos de esportes. Atualmente há diversas firmas trabalhando em predição no futebol, mas a pesquisa de Dixon e Coles se mantém no cerne de muitos modelos. "Aqueles artigos ainda são os principais pontos de partida",[15] afirma David Hastie, cofundador da firma de análise futebolística Onside Analysis.

Como acontece com qualquer modelo, porém, a pesquisa tem alguns pontos fracos. "Não é um trabalho inteiramente polido",[16] ressalta Coles. Um dos problemas é que a mensuração das capacidades de ataque e defesa de um time não mudam ao longo do jogo. Na realidade, os jogadores podem se cansar ou desfechar mais ataques em certos pontos do jogo. Outro problema é que, na vida real, empates são mais comuns do que o processo de Poisson prediz. Uma explicação poderia ser que os times que estão perdendo investem mais esforço, na esperança de igualar o placar, enquanto os adversários se dão por satisfeitos. Mas, de acordo com Andreas Heuer e Oliver Rubner,[17] dois pesquisadores da Universidade de Münster, há outra coisa ocorrendo. Eles avaliam que o grande número de empates deve-se ao fato de que os times tendem a correr menos riscos – tendo, portanto, menor probabilidade de marcar – se o placar estiver igualado nas fases finais do jogo. Ao examinar os jogos de 1968 a 2011 da Bundesliga alemã, a dupla descobriu que a taxa de marcação de gols decrescia se o placar era empate. Isso era especialmente perceptível quando o placar estava em 0-0, com os jogadores preferindo se contentar com o "conforto do empate".

Acabou-se descobrindo que certos pontos de um jogo criavam condições particularmente favoráveis para o empate. Heuer e Rubner descobriram que os gols da Bundesliga tendiam a seguir o processo de Poisson durante os primeiros oitenta minutos de jogo, com os times balançando a rede numa taxa bastante consistente. Era só durante o último período do jogo que as coisas ficavam mais erráticas, especialmente se o time visitante estivesse ganhando por um ou dois gols nos minutos finais da partida.

Fazendo ajustes para esses tipos de caprichos, as firmas de predição esportiva elaboraram o trabalho de Dixon, Coles e outros e transformaram as apostas no futebol num negócio lucrativo. Em anos recentes, essas empresas expandiram enormemente suas operações. Mas embora a indústria tenha crescido, e novas firmas tenham surgido, a indústria de apostas científicas ainda é relativamente nova no Reino Unido. Mesmo as empresas mais estabelecidas só começaram após o ano 2000. Nos Estados Unidos, porém, a predição nos esportes tem uma história muito mais rica – às vezes bem literalmente.

Para passar o tempo durante aulas monótonas no colégio, Michael Kent costumava ler a seção de esportes do jornal. Embora morasse em Chicago, acompanhava competições atléticas de todo o país. Ao folhear os placares, ficava pensando sobre a margem de vitória em cada jogo. "Um time batia o outro por 28-12 no futebol americano", recorda-se ele, "e eu pensava: bem, quanto isso é bom?"[18]

Depois do colégio, Kent completou sua graduação em matemática antes de entrar na Westinghouse Corporation. Ele passou a década de 1970 trabalhando no Laboratório de Energia Atômica da empresa, em Pittsburgh, Pensilvânia, onde projetavam reatores nucleares para a Marinha dos Estados Unidos. O trabalho tinha muito de um ambiente de pesquisa: uma mistura de matemáticos, engenheiros e especialistas em computação. Kent passou os anos seguintes tentando simular o que acontece com um reator nuclear que tem fluido refrigerante correndo através de seus canais de combustível. Em seu tempo livre, também começou a desenvolver programas de computador para analisar jogos de futebol americano. Sob muitos aspectos, o modelo de Kent fez pelos esportes universitários o que o modelo de Bill Benter fez pelas corridas de cavalos. Kent reuniu uma enorme quantidade de fatores que podiam influenciar o resultado de um jogo e então usou a regressão para calcular quais deles eram importantes. Assim como faria Benter mais tarde, Kent esperou até ter sua própria estimativa antes de olhar para o mercado de apostas. "Você precisa criar o seu próprio número", disse Kent. "Então – e só então – você olha o que os outros têm."[19]

ESTATÍSTICA E DADOS têm sido há muito tempo uma parte importante do esporte americano. São particularmente pertinentes no beisebol. Uma das razões para isso é a estrutura do jogo: ele se divide numa porção de pequenos intervalos que, além de proporcionarem oportunidades de sobra para ir pegar um cachorro-quente, tornam o jogo muito mais fácil de analisar. Além disso, os *innings* do beisebol podem ser decompostos em batalhas individuais – tais como arremessador versus rebatedor – que são relativamente independentes e, portanto, favoráveis aos estatísticos.

A maioria das estatísticas sobre as quais os fãs do beisebol refletem hoje foi concebida no século XIX por Henry Chadwick, um jornalista esportivo que afiou suas ideias assistindo a jogos de críquete na Inglaterra. Com o crescimento dos computadores na década de 1970, ficou mais fácil comparar resultados, e as pessoas gradualmente formaram organizações para incentivar a pesquisa em estatística esportiva. Uma dessas organizações, fundada em 1971, foi a Sociedade para Pesquisa Americana de Beisebol [Society for American Baseball Research], ou SABR,[20] a sigla que fez com que a análise científica do beisebol ficasse conhecida como "sabermétrica".

A estatística esportiva cresceu em popularidade durante os anos 1970, mas diversos outros ingredientes são necessários para cozinhar uma estratégia de apostas efetiva. Simplesmente calhou de Michael Kent ter todas elas. "Tive muita sorte de todo um punhado de coisas se juntarem", diz ele. O primeiro ingrediente eram os dados. Não longe do laboratório atômico de Kent em Pittsburgh ficava a Biblioteca Carnegie, que dispunha de um conjunto de antologias contendo vários anos de tabelas e resultados esportivos universitários. A boa notícia era que esses dados forneciam ao modelo de Kent a informação de que ele necessitava para gerar predições robustas; a má notícia era que cada resultado precisava ser inserido manualmente. Kent também tinha a tecnologia para prover energia ao modelo, com acesso a computadores de alta velocidade na Westinghouse. Sua universidade havia sido uma das primeiras no país a ter um computador, então Kent já tinha mais experiência em programação do que a maioria. E isso não era tudo. Além de saber desenvolver programas de computador, Kent entendia a teoria estatística por trás dos seus modelos. Na Westinghouse, tinha trabalhado com um engenheiro chamado Carl Friedrich, que lhe mostrara como criar modelos computacionais rápidos e confiáveis. "Ele foi uma das pessoas mais brilhantes que já conheci", diz Kent. "Era um sujeito inacreditável."

Mesmo com os componentes cruciais no lugar, a carreira de apostas de Kent não decolou com o melhor dos começos. "Muito cedo, fiz quatro apostas enormes", conta ele. "E perdi todas. Perdi US$5 mil naquele sábado." Ainda assim, Kent percebeu que os infortúnios haviam trazido alguns benefícios. "Nada me motivava mais do que perder." Depois de trabalhar no seu modelo à noite durante sete anos, Kent finalmente decidiu, em 1979, fazer das apostas esportivas sua ocupação em tempo integral. Enquanto Bill Benter fazia suas primeiras incursões no blackjack, Kent deixou a Westinghouse e foi para Las Vegas, pronto para a nova temporada de futebol americano universitário.

A vida na cidade envolvia uma porção de desafios novos. Um deles era a logística de fazer as apostas reais. Las Vegas não era como Hong Kong, onde os apostadores podiam simplesmente passar suas escolhas por telefone. Ali, os apostadores tinham que ir a um cassino com dinheiro vivo. Naturalmente, isto deixava Kent um pouco nervoso. Ele passou a usar estacionamentos com manobrista[21] para evitar ter de passar a pé por lugares mal-iluminados com dezenas de milhares de dólares em dinheiro vivo.

Como era complicado efetuar as apostas, Kent se associou a Billy Walters, um jogador veterano que sabia como Las Vegas funcionava e como fazê-la funcionar a favor deles. Com Walters cuidando de fazer as apostas, Kent pôde se focar nas predições. Durante os anos seguintes, outros jogadores se juntaram a eles para ajudar a implementar a estratégia. Alguns auxiliaram no modelo computacional, outros tratavam com as casas de apostas. Juntos, eles eram conhecidos como o "Grupo do Computador", um nome que viria a se tornar admirado por apostadores quase tanto quanto temido pelos cassinos.

Graças à abordagem científica de Kent, as predições do Grupo do Computador eram consistentemente melhores do que as das casas de apostas de Las Vegas. O sucesso também trouxe alguma atenção indesejada. Durante os anos 1980, o FBI suspeitou que o grupo estivesse operando ilegalmente e conduziu investigações provocadas em parte pela perplexidade ao constatar como o grupo estava ganhando tanto dinheiro. Apesar de anos de escrutínio, porém, os investigadores não chegaram a nada. Houve batidas do FBI[22] e vários membros do grupo foram indiciados, mas acabaram sendo considerados inocentes.

Estima-se que entre 1980 e 1985 o Grupo do Computador tenha colocado mais de US$135 milhões em apostas,[23] lucrando quase US$14 milhões. Não houve um único ano em que tenham perdido dinheiro. O grupo acabou se desfazendo em 1987, mas Kent continuaria a apostar em esportes durante as duas décadas seguintes. Kent diz que a divisão de trabalho continuou praticamente a mesma: ele fazia as previsões, e Walters cuidava de efetivar as apostas. Kent ressalta que grande parte do sucesso de suas predições provinha da atenção que ele dedicava aos modelos computacionais. "O importante é a construção do modelo", diz ele. "Você tem que saber como construir um modelo. E nunca parar de desenvolvê-lo."

Kent geralmente trabalhava sozinho em suas predições, mas tinha ajuda com um esporte. Um economista de uma importante universidade da Costa Oeste aparecia toda semana com predições para o futebol americano. O homem era muito discreto em relação a sua pesquisa de apostas, e Kent referia-se a ele apenas como "Professor Número 1". Embora as estimativas do economista fossem boas, eram diferentes das previsões de Kent. Assim, entre 1990 e 2005, eles frequentemente fundiam as duas predições.

Kent fez seu nome – e sua fortuna – predizendo esportes universitários como futebol americano e basquete. Mas nem todos os esportes recebiam esse nível de atenção. Enquanto Kent surgia com modelos lucrativos nos anos 1970, foi só em 1988 que Dixon e Coles esboçaram um método viável para apostas no futebol internacional. E alguns esportes eram ainda mais difíceis de predizer.

NUMA TARDE DE JANEIRO DE 1951, Françoise Ulam chegou em casa e encontrou seu marido Stanisław espiando pela janela. Ele tinha uma expressão peculiar, os olhos desfocados fitando o jardim em frente. "Descobri um jeito de fazer funcionar", disse ele. Françoise perguntou o que ele queria dizer. "A Super", respondeu ele. "É um esquema totalmente diferente, e vai mudar o curso da história."[24]

Ulam referia-se à bomba de hidrogênio que haviam desenvolvido em Los Alamos. Graças ao método Monte Carlo e a outros avanços tecnológicos, os Estados Unidos possuíam a arma mais poderosa que já existira. Estava-se nos estágios iniciais da Guerra Fria, e a Rússia tinha ficado para trás na corrida de armas nucleares.

Contudo, ideias nucleares grandiosas não foram a única inovação surgida durante esse período. Enquanto Ulam estivera trabalhando no método Monte Carlo em 1947, um tipo bem diferente de arma havia aparecido do outro lado da Cortina de Ferro. Era chamada de "Avtomat Kalashnikova",[25] em homenagem a seu projetista, Mikhail Kalashnikov. Em anos subsequentes, o mundo viria a conhecê-la por outro nome: AK-47. Junto com a bomba de hidrogênio, o rifle viria a moldar o curso da Guerra Fria. Do Vietnã ao Afeganistão, a AK-47 passou pelas mãos de soldados, guerrilheiros e revolucionários, e continua em uso,[26] estimando-se que 75 milhões de unidades tenham sido fabricadas até hoje. A principal razão para a sua popularidade reside na simplicidade. Ela tem apenas oito partes móveis, o que significa que é confiável e fácil de consertar. Pode não ser tão acurada, mas raramente emperra e é capaz de sobreviver a décadas de uso.

Quando se trata de construir máquinas, quanto menos partes houver, mais eficiente ela será. Complexidade significa mais atrito entre os diversos componentes:[27] por exemplo, cerca de 10% da potência do motor de um carro são desperdiçados por causa desse atrito. Complexidade também gera mau funcionamento. Durante a Guerra Fria, rifles ocidentais caros emperravam, enquanto a simples AK-47 continuava a funcionar. O mesmo vale para muitos outros processos. Tornar as coisas mais complicadas muitas vezes retira eficiência e aumenta o erro. Tomemos como exemplo o blackjack: quanto mais cartas a banca usa, mais difícil é embaralhar adequadamente. A complexidade também dificulta fazer previsões acuradas sobre o futuro. Quanto mais partes envolvidas, e interações ocorrendo, mais difícil é predizer o que acontecerá a partir de dados anteriores limitados. E, quando se trata de esportes, há uma atividade que envolve um número particularmente grande de interações, o que pode tornar as predições muito difíceis.

Woodrow Wilson, ex-presidente dos Estados Unidos, certa vez descreveu o golfe como "uma tentativa ineficaz de meter uma bola ardilosa num buraco obscuro com um implemento mal-adaptado ao propósito".[28] Além de ter de lidar com balística, os golfistas também precisam competir com seus arredores. Os campos de golfe estão atulhados de obstáculos, que vão desde árvores e lagoas a bancos de areia e funcionários. Como resultado, a sombra da sorte nunca está muito longe. O jogador pode acertar uma tacada brilhante, mandando a bola direto para o buraco, só para vê-la colidir com o pau da bandeira e ricochetear, caindo num banco de areia. Ou pode acertar a bola numa árvore e vê-la rebater e cair em boa posição. Tais contratempos são tão comuns no golfe que o livro de regras do esporte tem uma expressão para descrevê-los. Se a bola acerta um objeto ao acaso[29] ou perde o rumo por acidente, trata-se de um *"rub of the green"* [algo como "um roçar do verde"].

Enquanto corridas de cavalos em Hong Kong se assemelham a um experimento científico bem-planejado, os torneios de golfe são mais propensos a requerer uma das autópsias estatísticas de Ronald Fisher. Durante os quatro dias de um torneio, os jogadores dão as tacadas iniciais nos mais diferentes momentos. A localização do buraco também muda de uma volta para outra – e, se o torneio for no Reino Unido, o tempo também. E como se isso já não fosse ruim o bastante, o campo de potenciais vencedores é enorme num torneio de golfe. Enquanto a Copa do Mundo de Rúgbi tem vinte times competindo pelo troféu e o Grand National do Reino Unido tem quarenta cavalos correndo, nos *masters* de golfe dos Estados Unidos competem todo ano 95 jogadores, e nos três *majors* – os torneios mais importantes – esse número é ainda maior.

Todos esses fatores significam que o golfe é particularmente difícil de predizer com precisão. O golfe portanto tem sido uma espécie de ponto fora da curva em termos de previsão esportiva. Algumas firmas estão se dispondo a enfrentar o desafio – atualmente a Smartodds tem estatísticos trabalhando nisso –, mas, em termos de atividade de apostas, o esporte ainda está bem atrás de muitos outros.

Mesmo entre diferentes esportes de equipe, alguns jogos são mais fáceis de predizer do que outros. A discrepância deve-se em parte às taxas de pontuação. Tomemos o hóquei como exemplo. Os times que jogam na NHL[30] – a liga de hóquei americana – marcam em média dois ou três gols por partida. Compare com o basquete, onde os times da NBA marcam regularmente cem pontos por jogo.[31] Se os gols são raros – como acontece no hóquei –, um chute certeiro terá mais impacto na partida. Isso significa que um evento casual, como um desvio ou sorte no chute, tem mais probabilidade de influenciar o resultado final. Jogos de contagem baixa também significam menos elementos com que jogar. Quando um time brilhante bate um time capenga por 1-0, há apenas um evento de marcação de ponto para analisar.

Felizmente, é possível tirar informação extra de uma partida. Uma abordagem é medir o desempenho de outras maneiras. No hóquei, especialistas frequentemente usam estatísticas como "o índice Corsi"[32] – a diferença entre o número de chutes dirigidos ao gol adversário e o número de chutes dirigidos contra o gol do time em questão – para fazer predições de contagens. A razão de usarem tais sistemas de índices é que o número de gols marcados em jogos anteriores não diz muito sobre a capacidade futura do time de marcar gols.

Marcar pontos é muito mais comum em jogos como o basquete, mas a forma como o jogo é jogado também pode afetar a previsibilidade. Haralabos Voulgaris passou anos apostando quase exclusivamente no basquete e hoje é um dos maiores apostadores do mundo na NBA. Na Conferência Sloan de Análises Esportivas do MIT, em 2013, ele destacou que a natureza da marcação de pontos no basquete estava mudando,[33] com os jogadores tentando mais tiros de longa distância, valendo três pontos. Como a aleatoriedade desempenha um papel maior nesse tipo de chute, estava ficando mais difícil predizer que time marcaria mais pontos. Métodos de previsão tradicionais assumem que membros de um time trabalham juntos para levar a bola para perto da cesta e marcar; essas abordagens são menos acuradas quando jogadores individuais fazem tentativas especulativas de maior distância.

Por que Voulgaris aposta em basquete e não em outro esporte? Em parte isso se explica pelo simples fato de que ele gosta do jogo. Peneirar resmas de dados[34] não é um modo de vida muito bom se não for interessante. O fato de Voulgaris dispor de montes de dados para peneirar também ajuda. Modelos necessitam processar uma certa quantidade de dados antes de poderem dar predições confiáveis. E o basquete tem uma profusão de informações a serem analisadas. O mesmo, porém, não pode ser dito de outros esportes. No começo das predições do futebol inglês, era uma luta desencavar os dados necessários. Enquanto especialistas americanos lidavam com uma enchente de informações, no Reino Unido mal havia uma poça. "Nós não nos damos conta da facilidade que temos nos dias de hoje",[35] disse Stuart Coles.

Com a dificuldade de conseguir dados sobre o futebol no fim dos anos 1990, os apostadores tinham de obter informação do jeito que pudessem. Em alguns casos, criaram programas automatizados[36] capazes de varrer os poucos websites que publicavam resultados na internet e copiar as tabelas de dados direto das páginas. Embora esta "varredura de tela" constituísse uma fonte de dados, os sites varridos não gostavam que os apostadores pegassem seu conteúdo e congestionassem seus servidores. Alguns instalaram contramedidas[37] – tais como bloqueios a certos endereços de IP – para impedir essa coleta de dados.

Mesmo no rico mundo de dados que são os esportes nos Estados Unidos, ainda há variação de sobra em termos de informação entre as diferentes ligas. Um dos motivos que levaram Kent a analisar os esportes universitários foi a quantidade de informação disponível. "Há muitas partidas no basquete universitário, e muito mais times", explica ele. "A gente consegue uma gigantesca base de dados."[38] Ter acesso a esses dados ajudou Kent a predizer resultados de partidas e fazer as apostas apropriadas com antecedência.

Ao longo da carreira de Kent, as apostas esportivas em Las Vegas eram interrompidas uma vez começado o jogo. No momento em que o juiz apitava o começo da partida, o dinheiro de Kent já estava encaminhado. A aposta e a ação, duas coisas que pareciam tão interligadas, eram na verdade separadas. Foi só em 2009, quando uma empresa nova chegou à cidade, que os cassinos finalmente consertaram esse diagrama de Venn quebrado das apostas. A empresa era a Cantor Gaming,[39] parte da Cantor Fitzgerald, uma firma de Wall Street. Em anos recentes, ela se tornou a casa de apostas residente em numerosos cassinos importantes. Entre na seção de esportes do Venetian, do Cosmopolitan ou do Hard Rock e você encontrará dezenas de telas enormes e máquinas de apostas, todas operadas pela Cantor. Espremidas entre a cobertura de tudo, do beisebol ao futebol, há colunas de números e nomes, mostrando as taxas de retorno para as diferentes partidas. Essas "linhas de apostas" aumentam e diminuem com o barulho das multidões. A sala dá a sensação de um híbrido de bar esportivo e ponto de comércio,[40] um lugar onde drinques e dados se misturam sob as eternamente resplandecentes luzes do cassino.

Os números nas telas da Cantor[41] poderiam refletir as emoções dos espectadores, mas na verdade são controlados por um programa de computador que ajusta as linhas de apostas no decorrer da partida. A Cantor chama isso de "algoritmo de Midas". Se ocorre algo no jogo, o programa automaticamente atualiza as taxas de retorno mostradas na tela. Graças ao Midas, apostas durante o jogo decolaram em grande estilo em Las Vegas.

Muito do crédito do software Midas vai para um inglês chamado Andrew Garrood, que se juntou à Cantor em 2008. Antes disso, ele trabalhava como operador num banco de investimento japonês. O salto para Las Vegas não foi tão grande quanto possa parecer: Garrood simplesmente passou de projetar modelos capazes de cotar derivativos financeiros para modelos capazes de avaliar resultados esportivos.[42]

A maior declaração de intenções da Cantor veio em 2008, quando comprou uma empresa chamada Las Vegas Sports Consultant. Esta empresa apresentava as taxas de retorno para casas de apostas em todo o estado de Nevada, inclusive quase metade dos cassinos em Las Vegas. A Cantor, entretanto, não estava interessada apenas em suas predições.[43] Ao comprar a companhia, ela garantiu uma extensiva base de dados de resultados passados para uma gama inteira de esportes. A informação viria a formar uma parte vital na análise da Cantor. Do beisebol ao futebol, ela precisava saber como certos eventos mudavam um jogo. Se os San Francisco Giants fizerem mais um *home run*, como isso afetará suas chances de ganhar? Se os New England Patriots tiverem uma última tentativa de marcar nos momentos finais de uma partida, qual será sua probabilidade de faturar o jogo?

Segundo Garrood, eventos "corriqueiros" são relativamente fáceis de predizer. Por exemplo, não é difícil calcular as chances de um time de futebol americano marcar um *touchdown* se começaram uma investida na linha de vinte jardas. O problema é que pode haver muitos sucessos e fracassos durante uma partida, alguns dos quais são mais sutis do que outros. Quais são os eventos de que vale a pena saber? Garrood descobriu que a maioria das jogadas não afeta muito o resultado.[44] Logo, é importante identificar os eventos cruciais, aqueles que fazem de fato uma grande diferença. É aí que a enorme base de dados torna-se conveniente. Enquanto muitos apostadores confiam em seu instinto visceral, o Midas avalia simplesmente quanto efeito aquele *touchdown* pode realmente ter.

Como a Cantor assegura que todas as suas predições estejam corretas? A resposta é que ela não tenta fazer isso. Há um ponto de vista comumente sustentado de que firmas como a Cantor usam modelos para tentar cravar o resultado correto para todo jogo. Matthew Holt, diretor de dados esportivos da companhia, refutou esse mito. "Nós não buscamos predizer o resultado de um jogo", disse ele em 2013, "e sim nos antecipar a onde estará a ação."[45]

No que diz respeito a apostar, os objetivos das casas de apostas são em essência diferentes daqueles dos apostadores. Suponha que dois tenistas no Aberto de Tênis dos Estados Unidos sejam perfeitamente equivalentes. A partida é 50/50, o que significa que, para cada US$1 apostado, um retorno justo é US$1: se alguém apostar em ambos os jogadores, sairá sem ganhos ou perdas. Mas a casa de apostas não oferece taxas de retorno de US$1. Em vez disso, pode oferecer um retorno de US$0,95. Qualquer um que aposte em ambos os jogadores acabará portanto US$0,05 mais pobre.

Se a mesma quantia total é apostada em cada tenista, a casa de apostas registra um lucro. Mas e se a maioria das apostas for para um dos jogadores? A casa de apostas terá de ajustar as taxas de retorno para garantir que ganhe a mesma quantia independentemente de quem vença a partida. As novas taxas de retorno poderiam sugerir que um tenista tem menos probabilidade de sair vencedor. Alguns apostadores, que sabem que ambos os tenistas são igualmente bons, apostarão portanto naquele com maior retorno. Para casas de apostas que fizeram seu serviço corretamente, isso não é preocupante. Eles não movem suas linhas de apostas para se adequar à chance real de um determinando resultado acontecer. Eles o fazem para equilibrar as contas.

Todo dia, o algoritmo de Midas combina predições de computador com atividade real de apostas, alterando os retornos à medida que as apostas entram. Ele executa esse malabarismo para dezenas de esportes diferentes, atualizando linhas de apostas em tempo real à medida que os jogos progridem. Para ter lucro, casas de apostas como a Cantor precisam entender para onde está indo o dinheiro dos apostadores. Em que estão apostando? Como podem reagir a um determinado evento?

Da mesma forma que a informação flui entre apostadores e casas de apostas, em muitos casos os primeiros também tentarão calcular o que seus rivais estão fazendo. Quando corre a notícia de que um consórcio de apostas apareceu com uma estratégia bem-sucedida, outros inevitavelmente também vão querer uma parte da ação. Como muitas estratégias de apostas têm origem na academia, com frequência é possível juntar os modelos básicos peneirando artigos de pesquisa. Mas as apostas em esportes constituem uma indústria competitiva, o que significa que algumas das técnicas mais efetivas permanecem envoltas num véu de sigilo. Segundo o estatístico de esportes Ian McHale, "a natureza proprietária de modelos de predição significa que os modelos publicados raramente (ou nunca) são os melhores".[46]

Se os apostadores não sabem quem tem a melhor estratégia, isso pode gerar um ambiente tenso. Nos gigantescos mercados asiáticos, onde ocorrem muitas das maiores apostas de futebol, muitas vezes elas são feitas por meio de um software de mensagens de texto. Ao mesmo tempo, a informação ricocheteia entre as casas de apostas e os apostadores, cada qual tentando descobrir o que o outro está pensando e como o outro apostará. "A vinha da aposta é imensa", nas palavras de uma pessoa do ramo. "Há muita paranoia."[47]

Quando as casas de apostas asiáticas recebem cobertura da mídia ocidental, geralmente não é por uma boa razão. Após alguns lançamentos suspeitos em jogos de críquete[48] entre Paquistão e Inglaterra em 2010, três jogadores paquistaneses foram banidos por concordar em mandar bolas ruins. Repórteres notaram que as casas de apostas – muitas das quais sediadas na Ásia – frequentemente visavam a tais jogos. Desde então os escândalos continuaram.[49] Durante o verão de 2013, três jogadores de críquete que participavam da Premier League indiana foram acusados de combinar resultados. A polícia declarou que casas de apostas prometeram mais de US$40 mil aos jogadores se estes deixassem o adversário marcar pontos em momentos específicos da partida. Então, em dezembro de 2013, a polícia do Reino Unido prendeu seis jogadores de futebol[50] por supostamente se oferecerem para levar cartões amarelos ou vermelhos sob encomenda.

Com certeza existe na Ásia um enorme apetite por apostas, e nem sempre às claras. Estima-se que o mercado ilegal de apostas na China seja dez vezes maior que as quantias legítimas manuseadas pelo Jockey Club de Hong Kong. Apostas ilegais também são comuns na Índia. Quando a seleção nacional de críquete joga contra o arquirrival Paquistão, a quantia total apostada pode chegar perto de US$3 bilhões.[51] Contudo, o mercado de apostas asiático está mudando. Os apostadores não precisam mais caçar agentes de apostas do mercado negro em salas no fundo de bares situados em becos. Houve uma época em que tinham de levar dinheiro vivo e uma senha; agora podem apostar por telefone ou online. Reluzentes *call centers* têm substituído sombrias saletas de apostas. A nova indústria está a um passo do mercado negro ilegal, mas permanece legalmente regulamentada. Este é o "mercado cinza":[52] moderno, corporativo e opaco.

Quando se trata de fazer apostas de alto risco como no futebol, a Ásia é o local preferido de diversos apostadores ocidentais. A razão é simples. Na Europa e nos Estados Unidos, as casas de apostas raramente aceitam apostas altas. Como resultado, apostadores baseados nessas regiões estão achando mais difícil arriscar o dinheiro necessário para tornar suas estratégias lucrativas. Apesar de ser um apostador prolífico – ou melhor, *pelo próprio fato de ser* um apostador prolífico –, Haralabos Voulgaris tem se queixado[53] de que as casas americanas relutam em aceitar suas apostas. Mesmo quando aceitam, os limites são fixados em níveis muito baixos;

ele tem autorização de apostar somente alguns milhares de dólares. Nem todas as casas de apostas ocidentais, porém, se esquivam de apostadores de sucesso. Na década passada, uma firma ganhou reputação por aceitar – e até mesmo incentivar – apostas de jogadores sagazes.

Quando a Pinnacle Sports começou, em 1998, estava claro que tinha algumas ambições ousadas. Os limites de apostas eram altos, com riscos máximos maiores do que aqueles oferecidos por muitas casas existentes. A Pinnacle alegava que ficava feliz[54] em deixar os jogadores apostarem o máximo com a frequência que quisessem. Mesmo que um jogador ganhasse dinheiro de maneira consistente, ela não lhe fechava as portas. Nos idos de 2003, tais ideias iam completamente contra a sabedoria estabelecida das casas de apostas. Se você quer ganhar dinheiro, rezava o dogma, não deixe jogadores espertos fazerem apostas enormes. E certamente não os deixe fazer isso repetidas vezes. Então, como foi que a Pinnacle se virou?

Enquanto todas as casas de apostas observam a atividade geral, a Pinnacle também põe muito empenho em compreender quem está fazendo essas apostas. Ao aceitar apostas de jogadores afiados,[55] ela consegue obter uma ideia do que esses jogadores pensam que poderia acontecer. Não é muito diferente de Bill Benter combinando suas predições com as taxas de retorno públicas apresentadas em Happy Valley. Às vezes o público sabe coisas que um consórcio de apostas – ou uma casa de apostas – pode não saber.

A Pinnacle geralmente divulga um conjunto inicial de taxas de retorno na noite de domingo. Ela sabe que esses números podem não ser perfeitos, então, de início, somente aceita um volume pequeno de apostas. E descobriu que essas primeiras apostas quase sempre vêm de talentosos apostadores de pequeno risco: como as taxas de retorno iniciais muitas vezes são incorretas, apostadores aguçados se juntam e as exploram. Mas a Pinnacle fica feliz em conceder essa vantagem para os chamados gênios de US$100 se isso significa acabar com predições muito melhores acerca dos jogos. Em essência, a Pinnacle paga a jogadores sagazes pela informação.

A estratégia de comprar informação tem sido tentada em outros ramos da vida, também, às vezes com resultados controversos. No verão de 2003, os senadores americanos tropeçaram numa proposta do Departamento de Defesa[56] para uma "política de análise de mercado" que permitiria a investidores especular com acontecimentos no Oriente Médio. Seria possível apostar em eventos tais como um ataque bioquímico, ou um golpe de Estado, ou o assassinato de um líder árabe. A ideia era que, se houvesse alguém com informação privilegiada e tentasse explorá-la, o Pentágono seria capaz de identificar a mudança na atividade de mercado. Investidores poderiam lucrar, mas também revelariam suas mãos nesse processo. Robin Hanson, o economista por trás da proposta, ressaltou que as agências de inteligência por definição pagam pessoas para relatar detalhes indigestos. Em termos morais, ele não via o mercado como algo melhor ou pior do que outros tipos de transações.

Os senadores discordaram. Um deles chamou a ideia de "grotesca";[57] outro disse que era "inacreditavelmente estúpida". Segundo Hillary Clinton,[58] tal política criaria "um mercado de morte e destruição". A proposta não sobreviveu muito tempo em face de tão ferrenha oposição. No fim de julho, o Pentágono a havia descartado. A decisão era indiscutivelmente ética e não econômica. Embora críticos tenham atacado a moralidade da proposta, poucos questionaram que os mercados de apostas podem revelar informações valiosas acerca de um acontecimento. Ao contrário de participantes em uma pesquisa de opinião, os jogadores têm um incentivo financeiro para estarem certos. Quando fazem predições sobre o futuro, estão colocando seu dinheiro onde está sua boca (ou modelo).

Hoje em dia, a Pinnacle apura as opiniões de apostadores numa grande gama de assuntos. As pessoas podem apostar na identidade do próximo presidente ou em quem vai ganhar um Oscar. A companhia tem tanta fé na abordagem[59] que regularmente aceita apostas grandes em eventos populares: no passado, era possível apostar meio milhão de dólares na final da Liga dos Campeões de futebol. Como o modelo de negócios da Pinnacle se apoia em ter predições acuradas, ela não aceita apostas para todo tipo de coisas. Em 2008, por exemplo, abandonou as corridas de cavalos,[60] por não ser especializada nesse esporte.

Empresas como a Pinnacle, que descobriram um meio de combinar predições estatísticas domésticas com opiniões de apostadores sagazes, vêm desafiando o sistema de apostas tradicional. Ao cultivar o conhecimento de apostadores inteligentes, elas têm mais confiança nas suas chances, e portanto se dispõem a aceitar apostas maiores. Todavia, as agências de apostas não são as únicas em transformação. Em alguns casos, jogadores estão passando totalmente por cima do sistema de apostas.

DURANTE A DÉCADA PASSADA, as abordagens para apostar mudaram drasticamente. Além de as apostas terem passado a ser feitas online, as agências têm enfrentado a competição de um novo tipo de mercado, na forma de bolsa de apostas. Isso é muito parecido com uma bolsa de ações, só que, em vez de comprar e vender ações, os apostadores podem oferecer e aceitar apostas. Talvez a bolsa de apostas mais conhecida seja a Betfair,[61] com sede em Londres, que lida com mais de 7 milhões de apostas por dia.

O criador da Betfair, Andrew Black, surgiu com a ideia para um site durante o fim dos anos 1990, quando era programador na Central de Comunicação do Governo Britânico, em Gloucestershire. A segurança não permitia que ele ficasse no local depois das cinco da tarde, então ele se viu passando todas as noites sozinho em sua casa no campo. Ter tanto tempo livre era um fardo, mas também era frutífero. "O tédio era horrendo", ele contou mais tarde ao *Guardian*, "mas, mentalmente, eu me tornei de fato bastante produtivo."[62]

Enquanto estudava na faculdade, Black desenvolvera um interesse em apostas. Mas havia alguns inconvenientes com a forma tradicional de apostar, e, durante aquelas noites em Gloucestershire, Black pensou em como as coisas podiam ser melhoradas. Em vez de passar por uma casa de apostas, como sempre tinha de fazer, por que não permitir que os jogadores apostassem diretamente um contra o outro? O projeto significava combinar ideias de mercados financeiros, apostas e e-commerce. Black, que anteriormente passara algum tempo como apostador profissional, corretor de ações e desenvolvedor de sites, tinha experiência em todas as três áreas.

O website Betfair foi lançado em 2000. Naquele verão, a empresa organizou um funeral de mentira atravessando o centro de Londres,[63] com um caixão anunciando a "morte do agente de apostas". Embora a encenação tenha atraído boa cobertura de mídia, os concorrentes já estavam à espreita. Um site rival imitou o eBay: se alguém quisesse fazer uma aposta de £1 000[64] com determinada taxa de retorno, o site tentava parear o apostador com alguém contente em aceitar a aposta. Tentar formar pares de pessoas era um pouco como jogar online uma gigantesca partida de snap, um jogo de cartas em que o objetivo é conseguir ganhar todo o baralho para si. E às vezes significava esperar um longo tempo para conseguir um par.

Felizmente, a Betfair tinha um jeito de acelerar as coisas. Se não houvesse ninguém para aceitar a aposta, o site a dividia entre várias pessoas diferentes. Em vez de tentar encontrar alguém disposto a assumir totalmente as £1 000, por exemplo, o site podia dividir o total e combinar com, digamos, cinco pessoas dispostas a aceitar uma aposta de £200. Enquanto as casas de apostas tradicionalmente ganhavam seu dinheiro distorcendo as chances a seu favor, a Betfair não mexia nas chances e, em vez disso, pegava uma fração dos lucros de quem ganhasse uma aposta específica.

Bolsas de apostas como a Betfair inauguraram toda uma nova abordagem aos jogos de apostas. Diferentemente dos agentes tradicionais, você não fica limitado a apostar num resultado particular. Pode também "acomodar" o resultado assumindo o outro lado da aposta; se o resultado não acontecer, você ganha o que foi apostado.

Como numa bolsa de apostas é possível apostar dos dois lados, você pode ganhar algum dinheiro antes do fim do jogo. Suponha que uma bolsa de apostas mostre presentemente uma taxa de retorno de 5 para um determinado time. Você decide apostar £10 nesse time, o que significa que receberá de volta £50 se o time ganhar. Então alguma coisa se modifica. Talvez o principal craque adversário tenha sofrido uma contusão. Agora seu time tem mais probabilidade de vencer, então a taxa de retorno cai para 2. Em vez de esperar até o fim da partida – e arriscar que o resultado se volte contra você –, você pode proteger sua aposta original aceitando uma aposta de £10 de outra pessoa com uma taxa de retorno mais baixa. Se o seu time vencer, você receberá as £50 da primeira aposta, mas terá de se desfazer de £20 pela segunda; se o seu time perder, as duas apostas se cancelarão mutuamente, como mostra a tabela 4.1. A partida ainda nem começou e você já garantiu £30 se o seu time vencer, e não perderá nada se o time não vencer. (Muitas casas de apostas introduziram desde então uma ferramenta de "saque", que em essência reproduz essas operações.)

Como você pode apostar a favor e contra cada resultado, a Betfair apresenta duas colunas para cada jogo, mostrando as melhores taxas de retorno disponíveis de cada lado da aposta. Tal tecnologia tornou mais fácil para os jogadores verem o que os outros estão pensando e tirar vantagem das taxas que acreditam estar incorretas. No entanto, não é só o sistema de apostas que está ficando mais acessível.

TABELA 4.1. Apostas podem ser protegidas apostando a favor e contra o mesmo time.

		1ª aposta	2ª aposta	Total
Resultado	Seu time vence	£50	–£20	£30
	Seu time perde	–£10	£10	£0

ESTRATÉGIAS DE APOSTAS científicas têm sido tradicionalmente reservadas a consórcios de apostas privados como o Grupo do Computador ou, mais recentemente, firmas de consultoria como a Atass. Pode ser que isso não continue acontecendo por muito tempo. Assim como os bancos oferecem aos clientes acesso a fundos de investimento, algumas empresas estão permitindo às pessoas investir em métodos de apostar científicos. Como diz o colunista Matthew Klein, da Bloomberg: "Se encontro um sujeito que seja bom em apostas nos esportes e esteja disposto a apostar com o meu dinheiro em troca de uma remuneração, ele é, para todos os efeitos e propósitos, um administrador de fundos de hedge."[65] Em vez de pôr o dinheiro em classes de ativos estabelecidas tais como ações ou commodities, os investidores agora têm a opção de apostas esportivas como uma classe de ativo alternativa.

Apostar pode parecer um tanto distante de outros tipos de investimentos, mas este é um dos seus argumentos de venda. Durante a crise financeira de 2008, muitos preços de ações despencaram. Os investidores tentam formar um portfólio diversificado para se proteger de tais choques; por exemplo, podem ter ações de várias empresas diferentes numa gama de ramos de atividade. Mas, quando os mercados entram em apuros, essa diversidade nem sempre é suficiente. Segundo Tobias Preis,[66] um pesquisador de sistemas complexos na Universidade de Warwick, ações podem se comportar de maneira semelhante quando um mercado financeiro enfrenta um período difícil. Preis e seus colegas analisaram preços de ações no índice Dow Jones entre 1939 e 2010 e descobriram que as ações sempre caíam juntas quando o mercado entrava num período de maior estresse. "O efeito da diversificação, que deveria proteger o portfólio, se derrete em tempos de perdas de mercado", comentaram eles, "justamente quando seria mais necessário."

O problema não se limita a ações. No período que culminou na crise de 2008, um número cada vez maior de investidores começou a negociar CDOs – obrigações de dívida colateralizada. Esses produtos financeiros agrupavam empréstimos extraordinários como hipotecas de casas, possibilitando aos investidores ganhar dinheiro assumindo parte do risco do emprestador. Embora fosse alta a probabilidade de uma pessoa dar calote num empréstimo, os investidores assumiam que era extremamente improvável que todos dessem calote ao mesmo tempo. Infelizmente essa premissa se revelou incorreta. Quando uma casa perdia seu valor durante a crise, outras iam atrás.

Defensores das apostas esportivas apontam que estas geralmente não são afetadas pelo mundo financeiro. Os jogos continuam sendo jogados, mesmo que o mercado de ações afunde; bolsas de apostas continuam aceitando jogos. Um fundo de hedge que se concentre em apostas nos esportes deve portanto ser um investimento atraente, porque oferece diversificação. Foi essa ideia que persuadiu Brendan Poots a montar um fundo de hedge focado em esportes em 2010.[67] Sediada em Melbourne, Austrália, a Priomba Capital visava dar ao público investidor acesso ao mundo tradicionalmente privado das predições esportivas.

Criar boas previsões pode requerer perícia adicional, então a Priomba associou-se a pesquisadores do Royal Melbourne Institute of Technology. Em certa medida, a abordagem é uma versão século XXI da estratégia do Grupo do Computador. A Priomba cria um modelo para um esporte particular, roda simulações para predizer a probabilidade de cada resultado e então compara as predições com as taxas de retorno correntes nas bolsas de apostas como a Betfair.

A grande diferença é que os investidores não estão restritos a apostar antes de o jogo começar. O que é uma boa notícia, porque Poots descobriu que as taxas de retorno geralmente se estabilizam num valor justo a caminho do evento. "Até o pontapé inicial, o mercado é bastante eficiente", diz ele. "Mas, uma vez iniciado o jogo, é aí que mora a grande oportunidade."

Quando se trata de predição de futebol, a análise "no jogo" sempre foi o passo seguinte natural. Depois de trabalhar em predições do placar final em 1997, Mark Dixon voltou sua atenção[68] para o que acontece durante uma partida de futebol. Junto com seu colega estatístico Michael Robinson, simulou jogos usando um modelo similar àquele que havia publicado com Stuart Coles, mas com algumas importantes modificações. Além de levar em conta a força ofensiva e fraqueza defensiva de cada time, o modelo incluía fatores baseados no placar corrente e no tempo de jogo restante. Ele acabou descobrindo que incluir informação durante o jogo conduzia a predições mais acuradas do que o modelo Dixon-Coles original.

O modelo também possibilitava testar a "sabedoria" popular do futebol. Dixon e Robinson notaram que os comentaristas frequentemente diziam aos espectadores que os times ficavam mais vulneráveis depois de marcar um gol. Os pesquisadores referiam-se a esse clichê como "recuo imediato". A ideia era que, depois do gol marcado, a concentração dos atacantes oscila, o que pode permitir que o adversário entre de volta no jogo. Mas o clichê acabou se revelando equivocado. Dixon e Robinson descobriram que os times não ficavam especialmente vulneráveis depois de marcar um gol. Então, por que os comentaristas viviam afirmando o contrário?

Se nos deparamos com algo incomum ou chocante, isso sobressai na nossa mente. Segundo Dixon e Robinson, "as pessoas tendem a superestimar a frequência de eventos surpreendentes". Isso simplesmente não acontece nos esportes. Muita gente se preocupa mais com ataques terroristas do que em levar um tombo na banheira, embora seja muito mais provável – pelo menos nos Estados Unidos – morrer numa banheira do que pelas mãos de um terrorista.[69] Eventos incomuns são mais memoráveis, o que também explica por que as pessoas pensam que é mais fácil virar milionário com um bilhete de loteria de US$1 do que apostando repetidamente na roleta. Embora ambas sejam ideias terríveis, em termos de probabilidade pura apostar repetidamente na roleta[70] tem mais chances de gerar um lucro de US$1 milhão.

Apostar com êxito durante um jogo de futebol significa identificar tendências humanas como estas. Será que existem certos aspectos do jogo que os apostadores consistentemente julgam mal? Poots descobriu que algumas coisas sobressaem. Uma é o efeito dos gols. Assim como Dixon e Robinson notaram, a visão popular nem sempre é a visão correta: um gol nem sempre cria o choque que as pessoas pensam que cria. Apostadores também tendem a superestimar o impacto dos cartões vermelhos. Isso não quer dizer que eles não tenham qualquer efeito. Um time jogando contra um adversário com dez homens provavelmente marcará gols numa taxa mais alta (um estudo de 2014 avaliou[71] que em média 60% mais alta). Mas os retornos frequentemente vão longe demais, sugerindo que os apostadores confundem uma situação difícil com uma situação irremediável.

Após um evento dramático, as taxas de retorno numa bolsa de apostas gradualmente se ajustam à nova situação. Depois de estabilizadas as coisas, a Priomba pode proteger suas apostas assumindo a posição contrária. Se respaldou o time da casa para ganhar com grandes taxas de retorno, talvez depois de um cartão vermelho aposte contra ele quando o retorno cair. Desta maneira, não importa como a partida termine. Como um investidor

Especialistas com doutorado

que compra um ativo de um vendedor em pânico e mais tarde o vende de volta a um preço mais alto, o time fechou sua posição e se desfez de qualquer risco remanescente.

Há oportunidades de sobra para capitalizar taxas de retorno inacuradas durante um jogo. Infelizmente, também há menos apostas a oferecer, o que significa que a Priomba precisa ter cuidado para não perturbar o mercado com apostas altas. "Durante o jogo, você precisa ir gotejando o seu dinheiro", diz Poots. Na verdade, o tamanho do mercado é um dos maiores obstáculos enfrentados por fundos como a Priomba. Como ela ganha dinheiro identificando taxas de retorno incorretas nos esportes, quanto mais dinheiro ela tem que investir, mais taxas de retorno erradas precisa encontrar.

O plano atual é gerir até US$20 milhões em dinheiro de investidores. Poots ressalta que, se tentassem manusear uma quantia muito maior – tal como US$100 milhões –, seria uma luta conseguir retornos razoáveis. Eles talvez conseguissem encontrar oportunidades suficientes para garantir um retorno anual de 5%, mas, como um fundo de hedge, o que realmente desejam são cifras de dois dígitos para seus investidores, e terão mais probabilidade de chegar a elas se restringirem o tamanho do fundo.

Embora a Priomba não tenha ainda atingido o seu limite, à medida que o fundo cresce Poots nota uma mudança em quem está se envolvendo na estratégia. "O perfil do nosso investidor costumava ser o de pessoas que gostam de esportes, e de apostar", diz ele. "Agora estão vindo pessoas que têm pensões ou outros fundos para investir."

A Priomba não é o único fundo de apostas esportivas a ter aparecido em anos recentes. O consórcio Fidens, com sede em Londres, abriu seu fundo para investidores em 2013; dois anos depois estava gerindo mais de £5 milhões. O matemático Will Wilde comanda a estratégia de negócios. Isso envolve apostar em dez ligas de futebol ao redor do globo,[72] realizando cerca de 3 mil apostas por ano.

Investir no mercado de ações tem sido frequentemente comparado a apostar, sobretudo quando ações são mantidas apenas por um curto período de tempo. Há então uma certa ironia no fato de que apostar está sendo visto cada vez mais como uma opção para investidores. No entanto, nem todos os fundos de apostas esportivas têm tido sucesso. Em 2010, a firma de investimentos Centaur lançou o fundo Galileo,[73] projetado para permitir aos investidores lucrar com apostas em esportes. O plano era captar US$100 milhões e gerar um retorno anual de 15% a 25%. A comunidade financeira observou com interesse, mas dois anos depois o fundo encerrou suas atividades.

Embora as ambições de fundos como a Priomba estejam atualmente restritas ao tamanho do mercado de apostas, as coisas poderiam ser muito diferentes se as apostas esportivas se expandissem nos Estados Unidos. "Se os Estados Unidos se abrirem", diz Poots, "todo o jogo muda completamente." Os primeiros indícios importantes de mudança vieram logo depois que a Priomba foi fundada. Após um referendo em 2011, o governador Chris Christie de Nova Jersey assinou uma lei legalizando as apostas esportivas no estado. Pela primeira vez, jogadores em Atlantic City poderiam apostar em jogos como o Super Bowl. Pelo menos a teoria era essa. Não levou muito tempo para que as ligas de esportes profissionais trouxessem advogados para impedir a expansão. O caso vem indo e voltando pelo sistema judiciário desde então, sendo o maior obstáculo uma lei federal de 1992 que proíbe apostas em esportes em todos os estados americanos, exceto quatro. Os que se opõem dizem que o jogo deve ser limitado a lugares como Las Vegas; Nova Jersey alega que a lei é inconstitucional e que o público apoia apostas legalizadas. De fato, muitas ligas esportivas já permitem que as pessoas ponham dinheiro na realização de suas predições. Todo ano pessoas pagam para participar em ligas esportivas imaginárias, mesmo que apostar no resultado de um jogo específico ainda seja ilegal.

Defensores da mudança na lei dizem que há duas vantagens principais em legalizar as apostas. Primeira, geraria mais impostos. Foi estimado que menos de 1% das apostas esportivas nos Estados Unidos[74] é feito legalmente. Os restantes 99%, operados por meio de agências de apostas não licenciadas ou sites no exterior, provavelmente chegam à casa de centenas de bilhões de dólares. Se essas apostas fossem legais, a receita em impostos seria enorme. Em segundo lugar, legislação significa regulamentação, e regulamentação significa transparência. Casas e bolsas de apostas mantêm registro de seus clientes, e firmas online também têm detalhes bancários. Segundo o comissário da NBA Adam Silver, legalizar apostas traria a atividade para o escrutínio governamental. "Acredito que a atividade de apostar nos esportes deveria ser tirada da clandestinidade e trazida para a luz do sol, onde pode ser apropriadamente monitorada e regulamentada", escreveu ele no *New York Times* em 2014.

Consórcios de apostas também desfrutariam dos benefícios da legalização. Com mais agentes aceitando apostas, eles poderiam fazê-las em uma escala muito maior. Há também a chance de que novas leis permitam aos consórcios apostar em Las Vegas. Atualmente, se os jogadores querem apostar em esportes na cidade, ainda precisam ir até um cassino com um punhado de dinheiro, o que torna difícil fazer apostas grandes de maneira sistemática. Em 2015, o senado de Nevada aprovou uma proposta de lei que permitiria a um grupo de investidores financiar um apostador, o que é basicamente o que a Priomba já faz fora dos Estados Unidos. Se a proposta passar pela assembleia estadual e se tornar lei, podem aparecer muitos outros fundos de hedge esportivos. Outros países também estão debatendo novas leis para apostas. No Japão, atualmente, as apostas esportivas estão restritas a corridas de cavalos, barcos ou ciclismo. Uma nova proposta de lei,[75] apresentada em abril de 2015 e apoiada pelo primeiro-ministro, propõe mudar isto. Novas oportunidades também surgirão na Índia e na China,[76] à medida que mercados de apostas informais forem se tornando mais regulados.

De acordo com o jornalista esportivo Chad Millman, não apenas jogos estabelecidos estariam bem posicionados para lucrar com mudanças na lei. Durante uma visita ao MIT em março de 2013, Millman teve conversas com Mike Wohl,[77] um estudante de MBA na escola de administração da universidade. Em seu projeto de estudo, Wohl havia considerado as apostas como "a classe de ativos que falta". Wohl tinha experiência em finanças, e sua análise – junto com sua experiência pessoal em apostar – sugeria que apostas em esportes podiam produzir um índice entre risco e retorno tão bom quanto investir em ações.

Millman destacou que há dois extremos no espectro do jogo de apostas. De um lado estão os apostadores em esportes profissionais, os chamados "cobras", que regularmente fazem apostas bem-sucedidas. Do outro lado estão os apostadores do dia a dia, que não possuem ferramentas preditivas ou estratégias confiáveis. Entre as duas extremidades, diz Millman, há uma porção de gente como Wohl, que tem as habilidades necessárias para apostar com sucesso, mas ainda não decidiu utilizá-las. Essa gente pode trabalhar com finanças ou pesquisa; talvez tenham MBAs e doutorados. Se fosse para expandir as apostas esportivas nos Estados Unidos, esses apostadores em pequena escala estariam em boa posição para lucrar. Com seus históricos quantitativos, eles já têm familiaridade com os métodos cruciais. E também possuem as ferramentas necessárias, graças ao aumento do poder computacional e da disponibilidade de dados. Agora tudo de que precisam é acesso.

Há certas vantagens em ser uma start-up de apostas. Uma delas é que há mais flexibilidade. Mas deveriam novos consórcios seguir estratégias de apostas esportivas que já foram bem-sucedidas? Ou deveriam explorar sua flexibilidade e tentar alguma outra coisa?

Em retrospecto, Michael Kent olhava as partidas de forma muito mais detalhada. "Se eu fosse recomeçar agora", diz ele, "gostaria de ter dados jogo a jogo."[78] A informação adicional possibilitaria medir contribuições individuais. Isso estaria em agudo contraste com sua análise anterior: em seus modelos, Kent sempre tratou os times como uma só entidade. "Não tenho conhecimento de jogadores", disse. "Sei o que o time fez, mas não sei o nome do *quarterback*."

Alguns consórcios de apostas modernos fazem esforços tremendos para medir performances individuais. "Analisamos o efeito de cada jogador em cada time", diz Will Wilde. "Todo jogador tem uma avaliação numérica que sobe ou desce, independentemente de jogar ou não."[79] Em Hong Kong, o consórcio de Bill Benter chega a empregar pessoas para examinar detidamente os vídeos das corridas. Elas podem verificar como a velocidade do cavalo muda durante a corrida[80] ou como ele se recupera depois de uma colisão. Essas "variáveis em vídeo"[81] compõem uma parte relativamente pequena do modelo – cerca de 3% –, mas ajudam a empurrar as predições para um pouco mais perto da realidade.

Nem sempre é uma questão de coletar mais dados. No futebol, defensores de sucesso podem ser um pesadelo para o estatístico. Durante os anos em que jogou pelo Milan e pela Itália, Paolo Maldini derrubava o atacante em média[82] uma vez por jogo. Não porque ele fosse preguiçoso; era porque não precisava derrubar muitas vezes. Ele continha o adversário estando nas posições corretas em campo. Estatísticas cruas como o número de vezes que o defensor derrubou podem ser portanto enganosas. Se um defensor derruba atacantes menos vezes, isso nem sempre significa que ele está piorando. Pode significar que está melhorando.

Um problema similar brota com os *cornerbacks* no futebol americano. Sua função é patrulhar as bordas do campo, impedindo passes a atacantes adversários. Bons *cornerbacks* interceptam montes de passes, mas os excelentes não precisam fazê-lo: o outro time sempre tentará evitá-los. Como resultado, os melhores *cornerbacks* da NFL[83] podem tocar a bola apenas um punhado de vezes por temporada.

Como podemos medir a capacidade de um jogador se ele raramente faz algo que pode ser mensurado? Uma opção é comparar o desempenho total do time quando o jogador está e não está em campo. No nível mais simples, poderíamos verificar com que frequência o time ganha quando certo indivíduo está jogando. Às vezes está claro que um jogador é valioso para o time. Por exemplo, quando o artilheiro Thierry Henry jogava pelo Arsenal entre 1999 e 2007, o time venceu 61% dos jogos dos quais ele participou. Por outro lado, ganhou apenas 52% das partidas em que ele esteve ausente.[84]

Contar vitórias é bastante simples, mas mensurar jogadores desta maneira pode levantar alguns resultados inesperados. Em certos casos, pode até mesmo parecer que os favoritos da torcida na realidade não são tão importantes para o time. Depois que Steven Gerrard fez sua primeira aparição pelo Liverpool em 1998, o time venceu metade das partidas nas quais ele participou. No entanto, também venceu metade das partidas em que ele esteve ausente. Brendan Poots ressalta que os melhores clubes têm elencos fortes, de modo que muitas vezes podem lidar bem com a ausência de um craque individual. Quando jogadores de ponta saem contundidos, o time faz o ajuste. "Na soma das partes", diz Poots, "o efeito que eles têm – ou que sua ausência tem – não é tão grande quanto as pessoas pensam."[85]

Porém, o problema de simplesmente tabular vitórias com e sem um certo jogador é que os cálculos não levam em conta a importância desses jogos nem a força do adversário. Os times geralmente escalam mais jogadores de renome em partidas cruciais, por exemplo. Uma maneira de contornar essas questões é usar um modelo preditivo. Estatísticos de esportes muitas vezes avaliam a importância de um jogador em particular comparando os placares preditos para as partidas em que ele jogou com os resultados reais dessas partidas. Se o time tem uma atuação melhor do que a esperada quando esse jogador está em campo, isso sugere que ele é especialmente importante para o time.

Mais uma vez, nem sempre os jogadores mais conhecidos são os mais importantes. Isso porque identificar o jogador mais importante não é a mesma coisa que encontrar o melhor jogador. O jogador mais importante – a se julgar pelo modelo – pode ser alguém sem um substituto óbvio ou um jogador cujo estilo se encaixa particularmente bem no time.

Para interpretar os resultados de seus modelos preditivos, as firmas que trabalham com previsões esportivas empregam analistas com conhecimento detalhado de cada time. Esses especialistas podem sugerir por que um certo jogador parece ser tão importante e o que isso poderia significar para os próximos jogos. Tal informação nem sempre é fácil de quantificar, mas pode ter um grande efeito nos resultados. O truque é saber o que o modelo não captura e levar em conta tais características ao fazer predições. O estatístico esportivo David Hastie ressalta que isso vai contra a ideia de muita gente de uma estratégia de apostas científica. "Existe uma percepção comum de que apostar tem tudo a ver com modelos", diz ele. "As pessoas esperam uma fórmula mágica."[86]

Especialistas com doutorado

APOSTADORES PRECISAM saber como chegar à informação crucial, seja ela quantitativa, como no caso de um modelo de predições, ou de natureza mais qualitativa, como no caso de conhecimentos humanos. Embora bem conhecido pelos seus modelos computacionais, Kent sabia a importância de especialistas humanos ao fazer predições. Ele recebia atualizações regulares de pessoas com conhecimento profundo de certos esportes, pessoas cuja tarefa era saber coisas que o modelo talvez não capturasse. "Tínhamos um cara em Nova York que era capaz de dizer a formação inicial de duzentos times de basquete universitário",[87] disse ele.

Fazer predições melhores sobre jogadores individuais não beneficia apenas os apostadores. Com o aperfeiçoamento das técnicas, apostadores e times estão encontrando mais base comum, aglutinados por um desejo compartilhado de antecipar o que acontecerá na próxima temporada, ou no próximo jogo, ou até mesmo no próximo quarto de jogo. Toda primavera, dirigentes de times batem papo com estatísticos e modeladores[88] na Conferência Sloan de Análises Esportivas do MIT. Métodos de predição podem ser particularmente úteis para os times em busca de novas contratações. Historicamente, estimar o valor de um jogador é difícil porque as atuações estão sujeitas ao acaso. Um jogador pode ter uma temporada impressionante – e sortuda – num ano, e então ter um período menos brilhante no ano seguinte.

O pé-frio da *Sports Illustrated*[89] é um exemplo bem conhecido deste problema: muitas vezes um jogador que aparece na capa da revista *Sports Illustrated* sofre em seguida uma queda na sua forma. Estatísticos mostraram que o pé-frio da *Sports Illustrated* não é realmente um pé-frio. Jogadores que acabam na capa muitas vezes lá aparecem porque tiveram uma temporada inusitadamente boa, que pode ser atribuída à variação aleatória e não a um reflexo de sua verdadeira habilidade. A queda de desempenho que veio no ano seguinte deve-se simplesmente a um caso de regressão à média, exatamente como Francis Galton descobriu ao estudar a hereditariedade.

Quando um clube contrata um jogador novo,[90] precisa tomar decisões baseadas em realizações passadas. Todavia, o que o clube está pagando efetivamente são as atuações futuras. Como pode um clube esportivo predizer a verdadeira capacidade de um jogador? Idealmente, seria possível separar as atuações passadas e calcular quanto foram influenciadas pela capacidade e quanto pelo acaso. O estatístico James Albert tentou fazer isso[91] para o beisebol vasculhando montes de estatísticas diferentes para lançadores, inclusive vitórias e derrotas, *strikeouts* – eliminações quando o rebatedor deixa de rebater três vezes – e corridas marcadas contra eles. Ele descobriu que o número de *strikeouts* era a representação mais acurada da verdadeira capacidade do lançador, enquanto estatísticas como *home runs* (quando o rebatedor consegue dar a volta em todas as bases após a rebatida) concedidos eram mais sujeitas ao acaso, e portanto um reflexo pobre da capacidade do lançador.

Outros esportes são mais complicados de analisar. Os especialistas em futebol geralmente usam medidas simples, tais como gols por jogo, para quantificar a qualidade dos artilheiros. Mas e se o artilheiro joga num time bom e se beneficia do fato de os outros jogadores lhe prepararem as chances de gol? Em 2014, pesquisadores da Smartodds e da Universidade de Salford[92] avaliaram a capacidade de marcação de gols de diferentes jogadores de futebol. Em vez de simplesmente perguntar qual era a probabilidade de o artilheiro marcar, dividiram a marcação do gol em dois componentes: o processo de gerar um chute – que pode ser influenciado pela atuação do time – e o processo de converter esse chute em gol. Dividir a marcação do gol dessa maneira levou a predições muito melhores sobre registros de gols futuros do que forneciam as simples estatísticas de gols por jogo. O estudo também produziu algumas conclusões inesperadas. Por exemplo, parecia que o número de chutes que o jogador dava tinha pouca relação com a capacidade ofensiva do time. Em outras palavras, bons jogadores em geral acabavam com uma contagem de chutes semelhante, independentemente de estarem jogando num grande time ou num time fraco. Embora times melhores chutem mais no geral, um jogador decente acaba sendo peixe pequeno numa grande enchente de gols; num clube em dificuldades, esse mesmo jogador pode dar uma contribuição muito maior para o total. Os pesquisadores também descobriram que era difícil prever com que frequência um jogador converteria chutes em gols. Portanto, sugerem que os times à procura de novos jogadores estimem quantos chutes esses jogadores produzem e não quantos gols eles marcam.

QUANDO SE TRATA de apostas científicas nos esportes, os apostadores de maior sucesso são frequentemente aqueles que estudam jogos que outros desprezaram. Desde o trabalho de Michael Kent sobre futebol universitário até a pesquisa de futebol de Mark Dixon e Stuart Coles, o dinheiro graúdo geralmente vem de se afastar daquilo que todo mundo está fazendo.

Com o tempo, casas de apostas e apostadores foram se prendendo às estratégias mais conhecidas. Como resultado, está ficando cada vez mais difícil lucrar com as ligas esportivas principais. Taxas de retorno erradas são menos comuns,[93] e os competidores são rápidos para aproveitar qualquer vantagem. Assim, é melhor para os novos consórcios concentrar sua atenção em esportes menos conhecidos, onde ideias científicas têm sido frequentemente ignoradas. Segundo Haralabos Voulgaris, é aí que residem as maiores oportunidades. "Eu começaria com os esportes menores",[94] disse ele na Conferência Sloan de Análises Esportivas do MIT em 2013. "Basquete universitário, golfe, Nascar, tênis."

Em esportes minoritários, o conhecimento adicional – seja de modelos ou especialistas – pode se provar extremamente valioso. Como as variáveis cruciais não são tão bem conhecidas, a diferença de habilidade entre um apostador afiado e um apostador casual pode ser imensa. Além de ajudar apostadores a construir modelos preditivos melhores, aprimoramentos em tecnologia também estão mudando a forma como são feitas as apostas. Os dias de maletas cheias de notas de dinheiro estão chegando ao fim. As apostas podem ser feitas online, e os apostadores podem controlar centenas de apostas ao mesmo tempo. Esta tecnologia também abriu caminho para novos tipos de estratégia. Grande parte das apostas esportivas ao longo da história tem sido sobre prever o resultado correto. Mas o apostar científico não é mais uma questão de predizer placares. Em alguns casos, está se tornando possível não saber nada sobre o resultado e ainda assim ganhar dinheiro.

5. Ascensão dos robôs

"O QUE DEUS FORJOU!",[1] dizia a mensagem. Era 24 de maio de 1844, e o primeiro telegrama de longa distância do mundo acabara de chegar a Baltimore. Graças à nova máquina de telégrafo de Samuel Morse, a citação bíblica viajara ao longo de um cabo toda a distância desde Washington, DC. Durante os anos seguintes, sistemas de telégrafo de cabo único se espalharam pelo globo, insinuando-se no coração de todo tipo de indústria. Companhias ferroviárias os utilizaram para mandar sinais entre estações, enquanto a polícia despachava telegramas para se antecipar a criminosos em fuga. Não demorou muito para que financistas britânicos também recorressem ao telégrafo, percebendo que aquele podia ser um novo meio de ganhar dinheiro.

Na época, as bolsas de ações no Reino Unido operavam independentemente em cada região. Assim, havia diferenças ocasionais de preços. Por exemplo, às vezes era possível comprar uma ação por um preço em Londres e vendê-la a um preço mais alto em uma das províncias. Se essa informação pudesse ser obtida com rapidez suficiente, havia a oportunidade de lucro. Durante a década de 1850, negociantes usavam telegramas para informarem uns aos outros sobre distorções,[2] embolsando a diferença antes que o preço mudasse. De 1866 em diante, América e Europa foram ligadas por um cabo transatlântico, e os negociantes tornaram-se capazes de identificar distorções de preços ainda mais depressa. As mensagens que viajavam pelo cabo viriam a se tornar uma parte importante das finanças (até hoje, os negociantes se referem à taxa de câmbio libra/dólar como "cable" [cabo]).[3]

A invenção do telégrafo significou que, se os preços estivessem desparelhados em dois locais, os negociantes tinham meios de tirar vantagem da situação comprando ao preço mais barato e vendendo no mais caro. Em economia, essa técnica é conhecida como "arbitragem". Mesmo antes da invenção do telégrafo, os chamados "árbitros" ficavam à caça de preços desalinhados. No século XVII, ourives ingleses derretiam moedas de prata se o preço do metal subisse acima do valor da moeda. Alguns iam ainda mais longe,[4] arrastando ouro de Londres a Amsterdã para capitalizar a diferença da taxa de câmbio.

A arbitragem também pode funcionar nos jogos de apostas. Casas e bolsas de apostas são meramente mercados diferentes negociando a mesma coisa. Todas têm níveis variados de atividade de apostas e opiniões contrastantes sobre o que poderia acontecer, o que significa que suas taxas de retorno não estarão necessariamente alinhadas. O truque é descobrir uma combinação de apostas que, aconteça o que acontecer, dê retorno positivo. Suponha que você esteja assistindo a uma partida de tênis entre Rafael Nadal e Novak Djokovic. Se um agente está oferecendo 2,1 em Nadal e outro 2,1 em Djokovic, apostar US$100 em cada jogador lhe trará US$210 – e lhe custará perder US$100 – seja qual for o resultado. Quem quer que vença, você sai com um lucro de US$10.

Ao contrário dos consórcios que trabalham em predições esportivas, que em essência estão apostando em ter uma previsão mais próxima da verdade do que as taxas de retorno sugerem, a arbitragem não precisa formar uma opinião sobre o que vai acontecer. Qualquer que seja o resultado, a estratégia deve conduzir a um lucro garantido, contanto que o apostador consiga identificar a oportunidade. Mas até que ponto são comuns as situações de arbitragem?

Em 2008, pesquisadores da Universidade de Atenas examinaram as taxas de retorno das casas de apostas[5] em 12 420 diferentes jogos de futebol na Europa e encontraram 63 oportunidades de arbitragem. A maior parte das discrepâncias teve lugar durante competições como a Eurocopa. Isso não chegou a surpreender, porque resultados de torneios costumam ser mais variáveis que resultados em ligas nas quais os times jogam entre si com frequência.

No ano seguinte, um grupo da Universidade de Zurique buscou potenciais oportunidades[6] de arbitragem em taxas de retorno dadas por bolsas de apostas como a Betfair e por casas de apostas tradicionais. Quando consideraram ambos os tipos de mercado, as taxas de retorno eram muito mais dispersas. Eles descobriram que teria sido possível ter um lucro garantido em quase um quarto das partidas. O retorno médio não era enorme – cerca de 1% a 2% por partida –, mas estava claro que havia inconsistências suficientes para tornar a arbitragem uma opção válida.

Apesar da sedução das apostas com arbitragem, há algumas armadilhas potenciais. Para ter sucesso, os apostadores precisam abrir contas em um grande número de casas. Essas companhias geralmente facilitam o depósito de dinheiro mas dificultam a retirada. As apostas também precisam ser feitas simultaneamente: se uma fica atrás da outra, as taxas de retorno podem mudar, frustrando qualquer chance de lucro garantido. Mesmo que os apostadores consigam superar questões logísticas, ainda assim precisam evitar atrair atenção das próprias casas de apostas, que geralmente não gostam de ter arbitragens cortando seus lucros.

Não são apenas diferenças entre casas de apostas que podem ser exploradas. O economista Milton Friedman mostrou que existe um paradoxo quando se trata de negociar valores.[7] Os mercados precisam da arbitragem para tirar vantagem de preços distorcidos e torná-los mais eficientes. Contudo, por definição, um mercado eficiente não deveria ser explorado, e portanto não deveria atrair arbitragens. Como podemos explicar essa situação contraditória? Na realidade, acaba acontecendo que os mercados frequentemente têm ineficiências de curto prazo. Há períodos em que os preços (ou taxas de retorno de apostas) não refletem o que está realmente se passando. Embora a informação esteja ali, ela ainda não foi processada adequadamente.

Após um evento importante – tal como a marcação de um gol –, jogadores em bolsas de apostas precisam atualizar suas opiniões quanto a suas chances. Durante esse período de incerteza, quem reagir primeiro à notícia será capaz de fazer apostas contra oponentes que ainda não ajustaram suas taxas de retorno. Há uma janela limitada em que se pode fazer isso. Com o correr do tempo, o mercado se tornará mais eficiente, e as taxas de retorno mudarão para refletir essa nova informação. Em 2008, um grupo de pesquisadores da Universidade de Lancaster[8] reportou que leva menos de sessenta segundos para os jogadores em bolsas de apostas se ajustarem a eventos drásticos num jogo de futebol.

Não só a janela de apostas é pequena, como ganhos potenciais também podem ser modestos. Para lucrar, o apostador precisa fazer um grande número de apostas, e depressa. Infelizmente, isso não é algo em que os humanos sejam particularmente bons. Nós levamos tempo para processar informação. Nós hesitamos. Nós nos debatemos com tarefas múltiplas. Como resultado, alguns apostadores optam por evitar o burburinho de mercados de apostas agitados. Onde os humanos vacilam, os robôs estão crescendo.

HÁ DUAS MANEIRAS de acessar a bolsa de apostas Betfair. A maioria das pessoas simplesmente vai até o site, que mostra as taxas de retorno mais recentes à medida que vão se tornando disponíveis. Mas existe outra opção. Os jogadores também podem driblar o site e conectar seus computadores diretamente à bolsa. Isso possibilita desenvolver programas de computador capazes de fazer apostas automaticamente. Esses robôs apostadores têm uma porção de vantagens sobre os humanos, já que são mais rápidos, mais focados e podem apostar em dezenas de jogos ao mesmo tempo. A rapidez das bolsas também funciona a seu favor. A Betfair é rápida para emparelhar pessoas que queiram apostar num evento específico com aquelas que pretendem apostar contra. Das 4,4 milhões de apostas[9] na seleção da Inglaterra no jogo de abertura da Copa do Mundo de futebol de 2006, praticamente todas foram efetuadas em menos de um segundo.

Apostadores automatizados são cada vez mais comuns. Segundo o analista esportivo David Hastie, há uma profusão de "robôs"* por aí em busca de oportunidades fora de lugar e explorando erros de outros jogadores. "Esses

---

* É importante ressaltar que quando mencionamos "robô" nesse contexto estamos nos referindo não a uma máquina e sim a um programa ou algoritmo desenhado com fins específicos de atuar sem interferência humana. (N.T.)

algoritmos dão cabo de qualquer cotação errada",[10] diz ele. A presença de arbitradores artificiais dificulta aos humanos ganhar dinheiro nessas oportunidades. Mesmo que eles localizem algum preço errado, frequentemente já é tarde demais para se fazer alguma coisa a respeito. Esses robôs já estarão fazendo apostas, extraindo suas fatias de lucro do mercado.

Algoritmos de arbitragem também estão se tornando populares no mundo das finanças. Como nas apostas, quanto mais rápido melhor. Empresas estão fazendo tudo que podem para garantir que agirão antes de seus concorrentes. Isso levou muitas firmas a colocar seus computadores diretamente ao lado dos servidores da bolsa de ações. Quando o mercado reage rapidamente, até mesmo um fio um pouco mais comprido pode provocar um atraso crítico na realização de um negócio.

Algumas vão a extremos ainda maiores. Em 2011, a empresa americana Hibernia Atlantic começou a trabalhar num novo cabo transatlântico de US$300 milhões que permitirá que dados cruzem o oceano mais depressa do que jamais se conseguiu. Diferentemente dos cabos anteriores, ele estará diretamente abaixo da rota de voo de Nova York a Londres, o trajeto mais curto possível entre as duas cidades. Atualmente leva 65 milissegundos[11] para uma mensagem percorrer o Atlântico; o novo cabo visa reduzir este valor a 59 milissegundos. Para se ter uma ideia das escalas envolvidas, um piscar de olhos humano leva trezentos milissegundos.[12]

Algoritmos rápidos para negócios estão ajudando as empresas a saber primeiro sobre eventos novos e a agir antes dos outros. Todavia, nem todos os robôs buscam oportunidades de arbitragem. Na verdade, alguns têm o objetivo contrário. Enquanto algoritmos de arbitragem buscam informação lucrativa, outros robôs tentam ocultá-la.

QUANDO CONSÓRCIOS APOSTAM em corridas de cavalos em Hong Kong, sabem que as chances mudarão depois de feitos seus jogos. Isto porque, no sistema de apostas mútuo, as taxas de retorno dependem do volume do total apostado. Assim, as equipes precisam levar em conta essa oscilação ao desenvolver sua estratégia. Se puserem dinheiro demais, alterando demais as taxas de retorno, podem acabar em situação pior do que estariam se apostassem menos.

O problema também ocorre em apostas esportivas. Se você tenta colocar uma quantia muito grande num jogo de futebol, serão as casas de apostas – ou os usuários das bolsas de apostas – que distorcerão as chances contra você. Digamos que você queira apostar US$500 mil em certo resultado. Um agente pode lhe oferecer uma taxa que duplique o valor apostado. Mas, com esta taxa, ele está disposto a aceitar apenas US$100 mil. Depois de fazer a primeira aposta, provavelmente a taxa de retorno do agente cairá. O que significa que você ainda tem US$400 mil que quer apostar, e já provocou uma perturbação no mercado. Então, se você apostar outros US$100 mil, já não conseguirá duplicar seu dinheiro. Talvez chegue mesmo a baixar as taxas ainda mais para a próxima fatia, e as coisas continuarão piorando a cada aposta que você fizer.

Os operadores chamam isto de *"slippage"* [escorregada].[13] Embora o preço inicialmente em oferta possa parecer bom, ele pode escorregar para um preço menos favorável à medida que a transação vai sendo feita. Como contornar esse problema? Bem, você pode tentar sair à caça de um agente de apostas que a aceite toda de uma só vez. Na melhor das hipóteses, isso pode levar algum tempo; na pior, você nunca vai encontrá-lo. Como alternativa, você pode fazer a primeira aposta de US$100 mil e então aguardar, na esperança de que as taxas de retorno do seu agente voltem a subir para você poder apostar a próxima leva de dinheiro. O que claramente tampouco é a estratégia mais confiável.

Uma abordagem melhor seria imitar a tática empregada pelas bolsas de apostas. O sucesso inicial da Betfair foi em parte resultado da maneira como ela efetuava cada aposta. Em vez de tentar encontrar um jogador que quisesse aceitar uma aposta exatamente do mesmo tamanho, ela a dividia em fatias menores. É muito mais fácil – e rápido – achar diversos usuários contentes em aceitar essas pequenas apostas do que um único disposto a aceitar a aposta inteira.

A mesma ideia possibilita introduzir disfarçadamente uma operação no mercado com *slippage* limitada. Em vez de tentar descarregar toda a leva de papéis de uma só vez, os chamados algoritmos de encaminhamento de ordens [*"order-routing"*] podem fatiar o total principal numa série de ordens menores, que podem ser então facilmente completadas. Para que o processo funcione efetivamente, os algoritmos precisam ter um bom conhecimento do mercado. Além de ter informação sobre quem topará assumir o outro lado de cada negócio – e a que preço –, o programa precisa ajustar cuidadosamente o tempo das transações, para reduzir as chances de o mercado se mover antes que o negócio esteja fechado. A operação resultante é conhecida como "ordem iceberg":[14] embora os concorrentes vejam pequenas quantidades de atividade, nunca sabem como é a transação total. Afinal, os operadores não querem rivais alterando preços por saberem que uma ordem grande está prestes a chegar. E tampouco querem que outros saibam qual é a sua estratégia de negócios.

Como essa informação é valiosa, alguns concorrentes empregam programas de detecção de operações iceberg. Um exemplo é o "algoritmo de farejamento",[15] que faz uma série de pequenas operações para tentar detectar a presença de ordens grandes. Depois de examinar cada operação, o programa mede o tempo necessário para que ela seja agarrada pelo mercado. Se houver em algum lugar uma ordem grande à espera, as operações podem passar mais depressa. É mais ou menos como deixar cair moedas num poço e escutar o som da água para avaliar sua profundidade.

Embora robôs permitam aos apostadores e bancos executar múltiplas transações rapidamente, nem sempre eles agem nos interesses de seus proprietários. Sem supervisão, os robôs podem se comportar de maneiras inesperadas. E às vezes se metem em profundas encrencas.

No momento em que o Christmas Hurdle, a corrida com obstáculos de Natal, de 2011 no Hipódromo de Leopardstown em Dublin chegou na metade, a corrida estava praticamente ganha. Passava um pouco das duas horas, e o cavalo chamado Voler La Vedette já liderava por uma boa distância. Enquanto os cascos pisoteavam o solo[16] naquela fria tarde de dezembro, ninguém com algum bom senso teria apostado contra aquele cavalo.

No entanto, alguém fez isso. Mesmo com Voler La Vedette se aproximando da linha de chegada, o mercado online da Betfair mostrava taxas de retorno extremamente favoráveis para o cavalo que estava praticamente certo que iria vencer. Parecia que alguém estava contente em aceitar apostas com taxas de 28:1: para cada £1 apostada, ele estava se oferecendo para pagar £28 se o cavalo ganhasse. Muito, muito contente, na verdade. Esse jogador extraordinariamente pessimista estava disposto a aceitar £21 milhões em apostas. Se Voler La Vedette chegasse em primeiro, ele teria um prejuízo de quase £600 milhões.

Logo depois de terminada a corrida,[17] um usuário da Betfair postou uma mensagem no fórum do site. Tendo presenciado toda a bizarra situação, fez uma brincadeira dizendo que alguém devia estar dando aos apostadores um presente de Natal. Outros entraram na conversa com possíveis explicações para o revés. Talvez um apostador tivesse sofrido um ataque de "dedos gordos" e batido no número errado no teclado?

Não demorou muito para outro usuário sugerir o que realmente podia ter acontecido. A pessoa notara algo esquisito sobre aquela oferta de aceitar £21 milhões em apostas. Para ser preciso, o número mostrado na bolsa era ligeiramente abaixo de £21,5 milhões. O usuário ressaltou que programas de computador geralmente armazenam dados binários em unidades que contêm 32 valores, conhecidos como "bits". Assim, se o apostador maroto tivesse projetado um programa de 32 bits para apostar automaticamente, o maior número positivo que o robô seria capaz de inserir na bolsa seria 2 147 483 684 pence. O que significava que, se o robô estivesse duplicando as apostas – exatamente como jogadores parisienses mal-orientados costumavam fazer, dobrando as apostas na roleta no século XVIII –, £21,5 milhões seria o valor mais alto a que seria capaz de chegar.

E isto acabou se revelando um soberbo trabalho de detetive. Dois dias depois, a Betfair admitiu que o erro de fato fora causado por um robô defeituoso. "Devido a uma falha técnica na principal base de dados da bolsa",[18] disseram eles, "uma das apostas escapou do sistema de prevenção e foi mostrada no site." Aparentemente, o dono do robô tinha menos de £1 000 na conta naquele momento, de modo que, além de consertar a falha, a Betfair cobriu as apostas que haviam sido feitas.

Como vários usuários da Betfair já tinham ressaltado, taxas de retorno tão evidentemente absurdas jamais deveriam ter estado disponíveis. Os cerca de duzentos jogadores que apostaram na corrida teriam então que se esforçar muito para persuadir um advogado a pegar seu caso. "Você não pode ganhar – ou perder – o que, para começo de conversa, não está lá", escreveu na época Greg Wood, correspondente de corridas de cavalos do *Guardian*, "e mesmo o mais oportunista caçador de oportunidades provavelmente vai concordar com isso."[19]

Infelizmente, o prejuízo causado pelos robôs nem sempre é tão limitado. Programas automatizados de negócios também estão ficando populares no mundo das finanças, onde os riscos podem ser muitos mais altos. Seis meses depois de o robô do Voler La Vedette ter errado nas taxas de retorno, uma empresa do ramo financeiro iria descobrir como pode sair caro um programa problemático.

O VERÃO DE 2012 foi uma época movimentada para a Knight Capital.[20] A corretora de ações com sede em Nova Jersey estava aprontando seus sistemas de computadores para o lançamento do Programa de Liquidez no Varejo da Bolsa de Nova York em 1º de agosto. A ideia do programa de liquidez era tornar mais barato para os clientes realizar grandes negócios com ações. As operações em si seriam executadas por corretoras como a Knight, que proveriam a ponte entre o cliente e o mercado.

A Knight usava um software chamado Smars para lidar com as operações dos clientes. Esse software era um encaminhador de ordens de alta velocidade: quando entrava um pedido de transação de um cliente, o Smars executava uma série de operações menores até que o pedido original fosse completado. Para evitar superar o valor requisitado, o programa mantinha uma tabulação de quantas ordens menores haviam sido completadas e quanto do pedido original ainda precisava ser executado.

Até 2003, um programa chamado Power Peg havia sido responsável por interromper as transações uma vez atendida a ordem original. Em 2005, o programa foi encerrado. A Knight desabilitou o código do Power Peg e instalou o tabulador numa parte diferente do software Smars. Mas, segundo um relatório subsequente do governo americano, a Knight não checou o que aconteceria se o programa Power Peg fosse acionado de novo acidentalmente.

Perto do fim de julho de 2012, técnicos na Knight Capital começaram a atualizar o software em cada um dos servidores da empresa. Durante alguns dias seguidos, instalaram um novo código de computador em sete dos oito servidores. No entanto, consta que deixaram de adicioná-lo ao oitavo servidor, que ainda continha o velho programa Power Peg.

Chegou o dia do lançamento, e começaram a entrar ordens de compra e venda de clientes e outras corretoras. Embora os sete servidores atualizados fizessem o serviço corretamente, o oitavo não sabia quantos pedidos já haviam sido completados. Portanto, trabalhou por conta própria, salpicando o mercado com milhões de ordens de compra e venda de ações desenfreadamente. À medida que se acumulavam as ordens erradas, o emaranhado de operações que mais tarde teriam de ser destrinchadas foi aumentando cada vez mais. Enquanto a equipe de tecnologia trabalhava para identificar o problema, o portfólio da companhia aumentava. No curso de 45 minutos, a Knight comprou cerca de US$3,5 bilhões em ações e vendeu mais de US$3 bilhões. Quando por fim conseguiu desligar o algoritmo e deslindar as operações, percebeu-se que o erro custaria mais de US$460 milhões, equivalente a uma perda de US$170 mil por segundo. O incidente deixou um enorme rombo nas finanças da Knight, e em dezembro daquele ano a empresa foi adquirida por um fundo de investimentos concorrente.

Embora as perdas da Knight tivessem vindo do comportamento não previsto de um programa de computador, problemas técnicos não são o único inimigo das estratégias com algoritmos. Mesmo quando um software automatizado está funcionando conforme o planejado, as empresas ainda podem estar vulneráveis. Se o programa é bem-comportado demais – e portanto muito previsível –, um concorrente pode achar um jeito de tirar vantagem dele.

Em 2007, um investidor chamado Svend Egil Larsen[21] notou que os algoritmos de uma corretora com sede nos Estados Unidos sempre respondiam da mesma forma a certas operações. Não importava quantas ações fossem compradas, o software da corretora sempre aumentava o preço de maneira similar. Larsen, que estava sediado na Noruega, percebeu que podia forçar o preço para cima fazendo uma série de pequenas aquisições, e então vender de volta uma quantidade grande ao preço mais alto. Ele se tornara o equivalente financeiro do professor Pavlov, tocando a sineta e observando o algoritmo responder obedientemente. No decorrer de alguns meses, a tática rendeu a Larsen mais de US$50 mil.

Nem todo mundo, porém, apreciou a engenhosidade da sua estratégia. Em 2010, Larsen e seu colega investidor Peder Veiby – que vinha fazendo a mesma coisa – foram acusados de manipular o mercado. O tribunal confiscou seus lucros e lhes impôs penas de prisão suspensa, uma espécie de condicional. Quando o veredito foi anunciado, o advogado de Veiby argumentou que a natureza do oponente distorcera a decisão. Se a dupla tivesse lucrado com um negociante humano estúpido em vez de um algoritmo estúpido, a corte jamais teria chegado à mesma conclusão. A opinião pública ficou do lado de Larsen e Veiby, com a imprensa comparando suas façanhas às de Robin Hood. Dois anos depois, a Suprema Corte cancelou o veredito, livrando os dois homens de todas as acusações.

Há várias maneiras pelas quais algoritmos podem vagar e entrar em território perigoso. Eles podem ser influenciados por um erro no código, ou podem estar rodando num sistema obsoleto. Às vezes fazem uma conversão errada; às vezes, um concorrente os deixa desorientados. Mas até aqui examinamos apenas eventos singulares. Larsen mirou numa corretora específica. A Knight foi uma empresa única. Apenas um apostador aceitou as apostas absurdas em Voler La Vedette. Contudo, há um crescente número de algoritmos em apostas e finanças. Se um único robô pode pegar o caminho errado, o que acontece quando montes de firmas usam esses programas?

O TRABALHO DE Doyne Farmer sobre predição não acabou com o trajeto de uma bola de roleta de cassino. Depois de obter seu doutorado na UCLA em 1981, Farmer mudou-se para o Instituto Santa Fé no Novo México. Enquanto esteve ali, desenvolveu um interesse por finanças. Em poucos anos, passou de predições de giros de roleta para antecipar o comportamento dos mercados de ações. Em 1991, fundou um fundo de hedge com o colega ex-eudaimônico Norman Packard. O fundo recebeu o nome de Prediction Company [Companhia de Predição], e o plano era aplicar conceitos da teoria do caos ao mundo financeiro. Misturar física e finanças acabou provando ser uma ideia extremamente bem-sucedida, e Farmer passou oito anos com a empresa antes de decidir retornar à universidade.

Farmer é atualmente professor na Universidade de Oxford, onde estuda os efeitos de introduzir complexidade na economia. Embora já haja pensamento matemático de sobra no mundo das finanças, Farmer fez ver que ele geralmente é direcionado para transações específicas.[22] As pessoas usam a matemática para determinar o preço de seus ativos financeiros ou estimar o risco envolvido em certas operações. Mas como todas essas interações se encaixam? Se os robôs influenciam as decisões uns dos outros, que efeito isso pode ter no sistema econômico como um todo? E o que pode acontecer se as coisas derem errado?

Uma crise pode às vezes começar com uma única frase. Durante a hora do almoço em 23 de abril de 2013,[23] a seguinte mensagem apareceu no Twitter da Associated Press: "Última hora: Duas explosões na Casa Branca e Barack Obama está ferido." A notícia foi repassada para as milhões de pessoas que seguem a Associated Press no Twitter, muitas delas repostando a mensagem para seus próprios seguidores.

Os repórteres foram rápidos em questionar a autenticidade da mensagem, no mínimo porque a Casa Branca estava concedendo uma coletiva de imprensa naquele momento (e não fora presenciada nenhuma explosão). A mensagem de fato acabou se revelando um trote, postado por hackers. Foi logo removida, e a conta da Associated Press no Twitter foi temporariamente suspensa.

Infelizmente, os mercados financeiros já tinham reagido à notícia. E exageradamente. Em menos de três minutos após o anúncio falso, o índice de ações S&P 500 tinha perdido US$136 bilhões em valor. Embora os mercados logo retornassem ao nível original, a rapidez – e gravidade – da reação fez alguns analistas financeiros se perguntarem se ela fora realmente causada por operadores humanos. Teriam as pessoas realmente localizado tão depressa um tuíte errado? E teriam acreditado nele com tanta facilidade?

Não foi a primeira vez que um índice de ações acabou parecendo uma afiada estalactite, pendendo dos domínios da sanidade. Um dos maiores choques no mercado[24] veio em 6 de maio de 2010. Quando os mercados financeiros dos Estados Unidos abriram naquela manhã, já havia diversas nuvens potenciais sobre o horizonte, inclusive a eleição britânica em vias de acontecer e as contínuas dificuldades financeiras da Grécia. No entanto, ninguém previu a tempestade que chegaria no meio da tarde.

Embora o índice Dow Jones tivesse caído um pouco mais cedo naquele dia, às 14h32 ele começou a cair vertiginosamente. Às 14h42 tinha perdido quase 4% do valor. O declínio se acelerou, e cinco minutos depois o índice havia caído outros 5%. Mal haviam se passado vinte minutos, e quase US$900 bilhões haviam sido varridos do valor do mercado. A queda deflagrou um dos mecanismos de segurança da bolsa, que interrompeu por alguns momentos as operações. Isso permitiu que os preços se estabilizassem, e o índice começou a escalar de volta rumo ao seu nível original. Mesmo assim, a queda havia sido assustadora. Então, o que tinha acontecido?

Várias perturbações de mercado podem frequentemente ser rastreadas até um principal fato detonador. Em 2013, foi o falso anúncio no Twitter sobre a Casa Branca. Robôs capazes de varrer noticiários, na tentativa de explorar informação antes dos concorrentes, provavelmente teriam captado isso e começado a fazer negócios. A história ganhou uma curiosa nota de rodapé no ano seguinte, quando a Associated Press introduziu relatórios automatizados dos ganhos de empresas. Algoritmos peneiravam os relatórios[25] e produziam textos de poucas centenas de palavras resumindo a performance das empresas no tradicional estilo de redação da Associated Press. A mudança significa que agora os humanos estão ainda mais ausentes do processo noticioso financeiro. Nas redações, algoritmos convertem relatórios em prosa; nas mesas de operações financeiras, seus colegas robôs transformam essas palavras em decisões de negócios.

Acredita-se que a queda-relâmpago do índice Dow Jones em 2010 tenha sido resultado de um tipo diferente de evento detonador: uma operação em vez de um anúncio. Às 14h32 da tarde, um fundo mútuo havia usado um programa automatizado para vender 75 mil contratos futuros. Em vez de distribuir a ordem ao longo de um período de tempo, como uma série de pequenos icebergs, o programa aparentemente havia descarregado a coisa toda praticamente de uma só vez. Da última vez em que o fundo fizera uma transação desse porte, tinha levado cinco horas para vender 75 mil contratos. Nessa ocasião, completara toda a transação em aproximadamente vinte minutos.

Sem dúvida foi uma ordem grande, mas uma ordem apenas, feita por uma única firma. Do mesmo modo, robôs que analisam informações do Twitter constituem aplicações em nichos relativamente específicos: a maioria dos bancos e fundos de hedge não operam desta maneira. Todavia, a reação desses algoritmos ligados no Twitter levou a um pico que varreu bilhões do mercado de ações. Como foi que esses eventos aparentemente isolados provocaram tanta turbulência?

Para entender o problema,[26] podemos nos voltar para uma observação feita pelo economista John Maynard Keynes em 1936. Durante a década de 1930, os jornais ingleses frequentemente organizavam concursos de beleza; publicavam uma coleção de fotos de moças e pediam aos leitores que votassem nas seis que achassem que seriam as mais populares. Keynes mostrou que leitores perspicazes não escolheriam as moças de que mais gostavam. Em vez disso, escolheriam aquelas que eles achassem que todo mundo escolheria. E, se fossem especialmente astutos, iriam ao nível seguinte, tentando adivinhar que moça todo mundo esperava que fosse a mais popular.

Segundo Keynes, o mercado de ações muitas vezes funciona da mesma maneira. Ao especular preços de ações, investidores estão de fato tentando antecipar o que todos os outros farão. Os preços não sobem necessariamente porque uma empresa tem fundamentos saudáveis; sobem porque outros investidores pensam que a empresa é valiosa. O desejo de saber o que os outros estão pensando significa uma porção de segundas adivinhações. Além disso, os mercados modernos estão se afastando cada vez mais de concursos de jornal cuidadosamente considerados. A informação chega depressa, e o mesmo se dá com a ação. E é aí que os algoritmos podem se meter em encrenca.

Os robôs são frequentemente vistos como criaturas opacas, complicadas. De fato, *complexo* parece ser o adjetivo preferido por jornalistas que escrevem sobre algoritmos de operações (ou, de modo geral, qualquer algoritmo). Mas, em operações de alta frequência, é exatamente o contrário: se você quer ser rápido, tem que manter as coisas simples. Quanto mais instruções você precisa considerar ao negociar produtos financeiros, mais tempo demora. Em vez de entupir seus robôs de sutileza e nuance, os criadores limitam as estratégias a poucas linhas de programação. Doyne Farmer adverte que isso não deixa muito espaço para razão e racionalidade. "Assim que você limita o que pode fazer em dez linhas de programa, você está sendo não racional", diz ele. "Você não está nem no nível de inteligência de um inseto."[27]

Quando operadores reagem a um evento grande – seja um post no Twitter ou uma ordem de venda importante –, isso chama a atenção dos algoritmos de alta velocidade que monitoram a atividade do mercado. Se outros estão vendendo ações, eles também começam a participar. À medida que os preços desabam, os programas seguem os negócios uns dos outros, arrastando os preços ainda mais para baixo. O mercado se torna então um concurso de beleza extremamente rápido, ninguém querendo escolher a garota errada. A velocidade do jogo pode levar a sérios problemas. Afinal, é difícil adivinhar quem se mexerá primeiro quando os algoritmos são mais rápidos do que o olho consegue enxergar. "Você não tem muito tempo para pensar", diz Farmer. "E isso cria um grande perigo de reações exageradas e de recair no efeito manada."

Segundo relatos de alguns operadores, miniquedas-relâmpago ocorrem com frequência.[28] Esses choques não são graves o bastante para virar manchetes, mas estão aí para ser encontrados por qualquer um que olhe com suficiente atenção. O preço de uma ação pode cair numa fração de segundo, ou a atividade dos negócios pode subitamente aumentar cem vezes. Na verdade, pode haver várias dessas quedas todos os dias. Quando examinaram dados do mercado de ações entre 2006 e 2011, pesquisadores na Universidade de Miami descobriram milhares de "eventos extremos ultrarrápidos"[29] nos quais o valor de uma ação desabou ou foi ao fundo – e voltou a se recuperar – em menos de um segundo. Segundo Neil Johnson, que chefiou a pesquisa, esses eventos estão a um mundo de distância do tipo de situação coberto pelas teorias financeiras tradicionais. "Os seres humanos são incapazes de participar em tempo real", diz ele, "e, em vez disso, uma ecologia ultrarrápida de robôs ergue-se para assumir o controle."[30]

QUANDO AS PESSOAS falam sobre a teoria do caos, geralmente se concentram no lado da física. Podem mencionar Edward Lorenz e seu trabalho de previsão e o efeito borboleta: a imprevisibilidade do clima e o furacão causado pelo bater de asas de um inseto. Ou podem recordar a história dos eudaimônicos e a predição da roleta, e como a trajetória da bola de bilhar pode ser sensível a condições iniciais. Contudo, a teoria do caos chegou além das ciências físicas. Enquanto os eudaimônicos estavam se preparando para levar sua estratégia da roleta para Las Vegas, do outro lado dos Estados Unidos o ecologista Robert May trabalhava numa ideia que mudaria fundamentalmente a maneira como pensamos sobre sistemas biológicos.

A Universidade de Princeton está a um mundo de distância dos arranha-céus de Las Vegas. O campus é um labirinto de salões neogóticos[31] e quarteirões salpicados de sol; esquilos correm pelos arcos cobertos de hera, enquanto os característicos cachecóis laranja e preto dos estudantes esvoaçam ao vento de Nova Jersey. Olhe com cuidado e você também verá traços de famosos moradores do passado. Há uma "via Einstein", que serpenteia diante do Instituto de Estudos Avançados. Durante um tempo também havia uma "esquina Von Neumann", assim batizada por conta de todos os acidentes de carro que o matemático teria provocado ali. Reza a lenda que Von Neumann surgiu com uma desculpa particularmente ousada para uma de suas colisões: "Eu vinha descendo a rua", disse ele. "As árvores da direita estavam passando por mim ordenadamente a noventa quilômetros por hora. De repente, uma delas entrou no meu caminho."[32]

Durante os anos 1970, May foi professor de zoologia na universidade. Passava grande parte do tempo estudando comunidades animais. Estava particularmente interessado em como as quantidades de animais variavam com o tempo. Para examinar como diferentes fatores influenciavam sistemas ecológicos,[33] construiu alguns modelos matemáticos simples de crescimento populacional.

Do ponto de vista matemático, o tipo mais simples de população é aquele que se reproduz em avanços discretos. Peguemos os insetos: muitas espécies em regiões temperadas procriam uma vez por estação. Os ecologistas podem explorar o comportamento de populações de insetos hipotéticas usando uma equação chamada "mapa logístico". O conceito foi proposto pela primeira vez em 1838[34] pelo estatístico Pierre Verhulst, que estava investigando potenciais limites para a população. Para calcular a densidade populacional num ano específico usando o mapa logístico, multiplicamos três fatores entre si: a taxa de crescimento populacional, a densidade no ano anterior e a quantidade de espaço – e, portanto, recursos – ainda disponível. Matematicamente, isso assume a seguinte forma:

Densidade no ano seguinte = Taxa de crescimento × Densidade atual
× (1 − Densidade atual)

O mapa logístico é construído com um conjunto simples de premissas, e quando a taxa de crescimento é pequena ele gera um resultado simples. Ao longo de algumas estações, a população se estabiliza, com a densidade populacional permanecendo a mesma de um ano para outro.

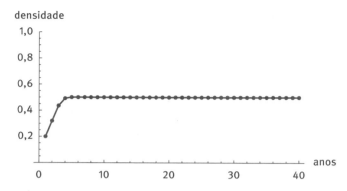

FIGURA 5.1. Resultados do mapa logístico com taxa de crescimento baixa.

A situação muda quando a taxa de crescimento aumenta. Eventualmente, a densidade populacional começará a oscilar. Num ano, nasce uma grande quantidade de insetos, o que reduz os recursos disponíveis; no ano seguinte, menos insetos sobrevivem, o que abre espaço para mais criaturas no próximo ano, e assim por diante. Se esboçarmos como a população varia com o tempo, obtemos o gráfico mostrado na Figura 5.2.

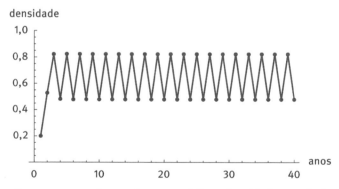

FIGURA 5.2. Com uma taxa de crescimento média, a densidade populacional oscila.

Quando a taxa de crescimento fica ainda maior, ocorre algo estranho. Em vez de se estabilizar num valor fixo, ou oscilar entre dois valores de maneira previsível, a densidade populacional começa a variar descontroladamente.

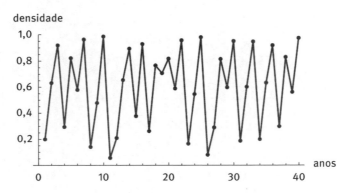

FIGURA 5.3. Taxas de crescimento elevadas conduzem a uma dinâmica populacional altamente variável.

Lembre-se de que não há nenhuma aleatoriedade no modelo, nenhum evento casual. A densidade animal depende de uma simples equação de uma linha. E, no entanto, o resultado é um conjunto de valores totalmente acidentado, cheio de ruído, que não parece seguir um padrão simples e direto.

May descobriu que a teoria do caos podia explicar o que estava se passando. As flutuações de densidade eram resultado de a população ser sensível a condições iniciais. Assim como Poincaré descobriu em relação à roleta, uma pequena alteração na situação inicial tinha um grande efeito no que acontece ao longo do tempo. Apesar de a população seguir um processo biológico simples e direto, não era viável predizer como se comportaria num futuro distante.

É de esperar que a roleta produza resultados inesperados, mas os ecologistas ficaram embasbacados ao descobrir que algo tão simples como o mapa logístico podia gerar padrões tão complexos. May advertiu que o resultado podia ter algumas consequências problemáticas também em outros campos. Da política à economia, as pessoas precisavam estar cientes de que sistemas simples não se comportam necessariamente de forma simples.

Além de estudar populações isoladas, May pensou em ecossistemas como um todo. Por exemplo, o que acontece quando mais e mais criaturas entram num ambiente, gerando uma teia complicada de interações? No começo dos anos 1970, muitos ecologistas teriam dito que a resposta era positiva. Acreditavam que a complexidade era de maneira geral uma coisa boa da natureza; quanto mais diversidade houvesse num ecossistema, mais robusto ele seria em face de um choque súbito.

Esse pelo menos era o dogma, e May não estava convencido de que fosse correto. Para examinar se um sistema complexo podia realmente ser estável, ele examinou um ecossistema hipotético com um grande número de espécies interagindo. As interações foram escolhidas ao acaso: algumas eram benéficas para uma espécie, algumas prejudiciais. Então mediu a estabilidade do ecossistema vendo o que acontecia quando ele era perturbado. Retornaria ao seu estado original, ou aconteceria algo totalmente diferente, como o sistema colapsar por completo? Essa era uma das vantagens de trabalhar com um modelo teórico: ele podia testar a estabilidade sem perturbar o ecossistema real.

May descobriu que quanto maior o ecossistema,[35] menos estável seria. Na verdade, na medida em que o número de espécies ficava muito grande, a probabilidade de o ecossistema sobreviver se reduzia a zero. Aumentar o nível de complexidade tinha um efeito similarmente nocivo. Quando o ecossistema estava mais conectado, com uma chance maior de duas dadas espécies interagirem entre si, era menos estável. O modelo sugeria que a existência de ecossistemas grandes, complexos, era improvável, se não impossível.

É claro que há na natureza uma profusão de exemplos de sistemas complexos e no entanto aparentemente robustos. Florestas tropicais e recifes de coral têm vasto número de espécies diferentes, e contudo não colapsaram. Segundo o ecologista Andrew Dobson,[36] a situação é o equivalente biológico de uma piada feita nos primeiros dias da unidade monetária europeia. Embora o euro funcionasse na prática, diziam os observadores, teoricamente não estava claro por que funcionava.

Para explicar a diferença entre teoria e realidade, May sugeriu que a natureza tinha de recorrer a "estratégias tortuosas" para manter a estabilidade. Pesquisadores desde então apresentam todo tipo de estratégias intricadas na tentativa de arrastar a teoria para mais perto da natureza. Todavia, segundo Stefano Allesina e Si Tang,[37] dois ecologistas da Universidade de Chicago, isso poderia não ser necessário. Em 2013, eles propuseram uma possível explicação para a discrepância entre o modelo de May e os ecossistemas reais.

Enquanto May havia assumido interações aleatórias entre diferentes espécies – algumas positivas, outras negativas –, Allesina e Tang se concentraram em três relações específicas que são comuns na natureza. A primeira delas era uma interação predador-presa, com uma espécie comendo a outra; obviamente, o predador ganhará com essa relação, e a presa perderá. Além da predação, Allesina e Tang incluíram cooperação, onde ambas as partes se beneficiam da relação, e competição, com ambas as espécies sofrendo efeitos negativos.

Em seguida, os pesquisadores examinaram se cada relação estabilizava ou não o sistema geral. Eles descobriram que níveis excessivos de relações competitivas e cooperativas eram desestabilizadores, enquanto as relações predador-presa tinham um efeito estabilizador sobre o sistema. Em outras palavras, um ecossistema grande podia ser resistente a ruptura enquanto tivesse no seu núcleo uma série de interações predador-presa.

Então, o que significa tudo isso para o mercado financeiro e o mercado de apostas? Muito como os ecossistemas, os mercados são atualmente habitados por diferentes espécies de robôs. Cada um tem um objetivo distinto e funções e fraquezas específicas. Há robôs que saem à caça de oportunidades de arbitragem; eles tentam reagir à nova informação primeiro, seja um evento importante ou um preço incorreto. Então há os "corretores", oferecendo-se para realizar transações ou apostas de ambos os lados e embolsar a diferença. Esses robôs são essencialmente casas de apostas, ganhando seu dinheiro ao antecipar onde a ação estará. Eles compram na baixa e vendem na alta, com o objetivo de balancear seus livros. Há também robôs tentando ocultar grandes transações inserindo disfarçadamente negócios menores no mercado. E há robôs predadores observando operações maiores, na esperança de identificar uma transação grande e tirar vantagem da subsequente mudança no mercado.

Durante a queda-relâmpago em 6 de maio de 2010, havia mais de 15 mil contas diferentes negociando os contratos futuros envolvidos na crise. Num relatório posterior, a Securities and Exchange Commission [SEC, a Comissão de Títulos e Câmbio dos Estados Unidos] dividiu as contas em diversas categorias diferentes, dependendo do seu papel e estratégia. Embora tenha havido muita discussão sobre precisamente o que aconteceu naquela tarde, se a queda foi de fato deflagrada por um evento isolado, como sugeria o relatório da SEC, o caos que se seguiu não foi resultado de um único algoritmo. Há possibilidade de que tenha vindo da interação de montes de programas operacionais diferentes, cada um reagindo à situação da sua própria maneira.

Algumas interações tiveram efeitos particularmente nocivos durante a queda-relâmpago. No meio da crise, às 14h45, houve uma seca de compradores para contratos futuros. Algoritmos de alta frequência, portanto, negociaram entre si, trocando mais de 27 mil futuros no intervalo de catorze segundos. A normalidade só foi restaurada depois que a bolsa deliberadamente interrompeu o mercado por alguns segundos, impedindo a queda vertiginosa no preço.

Em vez de tratar apostas ou mercados financeiros como um conjunto de regras econômicas estáticas, faz sentido encará-los como um ecossistema. Alguns operadores são predadores, alimentando-se de presas mais fracas. Outros são competidores, lutando pela mesma estratégia e ambos perdendo. Muitas das ideias e advertências da ecologia podem, portanto, ser aplicadas aos mercados. Simplicidade não significa previsibilidade, por exemplo. Mesmo que os algoritmos sigam regras simples, não se comportarão necessariamente de maneira simples. Os mercados também envolvem teias de interações – algumas fortes, outras frágeis –, o que significa que ter montes de robôs diferentes no mesmo lugar não necessariamente ajuda em algo. Como mostrou May, tornar um ecossistema mais complexo não o torna forçosamente mais estável.

Infelizmente, o aumento de complexidade é inevitável quando há montes de pessoas em busca de estratégias lucrativas. Seja em apostas ou em finanças, ideias ficam menos lucrativas quando os outros percebem o que está acontecendo. Quando situações exploráveis se tornam amplamente conhecidas, o mercado fica mais eficiente e a vantagem desaparece. Portanto, as estratégias precisam evoluir à medida que abordagens existentes se tornam redundantes.

Doyne Farmer mostrou[38] que o processo de evolução pode ser dividido em vários estágios. Para conceber uma boa estratégia, você primeiro precisa identificar uma situação que possa ser explorada. Em seguida, precisa obter dados suficientes para testar se a sua estratégia funciona. Assim como apostadores precisam de uma profusão de dados para avaliar cavalos ou times esportivos, os operadores financeiros necessitam de informação suficiente para ter certeza de que a vantagem realmente existe, de que não se trata de uma anomalia aleatória. Na Prediction Company esse processo era inteiramente conduzido por algoritmos. As estratégias de negócios eram o que Farmer chamou de "autômatos em evolução", com um processo de tomada de decisão em mutação à medida que os computadores acumulam experiência nova.

A validade de cada estratégia de negócios depende de quanto é fácil completar cada estágio evolucionário. Farmer sugeriu que com frequência pode levar anos até que os mercados se tornem eficientes e que as estratégias se tornem inúteis. É claro que, quanto maior a ineficiência, mais fácil se torna localizá-la e explorá-la. Como as estratégias baseadas em computador tendem a ser altamente lucrativas de início, é mais provável o aparecimento de imitadores. Abordagens algorítmicas, portanto, precisam evoluir mais depressa que outros tipos de estratégia.[39] "Haverá uma saga contínua pela liderança", diz Farmer.

Anos recentes viram um enorme crescimento na quantidade de algoritmos varrendo mercados financeiros e bolsas de apostas. E é a conexão mais recente entre os dois ramos que tem um histórico de ideias partilhadas, da teoria da probabilidade à arbitragem. Mas a distinção entre finanças e apostas está se tornando cada vez mais embaçada.

Vários sites permitem atualmente que as pessoas apostem em mercados financeiros. Assim como acontece em outros tipos de apostas online, essas transações constituem um jogo, e portanto estão isentas de impostos em muitos países europeus (pelo menos para o cliente; ainda há uma carga tributária sobre a casa de apostas). Um dos tipos mais populares de aposta financeira é o spread betting – a aposta na amplitude do resultado. Em 2013, cerca de 100 mil pessoas na Grã-Bretanha fizeram esse tipo de aposta.

Numa aposta tradicional, o risco e a recompensa potencial são fixos. Você pode apostar na vitória de certo time ou no aumento do preço de uma ação. Se o resultado for a seu favor, você recebe a recompensa. Se não, perde o seu dinheiro. O spread betting é ligeiramente diferente. O seu lucro depende não só do resultado, mas também do tamanho do resultado. Digamos que uma ação está atualmente cotada em US$50 e você acha que ela vai aumentar de valor na próxima semana. Uma empresa pode lhe oferecer uma aposta de US$1 por ponto acima de US$51 (a diferença entre o preço atual e o valor oferecido é o "spread", e é como a casa de apostas ganha o seu dinheiro). Para cada dólar que o preço da ação subir acima de US$51, você recebe US$1, e para cada dólar que cair abaixo de US$51, você perde US$1. Em termos de recompensa, não é muito diferente do que simplesmente comprar a ação e vendê-la uma semana depois. Você tem praticamente o mesmo lucro (ou prejuízo) tanto na aposta quanto na transação financeira.

Mas há uma diferença crucial. Se você faz um negócio lucrativo em ações[40] no Reino Unido, você paga imposto sobre operações financeiras e imposto sobre ganho de capital. Se faz uma aposta do tipo spread, isso não acontece. As coisas são diferentes em outros países. Na Austrália, lucros de spread betting[41] são classificados como renda e portanto sujeitos a imposto.

Decidir como regular transações é um desafio tanto em apostas como em finanças. No entanto, quando se lida com um intricado ecossistema de negócios, nem sempre está claro que efeitos trará a regulação. Em 2006, o Federal Reserve[42] – o Banco Central Americano – e a Academia Nacional de Ciências reuniram financistas e cientistas para debater "risco sistêmico" em finanças. A ideia era considerar a estabilidade do sistema financeiro como um todo, em vez de somente o comportamento de componentes individuais.

Durante o encontro, Vincent Reinhart, um economista do Federal Reserve, mostrou que uma única atitude pode ter uma multiplicidade de resultados potenciais. A questão, obviamente, é qual deles prevalecerá. O resultado não vai depender apenas do que os reguladores fizerem. Pode depender também de como a política é comunicada e de como o mercado reage à notícia. É aí que abordagens econômicas tomadas de empréstimo das ciências físicas podem ser úteis. Os físicos estudam interações que seguem regras conhecidas; geralmente não precisam lidar com o comportamento humano. "As chances de uma tempestade de cem anos não mudam só porque as pessoas acham que ela se tornou mais provável", disse Reinhart.

O ecologista Simon Levin, que também participou do encontro, elaborou a imprevisibilidade do comportamento. Ele comentou que intervenções econômicas – como aquelas disponíveis ao Federal Reserve – visam mudar o comportamento individual na esperança de melhorar o sistema como um todo. Embora certas medidas possam mudar o que os indivíduos fazem, é muito difícil impedir o pânico de se espalhar pelo mercado.

No entanto, a disseminação da informação só vai ficar mais rápida. Notícias não precisam mais ser lidas e processadas por humanos. Robôs as estão absorvendo automaticamente e entregando-as a programas que tomam decisões de negócios. Algoritmos individuais reagem ao que outros fazem, com decisões tomadas em escalas de tempo que os humanos jamais poderão supervisionar plenamente. Isso pode levar a um comportamento dramático e inesperado. Tais problemas muitas vezes provêm do fato de que algoritmos de alta frequência são projetados para serem simples e rápidos. Os robôs raramente são complexos e espertos: o objetivo é explorar uma vantagem antes que qualquer outro chegue lá. Porém, criar apostadores virtuais bem-sucedidos nem sempre é uma questão de ser o primeiro. Como descobriremos, às vezes vale a pena ser esperto.

6. A vida consiste em blefar

No VERÃO DE 2010, os websites de pôquer tomaram medidas de repressão[1] contra jogadores-robôs. Fingindo ser pessoas, esses robôs vinham ganhando dezenas de milhares de dólares. Naturalmente, seus adversários humanos não estavam muito felizes. Em retaliação, os donos dos sites fecharam qualquer conta que fosse aparentemente comandada por um software. Uma das companhias devolveu quase US$60 mil aos jogadores depois de descobrir que robôs vinham ganhando em suas mesas.

Não demorou muito para que programas de computador viessem novamente à tona em jogos de pôquer online. Em fevereiro de 2013, a polícia sueca começou a investigar robôs de pôquer[2] que vinham operando num site de propriedade estatal. Esses robôs[3] tinham ganhado o equivalente a mais de meio milhão de dólares. Não era só o tamanho da bolada que preocupava as empresas de pôquer; era como o dinheiro estava sendo ganho. Em vez de tirar dinheiro de jogadores mais fracos em jogos de baixo risco, os robôs estavam vencendo em mesas de alto risco. Até que esses sofisticados jogadores computadorizados fossem descobertos,[4] pouca gente no ramo havia percebido que os robôs eram capazes de jogar tão bem.

Mesmo assim, algoritmos de pôquer nem sempre foram tão bem-sucedidos. Quando se tornaram populares no começo dos anos 2000, eram facilmente batidos. Então, o que mudou em anos recentes? Para compreender por que os robôs estão ficando melhores no pôquer, devemos examinar como os humanos jogam.

Quando o Congresso dos Estados Unidos apresentou um projeto de lei, em 1969, sugerindo que anúncios de cigarros fossem banidos da televisão, as pessoas esperavam que as companhias americanas de tabaco ficassem furiosas. Afinal, era uma indústria que no ano anterior gastara mais de US$300 milhões promovendo seus produtos.[5] Com tanto em jogo, uma repressão dessas seguramente detonaria as poderosas armas do lobby do tabaco. Eles contratariam advogados, questionariam membros do Congresso, combateriam campanhas antifumo. A votação estava marcada[6] para ocorrer em dezembro de 1970, o que dava às companhias dezoito meses para agir. E o que elas optaram por fazer? Praticamente nada.

Longe de atingir os lucros das companhias de tabaco,[7] a proibição na realidade trabalhou a favor delas. Durante anos, as empresas tinham estado prisioneiras de um jogo absurdo. A propaganda na televisão fazia pouco efeito sobre o fato de as pessoas fumarem ou não, o que em teoria fazia dela um desperdício de dinheiro. Houvessem as empresas todas se juntado e parado suas promoções, os lucros com toda certeza teriam aumentado. No entanto, os anúncios tinham, sim, um impacto sobre qual marca a pessoa fumava. Assim, se todas as empresas interrompessem a publicidade e uma delas voltasse a anunciar, roubaria fregueses de todas as outras.

O que quer que os concorrentes fizessem, era sempre melhor para uma companhia anunciar. Ao fazê-lo, ela ou tirava mercado de empresas que não promoviam seus produtos ou evitava perder fregueses para empresas que anunciavam. Embora todo mundo pudesse economizar por meio de cooperação, cada empresa individual sempre tiraria proveito de anunciar. O que significava que todas as companhias inevitavelmente acabavam na mesma posição, veiculando anúncios para atrapalhar os concorrentes. Os economistas se referem a uma situação dessas – onde cada pessoa toma a melhor decisão possível dadas as escolhas feitas pelos outros – como "equilíbrio de Nash". Os gastos aumentariam cada vez mais, até o custoso jogo parar. Ou até que alguém o forçasse a parar.

O Congresso finalmente baniu anúncios de tabaco na televisão em janeiro de 1971. Um ano depois, o total gasto em propaganda de cigarros tinha caído mais de 25%. Contudo, as receitas do tabaco se mantiveram estáveis.[8] Graças ao governo, o equilíbrio fora quebrado.

JOHN NASH PUBLICOU seus primeiros artigos sobre teoria dos jogos enquanto estudava para o doutorado em Princeton. Havia chegado a essa universidade em 1948, depois de ganhar uma bolsa por força da carta de recomendação de seu orientador na graduação, um documento de duas frases que dizia: "O sr. Nash tem dezenove anos e está se formando na Carnegie Tech em junho. Ele é um gênio matemático."[9]

Durante os dois anos seguintes, Nash trabalhou numa versão do "dilema do prisioneiro". Esse problema hipotético envolve dois suspeitos apanhados na cena de um crime. Cada um é colocado numa cela separada e precisa escolher se se mantém em silêncio ou se testemunha contra o outro. Se ambos se mantiverem calados, ambos recebem penas de um ano. Se um permanecer calado e o outro falar, o prisioneiro que ficou quieto pega três anos e o outro, que o acusou, sai livre. Se ambos falarem, ambos são condenados a dois anos.

De modo geral, seria melhor que ambos ficassem de boca calada e pegassem uma pena de um ano. No entanto, se você é um preso enfiado sozinho numa cela, incapaz de saber o que o seu cúmplice vai fazer, é sempre melhor falar: se o seu parceiro ficar calado, você é solto; se o seu parceiro falar, você pega dois anos em vez de três. O equilíbrio de Nash para o dilema do prisioneiro, portanto, tem ambos os jogadores falando. Embora acabem sofrendo dois anos na cadeia em vez de um, nenhum deles ganha nada se só um dos dois mudar de estratégia. Substitua falar e ficar calado por anunciar e cortar as promoções, e é o mesmo problema com que se defrontavam as empresas tabagistas anunciantes.

Nash obteve seu doutorado em 1950, com uma tese de 27 páginas descrevendo como seu equilíbrio pode às vezes frustrar resultados benéficos. Mas ele não foi o primeiro a usar a ferramenta matemática para o problema dos jogos competitivos. A história deu essa honra a John von Neumann. Embora conhecido mais tarde pelo seu período em Los Alamos e Princeton, em 1926 von Neumann era um jovem professor na Universidade de Berlim. Na verdade, foi o mais jovem na história da universidade. Apesar do seu prodigioso histórico acadêmico, porém, ainda havia algumas coisas nas quais não era muito bom.[10] Uma delas era o pôquer.

O pôquer poderia parecer o jogo ideal para um matemático. À primeira vista, é apenas uma questão de probabilidades: a probabilidade de você ter uma mão boa; a probabilidade de o seu adversário ter uma mão melhor. Mas qualquer um que já tenha jogado pôquer usando apenas probabilidade sabe que as coisas não são tão simples. "A vida real consiste em blefar", observou Von Neumann, "em pequenas táticas para enganar, em perguntar a si mesmo o que o outro vai pensar que eu pretendo fazer."[11] Se quisesse se dar bem no pôquer, ele teria de achar um jeito de levar em conta a estratégia do oponente.

Von Neumann começou olhando o pôquer na sua forma mais básica,[12] como um jogo entre dois jogadores. Para simplificar ainda mais as coisas, assumiu que cada jogador recebesse apenas uma carta, mostrando um número entre 0 e 1. Depois de ambos colocarem US$1 para começar, o primeiro jogador – vamos chamá-la de Alice – tem três opções: desistir, e portanto perder US$1; passar (equivalente a não apostar nada); ou apostar US$1. O adversário dela decide então se vai desistir, e perder o dinheiro, ou igualar a aposta, e nesse caso vence quem tiver a carta mais alta.

Obviamente, não tem sentido Alice sair logo de início, mas ela deve passar? Ou apostar? Von Neumann examinou todas as variáveis possíveis e calculou o lucro esperado para cada estratégia. Descobriu que ela deve apostar se sua carta for um número muito baixo ou muito alto, senão deve passar. Em outras palavras, deve blefar só com a sua pior mão. Isso pode parecer contraintuitivo, mas segue uma lógica familiar a todo jogador de pôquer. Se sua carta for um número da média para baixo, Alice tem duas opções: blefar ou passar. Com uma carta terrível, Alice não tem esperança de ganhar, a não ser que o adversário saia. Ela deve então blefar. As cartas médias são as mais complicadas. Blefar não convence ninguém que tenha uma carta decente a sair do jogo, e não vale a pena Alice apostar na chance de sua carta medíocre sair vencedora quando as cartas forem abertas. Assim, a melhor opção é passar e esperar pelo melhor.

Em 1944, Von Neumann e o economista Oskar Morgenstern publicaram suas conclusões num livro intitulado *Theory of Games and Economic Behavior*.[13] Embora sua versão do pôquer fosse muito mais simples do que a coisa real, a dupla atacara um problema que há muito tempo incomodava os jogadores: se o blefe era realmente uma parte necessária do jogo. Graças a Von Neumann e Morgenstern, agora havia prova matemática de que sim.

Apesar do seu gosto pela vida noturna de Berlim,[14] Von Neumann não usava a teoria dos jogos quando ia a cassinos. Ele via o pôquer principalmente como um desafio intelectual e acabou passando para outros problemas. Várias décadas transcorreriam antes que os jogadores descobrissem como usar as ideias de Von Neumann para ganhar em situações reais.

O SALÃO DE JOGOS Binion's é parte da velha Las Vegas. Afastado dos shows e fontes da Strip, a faixa dos grandes hotéis e cassinos de Vegas, ele fica no pulsante coração do centro da cidade. Enquanto a maioria dos hotéis foi construída com teatros e casas de shows além de cassinos, o Binion's foi desde o começo planejado para jogos. Quando abriu, em 1951, os limites de apostas eram muito mais altos do que em outros locais, e na entrada uma ferradura gigante virada para cima se assentava sobre uma caixa mostrando US$1 milhão em dinheiro vivo. O Binion's também foi o primeiro cassino a dar drinques de graça a todos os jogadores para mantê-los (junto com seu dinheiro) nas mesas. Assim, quando foi disputada a primeira World Series of Poker, em 1970, foi apenas natural que o torneio tenha sido realizado no Binion's.[15]

Nas décadas seguintes, os jogadores se reuniam todo ano no Binion's para testar sua espertez – e sorte – uns contra os outros. Alguns anos foram especialmente tensos. No início da competição de 1982,[16] Jack Straus enfrentou uma sequência perdedora que o deixou com uma única ficha. Lutando para reagir, ele conseguiu ganhar mãos suficientes para permanecer no jogo, e terminou por vencer o torneio. Reza a lenda que, quando lhe perguntaram mais tarde do que um jogador de pôquer precisa para vencer, sua resposta foi "uma ficha e uma cadeira".

Em 18 de maio de 2000, a 31ª World Series chegou à sua final.[17] Restavam dois homens na competição. De um lado da mesa estava T.J. Cloutier, um veterano jogador de pôquer do Texas. Do lado oposto estava sentado Chris Ferguson, um californiano de cabelo comprido com um gosto especial por chapéus de caubói e óculos escuros. Ferguson tinha começado o jogo com muito mais fichas que Cloutier, mas sua vantagem vinha diminuindo a cada mão jogada.

Com os jogadores quase com as mesmas quantidades de fichas, o *dealer* distribuiu outra mão. Estavam jogando pôquer Texas hold'em, o que significava que Ferguson e Cloutier primeiro recebiam duas cartas fechadas. Depois de espiar sua mão – a 93ª do dia –, Cloutier abriu com uma aposta de quase US$200 mil. Sentindo a chance de retomar sua vantagem, Ferguson subiu até meio milhão de dólares. Mas Cloutier também estava confiante. Tão confiante, na verdade, que respondeu empurrando todas as suas fichas para o centro da mesa. Ferguson olhou novamente suas cartas. Será que Cloutier tinha realmente uma mão melhor? Depois de ponderar suas opções por alguns momentos, Ferguson decidiu igualar a aposta de Cloutier de quase US$2,5 milhões.

No Texas hold'em, uma vez distribuídas as duas cartas iniciais fechadas, há até três rodadas adicionais de apostas. A primeira delas é conhecida como *"flop"*. São distribuídas mais três cartas, dessa vez abertas. Se as apostas continuarem, outra carta – o *"turn"* – é revelada. Outra rodada de apostas significa que o jogo chega ao *"river"*, quando é mostrada uma quinta carta. O vencedor é o jogador que tiver a melhor combinação de cinco cartas na mão quando as duas cartas fechadas forem combinadas com as cinco cartas compartilhadas.

Como Cloutier e Ferguson tinham gastado todas as suas fichas, não podiam fazer mais apostas. Em vez disso, teriam de mostrar suas cartas fechadas e observar o *dealer* tirar cada uma das cartas adicionais. Quando os jogadores mostraram suas mãos, a multidão em volta da mesa soube que Ferguson estava em apuros. Cloutier tinha um ás e uma dama; Ferguson tinha apenas um ás e um 9. Primeiro, o *dealer* virou os *flop*: um rei, um 2 e um 4. Cloutier ainda tinha a mão melhor. Depois veio o *turn*, outro rei. O jogo seria então definido pelo *river*. Quando a carta final foi revelada, Ferguson saltou da cadeira. Era um 9. Ele ganhara o jogo e o torneio. "Você não achou que seria tão duro me bater, achou?",[18] Cloutier perguntou a Ferguson depois que este embolsou o prêmio em dinheiro de US$1,5 milhão. "Sim", respondeu Ferguson, "achei, sim."

ATÉ A TRIUNFAL ATUAÇÃO de Chris Ferguson em Las Vegas, nenhum jogador de pôquer havia ganhado mais de US$1 milhão em prêmios de torneios.[19] Mas, ao contrário de muitos competidores, o extraordinário sucesso de Ferguson não se baseou unicamente em intuição e instinto. Quando jogou a World Series, ele estava usando a teoria dos jogos.

Um ano antes de bater Cloutier, Ferguson tinha completado um doutorado em ciência da computação na UCLA. Durante esse tempo, trabalhou como consultor para a Loteria Estadual da Califórnia,[20] analisando jogos existentes e inventando jogos novos. Seus pais também tinham um histórico em matemática, tendo doutorados na disciplina, e seu pai, Thomas, é professor de matemática na UCLA.

Enquanto estudava para o doutorado, Chris Ferguson competia a dinheiro em algumas das primeiras salas de bate-papo da internet. Ele via o pôquer como um desafio, no qual a propósito ele era muito bom. As salas de bate-papo não davam lucro nenhum, mas permitiram que Ferguson acessasse grandes quantidades de dados. Combinados com o crescimento do poder computacional,[21] esses dados possibilitaram-lhe estudar vastos números de diferentes mãos, avaliando quanto apostar e quando blefar.

Como Von Neumann, Ferguson logo percebeu que o pôquer era complicado demais para estudar adequadamente sem fazer algumas simplificações. A partir das ideias de Von Neumann,[22] decidiu examinar o que acontece quando dois jogadores têm mais opções. Obviamente, ele teria mais de um adversário no começo de um jogo de pôquer real, mas ainda assim valia a pena analisar o cenário simples de dois jogadores. Os jogadores podem desistir à medida que as rodadas de apostas progridem, então, na hora em que chega o fim do jogo, geralmente resta um par de jogadores.

No entanto, ainda há algumas coisas que dois jogadores podem fazer nesse ponto. A primeira jogadora, Alice, tinha três escolhas simples no jogo de Von Neumann – apostar US$1, passar ou desistir –, mas numa partida real ela poderia fazer outra coisa, como mudar sua aposta. E o segundo jogador poderia não responder igualando a aposta ou desistindo. O segundo jogador poderia estar confiante como Cloutier e aumentar a aposta.

À medida que mais opções vão entrando no jogo, escolher a melhor delas torna-se mais complicado. Num contexto simples, Von Neumann mostrou que os jogadores deveriam empregar "estratégias puras", nas quais seguem regras fixas tais como "se acontecer isto, faça sempre A" e "se acontecer aquilo, faça sempre B". Mas estratégias puras nem sempre são uma abordagem boa para se usar. Tomemos por exemplo o jogo de pedra–papel–tesoura. Escolher toda vez a mesma opção é admiravelmente consistente, mas a estratégia é fácil de vencer se o seu adversário percebe o que você está fazendo. Uma ideia melhor é usar uma "estratégia mista". Em vez de ir sempre com a mesma abordagem, você deve alternar entre uma das estratégias puras – pedra, papel ou tesoura – com uma certa probabilidade. Idealmente, jogar cada uma das três opções num equilíbrio que torne impossível ao seu oponente adivinhar o que você vai fazer. Para o jogo de pedra–papel–tesoura, a estratégia ideal contra um adversário novo é escolher ao acaso, jogando cada opção um terço das vezes.

Estratégias mistas também estão presentes no pôquer. A análise do fim de jogo sugere que você deve equilibrar o número de vezes em que é honesto e o número de vezes em que blefa, de modo que seu adversário seja indiferente a igualar a aposta ou desistir. Como no pedra–papel–tesoura, você não quer que o outro descubra o que você está propenso a fazer. "Você quer sempre dificultar ao máximo as decisões dos adversários",[23] disse Ferguson.

Esquadrinhando os dados dos jogos nas salas de bate-papo, Ferguson identificou outras áreas a serem aprimoradas. Quando jogadores experientes tinham mãos boas, subiam pesadamente as apostas para encorajar seus oponentes a desistir. Isso removia o risco de uma mão fraca se tornar vencedora quando as cartas compartilhadas fossem reveladas. Mas a pesquisa de Ferguson mostrou que os aumentos nas apostas eram altos demais: às vezes valia a pena apostar menos e deixar que as pessoas permanecessem no jogo. Além de ganhar mais dinheiro com mãos fortes,[24] isso significava que, se uma mão perdesse, não perderia tanto.

Por meio de sua pesquisa, Ferguson descobriu que encontrar uma abordagem bem-sucedida no pôquer não significa necessariamente buscar lucros a qualquer preço. Certa vez, ele disse à *New Yorker* que a estratégia ideal não é um caso de "Como ganhar o máximo?"[25] e sim de "Como perder o mínimo?". Jogadores novatos costumam confundir as duas e, como resultado, não desistem com frequência suficiente. Sem dúvida é impossível ganhar alguma coisa desistindo, mas deixar de entrar numa mão permite ao jogador evitar rodadas de apostas custosas. Coletando e reunindo seus resultados em tabelas detalhadas, Ferguson memorizou as estratégias – inclusive quando blefar, quando apostar, quanto subir a aposta – e começou a jogar por dinheiro de verdade. Entrou na sua primeira World Series em 1995; cinco anos depois foi campeão.

Ferguson sempre gostou de adquirir novas habilidades. Certa vez, forçou-se a aprender a lançar uma carta de baralho de uma distância de três metros com tanta velocidade que ela era capaz de cortar uma cenoura ao meio.[26] Em 2006, resolveu assumir um novo desafio. Começando com nada,[27] trabalharia até chegar a US$10 mil. Seu objetivo era mostrar a importância de administrar o próprio dinheiro no pôquer. Assim como o critério de Kelly ajudava jogadores a ajustar o volume da aposta no blackjack e nos esportes, Ferguson sabia que era essencial ajustar o estilo de jogo para equilibrar lucro e risco.

Como estava começando com zero dólares, a primeira tarefa de Ferguson foi arranjar algum dinheiro. Felizmente, alguns sites de pôquer organizam diariamente "torneios com entrada grátis". Centenas de jogadores podiam assim entrar livremente nas competições, e os dez ou doze primeiros colocados recebiam prêmios em dinheiro. Não é comum um jogador famoso entrar num torneio grátis, muito menos levá-lo a sério. Quando outros jogadores online descobriram contra quem estavam jogando, a maioria achou que era piada. Por que um campeão mundial como Chris Ferguson haveria de jogar em mesas gratuitas?

Após algumas tentativas, Ferguson acabou embolsando algum dinheiro significativo. "Lembro-me de ganhar meus primeiros US$2 após umas duas semanas de desafio", escreveu mais tarde, "e tracei estratégias para três dias, deliberando sobre qual jogo jogar com esse dinheiro."[28] Ele optou pelo jogo de menor risco possível, mas após uma rodada tinha perdido tudo. Vendo-se de novo a zero, voltou aos torneios gratuitos e recomeçou. Estava claro que teria de ser extremamente disciplinado se quisesse chegar à sua meta.

Jogando em torno de dez horas por semana, Ferguson levou nove meses (ele esperava levar mais ou menos seis) para ganhar US$100. E continuou se atendo a um conjunto estrito de regras. Por exemplo, só arriscava 5% da sua conta num jogo particular. Isso queria dizer que, se perdesse algumas rodadas, teria de voltar às mesas de riscos menores. Psicologicamente, ele achou difícil passar para um nível mais baixo. Ferguson estava acostumado à empolgação de jogos de alto risco e aos lucros que traziam. Depois de descer, ele perdeu foco e se debateu para manter suas regras. Em vez de assumir mais riscos, recuou; era inútil jogar enquanto não recuperasse a concentração. A autocontenção valeu a pena. Depois de outros nove meses de jogo cuidadoso, Ferguson finalmente alcançou seu total de US$10 mil.

O desafio dos US$10 mil a partir do zero, junto com sua vitória anterior na World Series, cimentou a reputação de Ferguson como um virtuoso da teoria do pôquer. Grande parte do seu sucesso veio de trabalhar em estratégias ideais, mas será que tais estratégias sempre existem em jogos como o pôquer? Essa fora uma das primeiras perguntas que Von Neumann fizera a si mesmo quando começou a trabalhar em partidas de dois jogadores na Universidade de Berlim. Além de assentar as fundações para todo um campo, a resposta seguiria adiante para causar uma amarga disputa sobre quem foi o verdadeiro inventor da teoria dos jogos.

JOGOS COMO O PÔQUER são jogos de "soma zero", nos quais os lucros dos vencedores são iguais às perdas dos derrotados. Quando são apenas dois jogadores, isso significa que uma pessoa está sempre tentando minimizar o ganho da outra – a quantidade que o oponente estará tentando maximizar. Von Neumann chamou esse problema de "minimax" e propôs-se a provar que ambos os jogadores podiam achar uma estratégia ideal nesse cabo de guerra. Para fazer isso, ele precisava mostrar que cada jogador podia sempre encontrar um meio de minimizar a quantia máxima a ser potencialmente perdida, independentemente do que fizessem seus oponentes.

Um dos exemplos mais proeminentes de um jogo de soma zero com dois jogadores é uma cobrança de pênalti no futebol. Ela termina ou em gol, com o batedor ganhando e o goleiro perdendo, ou em um pênalti perdido, e nesse caso as recompensas são invertidas. Os goleiros têm muito pouco tempo para reagir depois que o pênalti é cobrado, de modo que geralmente tomam sua decisão em relação ao lado para onde vão saltar antes de o batedor chutar a bola.

Como os jogadores são ou destros ou canhotos, a escolha do lado direito ou esquerdo do gol pode alterar suas chances de marcar. Quando Ignacio Palacios-Huerta,[29] um economista da Universidade Brown, examinou todas as cobranças de pênalti das ligas europeias entre 1995 e 2000, ele descobriu que a probabilidade de um gol varia dependendo de o chutador escolher a metade "natural" do gol. (Para um jogador destro, seria o lado esquerdo do gol; para um chutador canhoto, seria o lado direito.)

Os dados dos pênaltis mostravam que se o chutador escolhesse o lado natural e o goleiro escolhesse a direção correta, o chutador marcava cerca de 70% das vezes; se o goleiro fosse para o lado errado, cerca de 90% dos chutes entravam. Em contraste, batedores que escolhiam o lado não natural marcavam 60% das vezes se o goleiro escolhesse o lado certo e 95% das vezes se escolhesse o lado errado. Essas probabilidades estão sintetizadas na Tabela 6.1.

TABELA 6.1. A probabilidade de marcar um pênalti depende de que lado o batedor e o goleiro escolhem

		Goleiro	
		Natural	Não natural
Batedor	Natural	70%	90%
	Não natural	95%	60%

Se os batedores quiserem minimizar sua perda máxima, deverão portanto chutar do seu lado natural: mesmo se o goleiro acertar o lado, o batedor tem pelo menos 70% de chance de marcar. Em contraste, o goleiro deve saltar para o lado não natural do chutador. Na pior das hipóteses isso resultará no cobrador marcando 90% das vezes em vez de 95%.

Se essas estratégias fossem ideais, as probabilidades do pior dos casos para batedor e goleiro seriam iguais. Isso porque uma cobrança de pênalti é de soma zero: cada pessoa está tentando minimizar sua perda potencial, o que significa que, se cada um jogar conforme a estratégia perfeita, minimizará o ganho máximo do adversário. Todavia, esse claramente não é o caso, porque o pior resultado para o batedor resulta em marcar 70% dos chutes, enquanto o pior resultado para o goleiro o leva a deixar entrar 90% dos chutes.

O fato de os valores não serem iguais implica que cada pessoa pode ajustar a tática para melhorar suas chances de sucesso. Como no caso do pedra–papel–tesoura, alternar as opções pode ser melhor do que confiar numa estratégia pura simples. Por exemplo, se o batedor sempre escolhe o lado natural, o goleiro deveria ocasionalmente também fazer essa opção, o que baixaria os 90% do pior cenário para mais perto de 70%. Em resposta, o batedor poderia anular essa tática também optando por uma estratégia mista.

Quando Palacios-Huerta calculou a melhor abordagem para batedor e goleiro, descobriu que ambos deveriam escolher a metade natural do gol com 60% de probabilidade, e o outro lado o resto do tempo. Como um blefe efetivo no pôquer, isso teria o efeito de tornar a outra pessoa indiferente ao que irá acontecer: adversários seriam incapazes de aumentar suas chances mudando de estratégia. Tanto goleiro como batedor teriam, portanto, êxito em limitar sua perda, além de minimizar o ganho da outra pessoa. Curiosamente, o valor recomendado de 60% está bem próximo da proporção real de vezes que os jogadores escolhem cada lado, sugerindo que – quer conscientemente ou não – batedores e goleiros já descobriram a estratégia ideal para penalidades.

Von Neumann completou sua solução para o problema minimax em 1928, publicando o trabalho num artigo intitulado "Teoria de jogos de salão".[30] Provar que essas estratégias ideais sempre existiram foi um avanço crucial. Mais tarde ele disse que, sem o resultado, não teria havido sentido em continuar seu trabalho em teoria dos jogos.

O método que Von Neumann usou para atacar o problema minimax está longe de ser simples. Longo e elaborado, tem sido descrito como um "tour de force" matemático. Mas nem todo mundo ficou impressionado. Maurice Fréchet, um matemático francês, argumentou que a matemática por trás do trabalho de Von Neumann no minimax já estava disponível (embora Von Neumann aparentemente não tivesse ciência disso). Ao aplicar suas técnicas à teoria dos jogos, Von Neumann havia "simplesmente entrado por uma porta já aberta", ele disse.

As abordagens a que Fréchet se referia eram criações de seu colega Émile Borel, que as havia desenvolvido alguns anos antes de Von Neumann. Quando os artigos de Borel foram finalmente publicados em inglês no começo dos anos 1950, Fréchet escreveu uma introdução creditando-lhe a invenção da teoria dos jogos. Von Neumann ficou furioso, e a dupla trocou farpas na revista de economia *Econometrica*.

A disputa levantou duas questões importantes acerca da aplicação da matemática a problemas do mundo real. Primeiro, pode ser difícil determinar exatamente o iniciador de uma teoria. Será que o crédito deve ir para o pesquisador que fabrica os tijolos matemáticos ou para a pessoa que os assenta formando uma estrutura útil? Fréchet claramente achava que o fabricante de tijolos Borel merecia as honras, ao passo que a história tem dado o crédito a Von Neumann por usar a matemática para construir a teoria dos jogos.

A discussão também mostrou que resultados importantes nem sempre são apreciados em seu formato original. Apesar de sua defesa do trabalho de Borel, Fréchet não achava que o trabalho com o minimax fosse particularmente especial porque os matemáticos já tinham conhecimento da ideia, apesar de numa forma diferente. Foi somente quando Von Neumann aplicou o conceito de minimax aos jogos que seu valor se tornou visível. Como Ferguson descobriu ao aplicar a teoria dos jogos ao pôquer, às vezes uma ideia que parece pouco notável para cientistas pode se mostrar extremamente poderosa quando usada num contexto diferente.

Enquanto o debate entre Von Neumann e Fréchet faiscava e crepitava, John Nash estava ocupado terminando seu doutorado em Princeton. Ao estabelecer o equilíbrio de Nash, ele conseguira estender o trabalho de Von Neumann, tornando-o aplicável a uma quantidade mais ampla de situações. Enquanto Von Neumann examinara jogos de soma zero com dois jogadores, Nash mostrou que as estratégias ideais existem até mesmo se houver múltiplos jogadores e recompensas desiguais. Mas saber que estratégias perfeitas sempre existem é apenas o começo para os jogadores de pôquer. O problema seguinte é descobrir como encontrá-las.

A MAIORIA DAS PESSOAS por trás da criação de robôs jogadores de pôquer não revolvem a teoria dos jogos para achar estratégias ideais. Em vez disso, frequentemente começam com abordagens baseadas em regras. Para cada situação que possa surgir num jogo, o criador reúne uma série de instruções do tipo "se acontecer isso, faça aquilo". O comportamento de um robô baseado em regras depende portanto do estilo de apostar do seu criador e de como ele pensa que um bom jogador deve agir.

Enquanto cursava seu mestrado em 2003,[31] o cientista da computação Robert Follek montou um programa de pôquer baseado em regras chamado SoarBot. Ele o construiu usando um conjunto de métodos artificiais de tomada de decisões conhecido como "Soar", que havia sido desenvolvido por pesquisadores na Universidade de Michigan. Durante um jogo de pôquer, o SoarBot agia em três fases. Primeiro, percebia a situação corrente, inclusive as cartas fechadas que tinham sido distribuídas, os valores das cartas compartilhadas e o número de jogadores que tinham desistido. Com essa informação, ele então rodava todas as suas regras pré-programadas e identificava todas aquelas relevantes para a situação presente.

Depois de coletar as opções disponíveis, entrava na fase de decisão, escolhendo o que fazer com base nas preferências que Follek lhe dera. Esse processo de tomada de decisão podia ser problemático. Às vezes, o conjunto de preferências se revelava incompleto, e o SoarBot ou deixava de identificar quaisquer opções adequadas ou era incapaz de escolher entre duas jogadas potenciais. As preferências predeterminadas podiam também ser inconsistentes. Como Follek as introduzira uma a uma, às vezes o programa acabava contendo duas preferências contraditórias. Por exemplo, uma regra podia dizer ao SoarBot para apostar em determinada situação enquanto outra simultaneamente tentava fazer com que ele desistisse.

Mesmo que mais regras fossem adicionadas, o programa ainda deparava de vez em quando com situações inconsistentes ou incompletas. Esse tipo de problema é bem conhecido dos matemáticos. Um ano depois de concluir seu doutorado em 1930, Kurt Gödel publicou um teorema mostrando que as regras que governavam a aritmética não podiam ser ao mesmo tempo completas e consistentes. Sua descoberta abalou a comunidade de pesquisa. Naquela época, matemáticos de primeira grandeza estavam tentando construir um sistema robusto de regras e premissas para o tema. Tinham esperança de que isso clarificasse algumas anomalias lógicas identificadas recentemente. Liderados por David Hilbert,[32] que fora mentor de Von Neumann na Alemanha, esses pesquisadores queriam encontrar um conjunto de regras que fosse completo – de modo que todos os enunciados matemáticos pudessem ser provados usando apenas essas regras – e consistente, com nenhuma das regras contradizendo outra. Mas o teorema da incompletude de Gödel mostrou que isso era impossível:

qualquer que fosse o conjunto de regras especificado, sempre haveria situações nas quais regras adicionais seriam necessárias.

O rigor lógico de Gödel provocou problemas também fora da academia. Em 1948, enquanto estudava para o processo de obtenção de sua cidadania americana, ele disse a seu fiador Oskar Morgenstern que havia identificado algumas inconsistências na Constituição dos Estados Unidos.[33] Segundo Gödel, as contradições criavam um caminho legal para uma ditadura. Morgenstern disse-lhe que seria insensato levantar o assunto na entrevista.

FELIZMENTE PARA FOLLEK, a equipe que originalmente desenvolvera a tecnologia Soar achou um jeito de contornar o problema de Gödel. Quando um robô se metia em apuros, ele ensinava a si mesmo uma regra adicional. Assim, se o SoarBot de Follek não conseguisse decidir o que fazer, em vez disso podia pegar uma opção arbitrária e adicionar a escolha ao conjunto de regras. Na vez seguinte que surgisse a mesma situação, o robô podia simplesmente vasculhar sua memória para descobrir o que havia feito da última vez. Esse tipo de "aprendizagem de máquina", com o robô adicionando novas regras à medida que seguia em frente, permitia evitar as armadilhas descritas por Gödel.

Quando Follek deixava o SoarBot competir contra adversários humanos e computadores, ficava claro que seu programa não era um campeão em potencial. "Ele jogava muito melhor que os piores jogadores humanos", dizia ele, "e muito pior que os melhores jogadores humanos e softwares." Na realidade, o SoarBot jogava mais ou menos tão bem quanto Follek. Embora tivesse lido sobre estratégias de pôquer, sua fraqueza como jogador limitava o sucesso de seu robô.

De 2004 em diante, os robôs de pôquer cresceram em popularidade, graças à chegada de software barato que permitia aos jogadores montar seu próprio robô.[34] Modificando os arranjos, eles podiam decidir que regras o programa devia seguir. Com regras bem-escolhidas, esses robôs podiam bater alguns adversários. Mas, como Follek descobriu, a estrutura de robôs baseados em regras significa que eles geralmente são tão bons quanto seu criador. E, a julgar pelos índices de sucesso dos robôs online, a maioria dos criadores não é muita boa no pôquer.

COMO PODE SER difícil acertar táticas baseadas em regras, algumas pessoas voltaram-se para a teoria dos jogos a fim de melhorar seus robôs. Mas é complicado achar estratégias ótimas para um jogo tão complicado quanto o pôquer Texas hold'em. Como pode surgir uma quantidade enorme de situações diferentes possíveis, é muito difícil computar a estratégia de equilíbrio de Nash ideal. Uma forma de contornar o problema é simplificar as coisas, criando uma versão abstrata do jogo. Assim como versões simplificadas do pôquer ajudaram Von Neumann e Ferguson a compreender o jogo,[35] fazer simplificações também pode ajudar a encontrar táticas que estejam perto da verdadeira estratégia ideal.

Uma abordagem comum é agrupar em "baldes" ["*buckets*"] mãos semelhantes de pôquer. Por exemplo, poderíamos calcular a probabilidade de um dado par de cartas fechadas bater uma outra mão aleatória quando as cartas forem abertas, e então colocar outras mãos com probabilidade de ganhar semelhante no mesmo balde. Tais aproximações reduzem drasticamente o número de cenários potenciais que temos de examinar.

Agrupar em categorias ["*bucketing*"] também é algo que aparece em outros jogos de cassino. Como o objetivo do blackjack é chegar o mais perto possível de 21, saber se a próxima carta tem probabilidade de ser alta ou baixa pode dar ao jogador uma vantagem. Contadores de cartas conseguem essa informação mantendo o paradeiro das cartas que já foram distribuídas, e portanto das que restam. Mas com os cassinos usando até seis baralhos de uma vez, é impraticável memorizar cada carta individual quando ela aparece. Em vez disso, os contadores muitas vezes agrupam cartas. Por exemplo, podem dividi-las em três categorias: altas, baixas e neutras. À medida que o jogo progride, eles mantêm a contagem do tipo de cartas que já viram. Quando sai uma carta alta, somam um à contagem; quando sai uma baixa, subtraem um.

No blackjack, isso provê apenas uma estimativa da contagem verdadeira: quanto menos categorias o jogador usar, menos acurada será a contagem. Da mesma forma, o *bucketing* não fornecerá a jogadores de pôquer uma estratégia perfeita. Em vez disso, ele leva às chamadas "estratégias de quase equilíbrio", algumas das quais estão mais próximas da ideal do que outras. Assim como cobradores de pênalti podem melhorar suas chances desviando-se de uma estratégia pura, essas estratégias de pôquer não tão perfeitas podem ser categorizadas por quanto o jogador ganharia alterando sua tática.

Mesmo com os agrupamentos, ainda precisamos de uma maneira para calcular uma estratégia de quase equilíbrio para o pôquer. Um modo de fazer isso é usar uma técnica conhecida como "minimização de arrependimento".[36] Primeiro, criamos um jogador virtual e lhe damos uma estratégia inicial aleatória. Assim, ele poderá começar desistindo metade das vezes numa determinada situação, apostando a outra metade e nunca passando. Então simulamos montes e montes de jogos e permitimos ao jogador atualizar sua estratégia com base em quanto ele se arrepende de suas escolhas. Por exemplo, se o adversário desiste prematuramente, o jogador pode se arrepender de ter apostado alto. Com o tempo, o jogador trabalhará para minimizar a quantidade de arrependimento que tem e, neste processo, chegar perto da estratégia ideal.

Minimizar arrependimento significa perguntar: "Como eu teria me sentido se tivesse feito as coisas de maneira diferente?" Acontece que a capacidade de responder esta pergunta pode ser crítica quando se está jogando jogos de azar. Em 2000, pesquisadores da Universidade de Iowa relataram que pessoas com lesões em partes do cérebro relacionadas ao arrependimento – como o córtex órbito-frontal – agiam de maneira muito diferente em jogos de apostas em comparação com jogadores sem lesões cerebrais.[37] Não era porque os jogadores lesionados deixavam de lembrar decisões ruins anteriores. Em muitos casos, pacientes com lesão órbito-frontal ainda tinham uma boa memória funcional: quando solicitados a ordenar uma série de cartas, ou associar diferentes símbolos, enfrentavam poucos problemas. As dificuldades vinham quando precisavam lidar com a incerteza e usar suas experiências passadas para pesar os riscos envolvidos. Os pesquisadores descobriram que, quando o sentimento de arrependimento estava ausente no processo de tomada de decisão dos pacientes, eles lutavam para dominar jogos envolvendo um elemento de risco. Em vez de simplesmente olhar para a frente e tentar maximizar os ganhos, parece que às vezes é necessário olhar para trás para ver o que poderia ter acontecido e usar essa visão retrospectiva para refinar a estratégia. Isso contrasta com grande parte da teoria econômica,[38] na qual o foco é frequentemente em ganhos esperados, com as pessoas tentando maximizar as recompensas futuras.

A minimização do arrependimento está se tornando uma ferramenta poderosa para jogadores artificiais. Jogando repetidamente os mesmos jogos e reavaliando decisões passadas, os robôs conseguem construir estratégias de quase equilíbrio para o pôquer. As estratégias resultantes têm um sucesso muito maior do que métodos simples amparados em regras. Contudo, tais abordagens ainda se baseiam em fazer estimativas; contra um robô de pôquer perfeito, uma estratégia de quase equilíbrio enfrentará dificuldades. Mas com que facilidade se faz um robô perfeito para um jogo complexo?

A TEORIA DOS JOGOS funciona melhor em jogos francos nos quais toda a informação é conhecida. O jogo da velha é um bom exemplo: após algumas partidas, a maioria das pessoas deduz o equilíbrio de Nash. Isso ocorre porque não há muitas maneiras pelas quais o jogo pode progredir: se um jogador põe três símbolos iguais em fila, a partida acaba; os jogadores se revezam nos lances; e não importa em que posição o tabuleiro é orientado. Assim, embora haja 3^9 maneiras de dispor Xs, Os e casas vazias numa grade três por três, apenas cerca de uma centena dessas 19 683 combinações são efetivamente relevantes.

Sendo o jogo da velha tão simples, é bastante fácil deduzir a maneira perfeita de reagir a uma jogada do adversário. E uma vez que ambos os jogadores conheçam a estratégia ideal, o jogo resultará sempre num empate.

Damas, porém, está longe de ser um jogo simples. Mesmo os melhores jogadores fracassaram em achar a estratégia perfeita. Mas se havia alguém que poderia tê-la identificado, essa pessoa era Marion Tinsley.

Professor de matemática na Flórida, Tinsley tinha a reputação de ser imbatível. Ganhou seu primeiro campeonato mundial em 1955, detendo o título por quatro anos antes de decidir se aposentar, alegando falta de competidores decentes. Ao retornar ao campeonato em 1975, imediatamente recuperou o título, esmagando toda oposição. Catorze anos depois, porém, o interesse de Tinsley pelo jogo começara novamente a se esvanecer. Então ele ouviu falar num software que estava sendo desenvolvido na Universidade de Alberta, no Canadá.[39]

Jonathan Schaeffer é agora decano de Ciências na universidade, mas em 1989 era um jovem professor no Departamento de Ciência da Computação. Ele havia se interessado pelo jogo de damas depois de passar algum tempo examinando programas de xadrez. Como o xadrez, o jogo de damas é jogado num tabuleiro oito por oito. As peças se movem para a frente avançando uma casa na diagonal e capturam peças adversárias saltando por cima delas. Ao chegar ao outro lado do tabuleiro, as peças simples se tornam damas e podem se mover para a frente, para trás e em diagonal, mas quantas casas desejarem. A simplicidade de suas regras torna o jogo de damas interessante para teóricos dos jogos porque é relativamente fácil de entender, e os jogadores podem predizer em detalhe as consequências de uma jogada. Talvez um computador pudesse ser treinado para ganhar?

Schaeffer decidiu batizar o incipiente projeto de "Chinook", nome dos ventos quentes que ocasionalmente varrem as pradarias do Canadá. O nome era uma brincadeira,[40] inspirado pelo nome do jogo na Inglaterra, *"droughts"*, que significa seca, aridez. Auxiliado por uma equipe de colegas cientistas da computação e entusiastas do jogo de damas, Schaeffer rapidamente se pôs a trabalhar no primeiro desafio: como lidar com a complexidade do jogo. Há cerca de 10^{20} posições possíveis em damas. Isso é 1 seguido de vinte zeros: se você juntasse a areia de todas as praias do mundo, acabaria mais ou menos com essa quantidade de grãos.[41]

Para navegar por essa enorme seleção de possibilidades, a equipe fez o Chinook seguir uma abordagem minimax, caçando estratégias que fossem menos custosas. Em cada ponto do jogo, havia um certo número de jogadas que o Chinook podia fazer. Cada uma delas se ramificava em outro conjunto de opções, dependendo do que o oponente fizesse. À medida que o jogo progredia, o Chinook "podava" sua árvore de decisão,[42] removendo os galhos fracos que implicavam probabilidade de perder o jogo e examinando em detalhe os galhos mais fortes, potencialmente vencedores.

O Chinook também tinha alguns truques concebidos especialmente para adversários humanos. Quando identificava estratégias que eventualmente levariam a um empate contra um oponente computadorizado perfeito, não as ignorava necessariamente. Se o empate estivesse no final de um longo e emaranhado ramo de opções, havia uma chance de que o humano cometesse um erro em algum ponto ao longo do caminho. Diferentemente de muitos programas de jogos, o Chinook com frequência escolhia uma dessas estratégias anti-humanas em vez de uma estratégia de fato melhor segundo a teoria dos jogos.

O Chinook jogou seu primeiro torneio em 1990, chegando em segundo lugar no Campeonato Nacional de Damas dos Estados Unidos. Isso significava que ele havia se qualificado para o Campeonato Mundial, mas a Federação Americana de Damas e a Associação Inglesa de Damas não queriam que um computador competisse. Felizmente, Tinsley não compartilhava dessa opinião. Depois de um punhado de jogos extraoficiais em 1990, ele concluiu que gostava do estilo de jogo agressivo do Chinook. Enquanto jogadores humanos tentavam forçar um empate contra ele, o Chinook assumia riscos. Determinado a jogar contra o computador num torneio, Tinsley renunciou ao seu título de campeão. Relutantemente, as autoridades decidiram permitir o jogo com o computador, e em 1992 o Chinook jogou contra Tinsley num Campeonato Mundial Homem-Máquina. Em 39 jogos, Tinsley ganhou quatro, contra dois de Chinook, com 33 empates.

Apesar de terem ido bem contra Tinsley, Schaeffer e sua equipe queriam se sair ainda melhor. Queriam tornar o Chinook imbatível. O programa dependia de predições detalhadas, o que o tornava muito bom, mas ainda vulnerável ao acaso. Se pudessem remover esse elemento de sorte, teriam o jogador de damas perfeito.

Pode parecer estranho que damas envolva sorte. Enquanto for feita uma série idêntica de jogadas, o jogo sempre terminará com o mesmo resultado. Para usar um termo matemático, é um jogo "determinista": não é afetado pela aleatoriedade como o pôquer. Todavia, quando o Chinook jogava damas, não podia controlar o resultado puramente por meio de suas ações, o que significava que podia ser batido. Em teoria, era possível perder até mesmo para um adversário totalmente incompetente.

Para entender por quê, precisamos dar uma olhada em outra pesquisa de Émile Borel. Além do seu trabalho em teoria dos jogos, Borel estava interessado em eventos muito improváveis. Para ilustrar como coisas aparentemente raras acontecerão quase com certeza se esperarmos tempo suficiente, ele cunhou o teorema do macaco infinito.[43] A premissa desse teorema é simples. Suponha que um macaco esteja martelando as teclas de uma máquina de escrever (sem arrebentá-la, como aconteceu na Universidade de Plymouth quando uma equipe tentou o experimento com um macaco real em 2003) e o faça por um período de tempo infinitamente longo. Se o macaco continuar a martelar as teclas, por fim quase com certeza ele acabará datilografando as obras completas de Shakespeare. Por puro acaso, diz o teorema, o macaco em algum ponto baterá nas teclas certas na ordem necessária para reproduzir todas as 37 peças do Bardo.

Nenhum macaco jamais viveria até uma idade infinita, e muito menos ficaria sentado diante de uma máquina de escrever por tanto tempo. Então, é melhor pensar no macaco como uma metáfora para um gerador de letras aleatório, cuspindo uma sequência arbitrária de caracteres. Como as letras são aleatórias, há uma chance – ainda que pequena – de que as primeiras datilografadas pelo macaco sejam "Quem está aí?", a linha de abertura de *Hamlet*. O macaco poderia então ter sorte e continuar datilografando as letras corretas até ter reproduzido todas as peças. Isso é extremamente improvável, mas poderia acontecer. O macaco também poderia datilografar resmas de total absurdo e então enfim ser agraciado pela fortuna com a combinação de letras correta. Poderia até mesmo datilografar bobagens sem nexo durante bilhões de anos antes de por fim datilografar as letras corretas na ordem correta.

Individualmente, cada um desses eventos é mais do que improvável. Mas como há tantas maneiras de um macaco acabar datilografando as obras completas de Shakespeare – uma quantidade infinita de maneiras, na verdade –, as chances de isso acontecer acabam sendo extremamente elevadas. Na realidade, é quase certo que vá acontecer.

Agora, suponha que substituíssemos a máquina de escrever por um tabuleiro de damas e ensinássemos ao nosso macaco hipotético as regras básicas do jogo. Ele faria portanto uma série de jogadas totalmente aleatórias – mas válidas. E o teorema do macaco infinito nos diz que como o Chinook era baseado em predições, o macaco eventualmente daria de cara com uma combinação vencedora de jogadas. Enquanto o computador sempre consegue forçar um empate num jogo da velha, a vitória no jogo de damas dependeria do que o oponente do Chinook fizesse. Parte do jogo, portanto, estaria fora de suas mãos. Em outras palavras, ganhar exigiria sorte.

O Chinook competiu pela última vez em 1996. Mas Schaeffer e seus colegas não aposentaram de vez seu software campeão. Em vez disso, puseram-no para encontrar uma estratégia de damas que nunca perdesse, não importando o que fizesse seu adversário. Os resultados foram finalmente anunciados em 2007, quando os pesquisadores de Alberta publicaram um artigo anunciando: "O jogo de damas está resolvido."[44]

Há três níveis de solução para um jogo como damas. O mais detalhado, uma "solução forte", descreve o resultado final quando jogadores perfeitos pegam qualquer jogo no meio, em qualquer ponto, inclusive aqueles jogos nos quais já foram cometidos erros. Isso significa que, qualquer que seja a posição inicial, sempre saberemos a estratégia ideal daquele ponto em diante. Embora esse tipo de solução exija uma quantidade enorme de computação, as pessoas encontraram soluções fortes para jogos relativamente simples como o jogo da velha e o Lig 4.*

O tipo seguinte de solução é quando o resultado ideal é conhecido, mas só sabemos como chegar a ele se jogarmos o jogo desde o começo. Essas "soluções fracas" são particularmente comuns para jogos complicados, em que só é viável examinar o que acontece se ambos os jogadores fizerem jogadas perfeitas desde o início.

A mais básica, a "solução ultrafraca", revela o resultado final quando ambos os jogadores fazem uma sequência perfeita de jogadas mas não mostram quais são essas jogadas. Por exemplo, embora soluções fortes tenham sido encontradas para o jogo da velha e o Lig 4, John Nash demonstrou em 1949[45] que, quando qualquer um desses jogos ao estilo "alinhe tantos em sequência" é jogado com perfeição, o jogador que sai em segundo lugar nunca pode ganhar. Mesmo que não consigamos encontrar a estratégia ideal, podemos provar que essa alegação é verdadeira examinando o que acontece se assumirmos que não é, e mostrando que a nossa premissa incorreta leva a um beco sem saída lógico. Os matemáticos chamam esta abordagem de "prova por contradição".

Para dar a largada na nossa prova, vamos supor que *haja* uma sequência vitoriosa de jogadas para o segundo jogador. O primeiro pode virar a situação a seu favor, fazendo uma jogada de abertura completamente aleatória, esperando a resposta do segundo jogador e então "roubando" a estratégia vencedora desse ponto em diante. Com efeito, o primeiro jogador se transformou no segundo. Essa abordagem de "roubo de estratégia" funciona porque ter o contador extra colocado aleatoriamente no tabuleiro no começo do jogo só serve para melhorar a chance de vitória do primeiro jogador.

Ao adotar a estratégia vencedora do segundo jogador, o primeiro acaba vitorioso. No entanto, no começo assumimos que o segundo jogador tem uma estratégia vencedora. Isso significa, portanto, que ambos os jogadores

---

* Jogo em que dois jogadores tentam colorir primeiro, cada um com sua cor, quatro círculos em sequência. (N.T.)

vencem, o que é claramente uma contradição. Assim, o único resultado lógico é que o segundo jogador nunca pode vencer.

Saber que um jogo tem uma solução ultrafraca é interessante mas realmente não ajuda um jogador a ganhar na prática. Em contraste, soluções fortes, apesar de garantirem uma estratégia ideal, podem ser difíceis de encontrar quando os jogos têm uma porção de possíveis combinações de jogadas. Como o jogo de damas é cerca de um milhão de vezes mais complicado que o Lig 4, Schaeffer e colegas se concentraram em encontrar uma solução fraca.

Quando jogou contra Marion Tinsley, o Chinook tomava decisões de uma entre duas maneiras. No começo do jogo, vasculhava jogadas possíveis, mirando à frente para ver aonde elas poderiam levar. Nos estágios finais, quando restavam menos peças no tabuleiro, e portanto menos possibilidades para analisar, consultava seu "banco de dados de fins de jogo" de estratégias perfeitas. Tinsley também tinha uma compreensão notável do fim de jogo, o que em parte o tornava tão difícil de ser batido. Isso ficou visível em um de seus primeiros jogos contra o computador em 1990. O Chinook acabara de fazer sua décima jogada quando Tinsley disse: "Você vai se arrepender disso." Vinte e seis lances depois, o Chinook abandonou.[46]

O desafio para a equipe de Alberta era fazer com que as duas abordagens se encontrassem no meio. Em 1992, o Chinook só conseguia antecipar dezessete jogadas, e seu banco de dados de fins de jogo só tinha informação para situações nas quais havia menos de seis peças no tabuleiro. O que acontecia entre a fase inicial e esse ponto resumia-se a trabalho de adivinhação.

Graças ao aumento do poder computacional, em 2007 o Chinook era capaz de vasculhar com suficiente antecedência o futuro e reunir um banco de dados de fins de jogo suficientemente grande para traçar uma estratégia perfeita do começo ao fim. O resultado, publicado na revista *Science*, foi uma conquista notável. Contudo, sem os jogos contra Tinsley, a estratégia poderia nunca ter sido encontrada. Mais tarde, a equipe de Alberta disse que o projeto Chinook "poderia ter morrido em 1990 por falta de competição humana".[47]

Embora seja uma estratégia perfeita, Schaeffer não recomendaria usá-la num jogo contra oponentes menos habilidosos. Os primeiros jogos do Chinook contra humanos mostraram que costuma ser benéfico desviar-se da estratégia ideal se isso significar aumentar as chances de o oponente cometer um erro. Isso porque a maioria dos jogadores não consegue ver dezenas de jogadas adiante como o Chinook. O potencial para erros é ainda maior em jogos como xadrez e pôquer, nos quais ninguém conhece a estratégia perfeita. O que levanta uma pergunta importante: o que acontece quando aplicamos a teoria dos jogos a jogos que são complicados demais para serem totalmente aprendidos?

Junto com Tobias Galla, físico da Universidade de Manchester, Doyne Farmer havia começado a perguntar como a teoria dos jogos se sustenta quando os jogos não são simples.[48] A teoria dos jogos baseia-se na premissa de que todos os jogadores sejam racionais, isto é, tenham consciência dos efeitos das várias decisões que podem tomar e escolham aquela que os beneficie mais. Em jogos simples, como o jogo da velha ou o dilema do prisioneiro, é fácil dar sentido às possíveis opções, o que significa que as estratégias dos jogadores quase sempre acabam no equilíbrio de Nash. Mas o que acontece quando os jogos são complicados demais para apreender totalmente?

A complexidade do xadrez e de muitas formas de pôquer significa que os jogadores, sejam máquinas ou humanos, ainda não encontraram a estratégia ideal. Um problema semelhante aparece nos mercados financeiros. Embora a informação crucial – de preços de ações à rentabilidade das operações – esteja amplamente disponível, as interações entre bancos e corretoras que provocam solavancos e atropelos no mercado são intricadas demais para serem plenamente compreendidas.

Robôs de pôquer tentam contornar o problema da complexidade "aprendendo" um conjunto de estratégias antes de jogar um jogo real. Mas, na vida de verdade, os jogadores frequentemente aprendem estratégias *durante* um jogo. Economistas têm sugerido que as pessoas tendem a adotar estratégias usando "atração pesada pela experiência", preferindo ações passadas que foram bem-sucedidas àquelas que não foram. Galla e Farmer perguntaram-se se este processo de aprendizagem ajuda os jogadores a achar o equilíbrio de Nash quando os jogos são difíceis. Também estavam curiosos para ver o que acontece se o jogo não vai se assentando para um resultado ideal. Que tipo de comportamento devemos esperar?

Galla e Farmer desenvolveram um jogo no qual dois jogadores computadorizados podiam, cada um deles, escolher entre cinquenta jogadas possíveis. Dependendo da combinação escolhida, cada um recebia uma recompensa específica, que fora atribuída aleatoriamente antes do começo do jogo. Os valores dessas recompensas predeterminadas decidia o quanto o jogo era competitivo. As recompensas ou eram de soma zero, com as perdas de um jogador iguais aos ganhos do outro, ou idênticas para ambos os jogadores. A extensão da memória dos jogadores também podia variar. Em alguns jogos, os jogadores levavam em conta cada jogada anterior durante o processo de aprendizagem; em outros, davam menos ênfase a eventos mais distantes no passado.

Para cada grau de competitividade e memória, os pesquisadores examinavam como as escolhas dos jogadores mudavam com o tempo ao aprenderem a escolher jogadas com melhores resultados. Quando os jogadores tinham memória pobre, as mesmas decisões logo se repetiam, e eles com frequência caíam em comportamento de revide, tipo olho por olho. Mas quando os jogadores tinham ambos boa memória e o jogo era competitivo, acontecia algo estranho. Em vez de se assentar num equilíbrio, as decisões flutuavam loucamente. Como as bolinhas de roleta que Farmer tentara rastrear na época de estudante, as escolhas dos jogadores saltavam de um lado a outro imprevisivelmente. Os pesquisadores descobriram que, à medida que o número de jogadores aumentava, esta tomada de decisão caótica tornava-se mais comum. Quando os jogos são complicados, parece que pode ser impossível antecipar as escolhas dos jogadores.

Outros padrões também emergiram, inclusive padrões que haviam sido anteriormente identificados em jogos da vida real. Quando o matemático Benoît Mandelbrot examinou os mercados financeiros no começo dos anos 1960, notou que períodos voláteis em mercados e ações tendiam a se aglutinar. "Mudanças grandes tendem a ser seguidas por mudanças grandes",[49] observou, "e mudanças pequenas tendem a ser seguidas por mudanças pequenas." O aparecimento da "volatilidade agrupada" tem intrigado economistas desde então. Galla e Farmer identificaram o fenômeno também no seu jogo, sugerindo que o padrão pode ser simplesmente consequência de muita gente tentando aprender as complexidades dos mercados financeiros.

É claro que Galla e Farmer fizeram diversas premissas sobre como nós aprendemos e como os jogos são estruturados. Mas mesmo que a vida real seja diferente, não devemos ignorar os resultados. "Mesmo que se descubra que estamos errados", dizem eles, "explicar por que estamos errados estimulará os teóricos dos jogos a pensar com mais cuidado sobre as propriedades genéricas dos jogos reais."

EMBORA A TEORIA dos jogos possa nos ajudar a identificar a estratégia ideal, ela nem sempre é a melhor abordagem a ser usada quando jogadores estão propensos a erros ou precisam aprender. A equipe do Chinook sabia disso, e foi por isso que se certificou de que o programa usasse estratégias que possibilitassem aos seus oponentes cometer erros. Chris Ferguson também tinha consciência desse aspecto. Além de empregar a teoria dos jogos, ele procurava mudanças na linguagem corporal, ajustando suas apostas se os jogadores ficassem nervosos ou superconfiantes. Jogadores não precisam simplesmente antecipar como o oponente perfeito vai se comportar; precisam predizer como *qualquer* oponente vai se comportar.

Como veremos no próximo capítulo, os pesquisadores estão agora mergulhando mais fundo em aprendizagem e inteligência artificiais. Para alguns deles, o trabalho já vem sendo feito há anos. Em 2003, um perito jogador humano competiu contra um robô de pôquer de primeira linha. Embora o robô usasse estratégias da teoria dos jogos para tomar decisões, não podia predizer as mudanças de comportamento de seus competidores. Depois, o jogador humano disse aos criadores do robô: "Vocês têm um programa muito forte. Se lhe acrescentarem uma modelagem de oponente, ele arrasará qualquer um."[50]

7. O oponente-modelo

Ken Jennings e Brad Rutter eram os melhores no gameshow *Jeopardy!*, um programa de perguntas e respostas da TV americana. Era 2011, e Rutter tinha embolsado o prêmio máximo em dinheiro, enquanto Jennings cravara um recorde de 74 aparições sem derrota. Graças à sua habilidade de dissecar as famosas pistas de conhecimento geral do programa,[1] ambos tinham ganhado juntos mais de US$5 milhões.

Em 14 de fevereiro daquele ano, Jennings e Rutter retornaram para uma edição especial do programa. Enfrentariam um novo oponente, chamado Watson, que nunca tinha aparecido no *Jeopardy!* antes. No decorrer de três episódios, Jennings, Rutter e Watson responderam perguntas sobre literatura, história, música e esportes. Não demorou muito para que o recém-chegado saltasse para a liderança. Apesar de ter tido dificuldade na rodada do "Nome da década", Watson dominou quando se falou de Beatles e da história das Olimpíadas. Embora tenha havido uma reação de última hora por parte de Jennings, os ex-campeões não conseguiram aguentar. No fim do programa, Watson havia acumulado mais de US$77 mil, um total maior do que a soma de Jennings e Rutter juntos. Foi a primeira vez que Rutter perdeu.

Watson não comemorou a vitória, mas seus fabricantes, sim. Batizado em homenagem a Thomas Watson, fundador da IBM, a máquina era o resultado de sete anos de trabalho. A ideia do Watson viera em 2004. Durante um jantar da empresa, um silêncio lúgubre havia baixado sobre o restaurante. Charles Lickel, gerente de pesquisa da IBM, percebeu que a falta de conversa era causada por algo que estava se passando nas telas de TV do salão. Todo mundo estava assistindo a Ken Jennings e sua fenomenal sequência vitoriosa no *Jeopardy!*. Olhando para a tela, Lickel percebeu que o jogo podia ser um bom teste para a capacidade da IBM. A empresa tinha um histórico de vencer em jogos humanos – o seu computador Deep Blue batera o grande mestre do xadrez Garry Kasparov em 1997 –, mas ainda não havia atacado um jogo como *Jeopardy!*.

Para ganhar o *Jeopardy!* os jogadores precisam de conhecimento, esperteza e talento para jogos de palavras. O programa é essencialmente um questionário às avessas. Os competidores recebem pistas sobre a resposta e precisam dizer ao apresentador qual é a pergunta. Então, se uma pista é "5280", a resposta certa poderia ser: "Quantos pés há numa milha?"

A versão acabada do Watson usava dezenas de técnicas diferentes para interpretar as pistas e buscar a resposta correta. Tinha acesso a conteúdos inteiros da Wikipédia e US$3 milhões em processadores de computador para armazenar toda a informação.

Analisar linguagem humana e fazer malabarismos com dados pode ser útil também em outros ambientes menos glamorosos. Desde a vitória do Watson, a IBM tem atualizado o software de maneira a poder vasculhar bancos de dados médicos e ajudar em tomadas de decisões em hospitais. Bancos também planejam utilizá-lo para responder perguntas de clientes, enquanto universidades esperam empregar o Watson para direcionar consultas de alunos. Estudando livros de culinária, o Watson está até mesmo ajudando chefs a encontrar novas combinações de sabores. Em 2015, a IBM compilou alguns resultados num "livro de culinária de computação cognitiva",[2] que inclui receitas tais como um burrito com chocolate, canela e edamame.

Embora os feitos do Watson no *Jeopardy!* tenham sido impressionantes, o programa não é o teste definitivo para máquinas pensantes. Existe outro desafio para a inteligência artificial, indiscutivelmente muito maior, um desafio anterior ao Watson, até mesmo ao Deep Blue. Enquanto o predecessor do Deep Blue, o Deep Thought, vinha gradualmente escalando o ranking do xadrez no começo dos anos 1990, um jovem pesquisador chamado Darse Billings chegou à Universidade de Alberta. Ele entrou no Departamento de Ciência da Computação, onde

Jonathan Schaeffer e sua equipe tinham recentemente desenvolvido o bem-sucedido programa de damas Chinook. Quem sabe o xadrez não seria um bom próximo alvo? Billings tinha outras ideias. "Xadrez é fácil", ele disse. "Vamos tentar o pôquer."[3]

Todo verão, os melhores robôs de pôquer do mundo se reúnem para um torneio. Em anos recentes, três competidores têm dominado. Há o grupo da Universidade de Alberta, que atualmente tem cerca de doze pesquisadores trabalhando em programas de pôquer. Há uma equipe da Universidade Carnegie Mellon, em Pittsburgh, Pensilvânia, praticamente vizinha ao lugar onde Michael Kent costumava trabalhar enquanto desenvolvia suas predições esportivas. Tuomas Sandholm, um professor de ciência da computação, chefia o grupo e seu trabalho no robô campeão Tartanian. E por fim há Eric Jackson,[4] um pesquisador independente que criou um programa chamado Slumbot.

O torneio consiste em várias competições diferentes, com as equipes ajustando a personalidade de seus robôs sob medida para cada uma. Algumas competições são do tipo mata-mata. Em cada rodada, dois robôs jogam um contra o outro, e aquele com a menor pilha de fichas no final é eliminado. Para ganhar essas competições, os robôs precisam de um forte instinto de sobrevivência. Precisam ganhar só o suficiente para passar à rodada seguinte: ganância, por assim dizer, *não* é bom. Em outras partidas, porém, o robô vencedor é aquele que junta a maior quantia no total. Precisam portanto espremer o máximo que podem seus oponentes. Têm que tomar a ofensiva e achar meios de tirar vantagem dos outros.

A maioria dos robôs na competição passou anos em desenvolvimento, treinando milhões, senão bilhões, de jogos. No entanto, não há grandes boladas à espera dos vencedores. Os criadores podem conquistar o direito de se vangloriar, mas não sairão da competição com recompensas como em Las Vegas. Então, por que esses programas são úteis?

Sempre que um computador joga pôquer, está resolvendo um problema familiar a todos nós: como lidar com informação que falta. Em jogos como o xadrez, a informação não é um problema. Os jogadores podem ver tudo. Sabem onde as peças estão e quais jogadas seu adversário fez. A sorte entra no jogo não porque os jogadores não podem observar eventos, mas porque são incapazes de processar a informação disponível. É por isso que há uma chance (ainda que mínima) de um grande mestre perder para um macaco fazendo jogadas ao acaso.

Com um bom algoritmo de jogo – e muito poder computacional –, é possível contornar o problema do processamento de informação. Foi assim que Schaeffer e seus colegas descobriram a estratégia perfeita para damas e como um computador poderia um dia solucionar o xadrez. Tais máquinas podem bater seus oponentes por meio da força bruta, vasculhando minuciosamente cada possível conjunto de jogadas. Mas o pôquer é diferente. Não importa quanto os jogadores sejam bons, cada um tem que lidar com o fato de que as cartas do oponente estão ocultas. Embora o jogo tenha regras e limites, sempre existem fatores desconhecidos. O mesmo problema brota em muitos aspectos da vida. Negociações, leilões, barganhas: todos são jogos de informação incompleta. "O pôquer é um microcosmo perfeito de muitas situações que encontramos no mundo real",[5] diz Schaeffer.

ENQUANTO TRABALHAVAM em Los Alamos durante a Segunda Guerra Mundial, Stanisław Ulam, Nick Metropolis, John von Neumann e outros frequentemente jogavam pôquer até tarde da noite. Os jogos não eram particularmente intensos. As apostas eram baixas, e a conversa, leve. Ulam dizia que era "um refrescante banho de bobagem em relação aos negócios muito sérios e importantes que eram a *raison d'être* de Los Alamos".[6] Em um de seus jogos, Metropolis ganhou US$10 de Von Neumann. Ficou encantado de vencer um homem que havia escrito um livro inteiro sobre teoria dos jogos. Metropolis usou metade do dinheiro para comprar um exemplar de *Theory of Games and Economic Behavior*, de Von Neumann, e enfiou os US$5 restantes entre as páginas para marcar a vitória.

Mesmo antes de Von Neumann ter publicado um livro sobre teoria dos jogos, sua pesquisa no pôquer já era bem conhecida. Em 1937, ele apresentara seu trabalho numa palestra na Universidade de Princeton. Na plateia quase certamente esteve um jovem matemático britânico de nome Alan Turing.[7] Na época, Turing era aluno visitante de graduação, vindo da Universidade de Cambridge. Fora aos Estados Unidos para estudar lógica matemática. Embora tenha ficado decepcionado com o fato de Kurt Gödel não estar mais na instituição, de forma geral Turing apreciou sua estada em Princeton, mesmo julgando intrigantes certos hábitos americanos. "Sempre que você agradece por alguma coisa eles dizem 'Seja bem-vindo'", contou à mãe numa carta. "No começo gostei bastante, pensando que era bem-vindo, mas agora acho que a coisa volta automaticamente, como uma bola atirada contra a parede, e fico apreensivo."[8]

Depois de passar um ano em Princeton, Turing regressou à Inglaterra. Embora sua sede principal fosse Cambridge, também tinha um cargo em horário parcial na Escola de Códigos e Cifras no vizinho Bletchley Park. Quando estourou a Segunda Guerra Mundial, em setembro de 1939, Turing viu-se na primeira linha dos esforços britânicos para decifrar códigos inimigos. Durante esse período, o exército alemão codificava mensagens de rádio usando as chamadas máquinas Enigma. Tal invenção, que parecia uma gigantesca máquina de escrever, tinha uma série de rotores que convertiam caracteres datilografados em texto codificado. Essa complexidade de codificação era um obstáculo fundamental para os decifradores de códigos em Bletchley Park. Mesmo que Turing e seus colegas tivessem pistas sobre as mensagens – por exemplo, certas palavras-chave que tinham probabilidade de aparecer no texto –, ainda havia milhares de configurações possíveis dos rotores para vasculhar. Para resolver o problema, Turing projetou uma máquina semelhante a um computador chamada Bombe para fazer o trabalho pesado. Uma vez que os decifradores encontrassem uma chave criptográfica, a Bombe podia identificar as configurações do Enigma que produziam o código e decifrar o resto da mensagem.

Quebrar o código Enigma provavelmente foi a façanha mais famosa de Turing, mas, muito como Von Neumann, ele também estava interessado em jogos. A pesquisa de Von Neumann sobre pôquer certamente atraiu a atenção de Turing. Quando este morreu, em 1954, deixou a seu amigo Robin Gandy uma coleção de artigos. Entre eles havia um manuscrito semiacabado intitulado "The Game of Poker",[9] no qual Turing tentava elaborar a partir da análise simples do jogo feita por Von Neumann.

Turing não pensava apenas na teoria matemática dos jogos. Também se perguntava[10] como os jogos podiam ser usados para investigar a inteligência artificial. Segundo Turing, não fazia sentido perguntar se "as máquinas podem pensar". Ele dizia que a pergunta era vaga demais, sendo a gama de respostas muito ambígua. Em vez disso, deveríamos perguntar se uma máquina é capaz de se comportar de maneira indistinguível da de um ser humano (pensante). Pode um computador enganar alguém e levar a acreditar que é humano?

Para testar se um ser artificial podia passar por uma pessoa real, Turing propôs um jogo. Teria de ser uma disputa justa, uma atividade em que tanto humanos como máquinas pudessem ser bem-sucedidos. "Não desejamos penalizar a máquina por sua incapacidade de brilhar em concursos de beleza", disse Turing, "nem penalizar o homem por perder uma corrida contra um avião."

Turing sugeriu o seguinte contexto. Um entrevistador humano conversaria com dois entrevistados ocultos, um deles humano e o outro máquina. O entrevistador tentaria adivinhar qual deles era qual. Turing o chamou de "jogo da imitação". Para evitar que as vozes ou a caligrafia dos participantes tivesse qualquer influência, Turing sugeriu que todas as mensagens fossem datilografadas. Enquanto o humano tentaria ajudar o entrevistador dando respostas honestas, a máquina tentaria enganá-lo. Esse jogo exigiria um número de diferentes aptidões. Os jogadores precisariam processar a informação e responder apropriadamente. Teriam de aprender acerca do entrevistador e lembrar o que havia sido dito. Podiam ser solicitados a fazer cálculos, recordar fatos e resolver quebra-cabeças.

À primeira vista, o Watson parece se encaixar bem na descrição da tarefa. Enquanto jogava *Jeopardy!*, a máquina teve de decifrar pistas, reunir conhecimento e resolver problemas. Mas há uma diferença crucial. O

Watson não jogava como humano para ganhar o *Jeopardy!*. Jogava como um supercomputador, usando seu tempo de reação mais rápido e vastas bases de dados para bater seus oponentes. Não mostrava coragem nem frustração, e não precisava. O Watson não estava lá para persuadir ninguém de que era humano; estava lá para ganhar.

O mesmo valia para o Deep Blue. Quando jogou xadrez contra Garry Kasparov,[11] foi da maneira típica de uma máquina. Usava grande volume de poder computacional para olhar longe no futuro, examinando movimentos potenciais e avaliando possíveis estratégias. Kasparov comentou que a abordagem "força bruta" não revelava muito sobre a natureza da inteligência. "Em vez de um computador que pensava e jogava xadrez como um humano, com criatividade e intuições humanas", disse ele mais tarde, "arranjaram um que jogava como máquina." Kasparov sugeriu que o pôquer poderia ser diferente. Com sua mistura de probabilidade, psicologia e risco, o jogo deveria ser menos vulnerável a métodos de força bruta. Quem sabe poderia até mesmo ser o tipo de jogo que xadrez e damas jamais poderiam ser, um jogo que necessitasse ser aprendido em vez de resolvido?

Turing via a aprendizagem como parte crucial da inteligência artificial. Para ganhar o jogo da imitação, a máquina precisaria ser suficientemente avançada para passar de forma convincente por um humano adulto. Entretanto, não fazia sentido focalizar apenas a criação final já polida. Para criar uma mente funcional, era importante compreender de onde vem a mente. "Em vez de tentar produzir um programa para simular a mente adulta", disse Turing, "por que não tentar produzir uma mente que simule a de uma criança?" Ele comparou o processo a preencher um caderno. Em vez de tentar escrever tudo manualmente, seria mais fácil começar com um caderno vazio e deixar o computador deduzir como deveria ser preenchido.

EM 2011, UM NOVO tipo de jogo começou a aparecer entre as máquinas caça-níqueis e as mesas de roleta nos cassinos de Las Vegas. Era uma versão artificial do pôquer Texas hold'em: as fichas reduzidas a duas dimensões, as cartas distribuídas na tela. Os jogadores enfrentavam um único adversário computadorizado numa forma do jogo mano a mano, comumente conhecida como "pôquer heads-up".

Desde que Von Neumann examinou jogos em versão simplificada para dois oponentes, o pôquer heads-up tem sido um alvo predileto dos pesquisadores. Isto porque um jogo envolvendo apenas dois adversários, e não vários, é muito mais fácil analisar. O "tamanho" do jogo – medido pelas sequências totais de ações possíveis para um jogador – é consideravelmente menor com apenas dois participantes. Isto torna muito mais fácil desenvolver um robô bem-sucedido. Na verdade, quando se chega à versão "limite" do pôquer heads-up, na qual são arrecadadas as apostas máximas, as máquinas de Vegas são melhores do que a maioria dos jogadores humanos.

Em 2013, o jornalista Michael Kaplan[12] rastreou a origem das máquinas num artigo para o *New York Times*. Revelou-se que os robôs de pôquer deviam muito a um software criado pelo cientista da computação norueguês Fredrik Dahl. Enquanto estudava ciência da computação na Universidade de Oslo, Dahl se interessara por gamão. Para afiar suas habilidades, criou um programa de computador capaz de buscar estratégias bem-sucedidas. O programa era tão bom que ele acabou salvando-o em disquetes, que vendia por US$250 cada um.

Tendo criado um habilidoso robô de gamão, Dahl voltou sua atenção ao projeto muito mais ambicioso de criar um jogador artificial de pôquer. Como o pôquer envolvia informação incompleta, seria muito mais difícil para o computador achar táticas bem-sucedidas. Para ganhar, a máquina teria de aprender a lidar com a incerteza. Teria de ler seu oponente[13] e pesar uma grande quantidade de opções. Em outras palavras, precisaria de um cérebro.

Num jogo como o pôquer, uma ação pode requerer vários passos de tomada de decisão. Um cérebro artificial pode então requerer múltiplos neurônios interligados. Um neurônio poderia avaliar as cartas abertas. Outro, considerar a soma de dinheiro na mesa; um terceiro, examinar as apostas dos outros jogadores. Esses neurônios não levarão necessariamente a uma decisão final direta. Os resultados podem fluir para uma segunda camada de neurônios, que combinem a primeira rodada de tomada de decisão de forma mais detalhada. Os neurônios internos são conhecidos como "camadas ocultas" porque jazem entre os dois blocos visíveis de informação: o que entra na rede neural e o que sai.

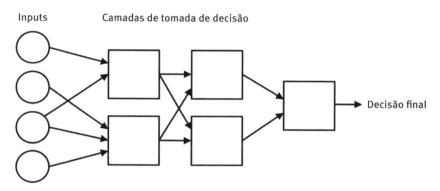

FIGURA 7.1. Ilustração de uma rede neural simples.

Redes neurais não são uma ideia nova;[14] a teoria básica para um neurônio artificial foi esboçada na década de 1940. No entanto, a crescente disponibilidade de dados e poder computacional significa que elas são agora capazes de algumas façanhas impressionantes. Além de possibilitar aos robôs aprender a jogar jogos, estão ajudando computadores a reconhecer padrões com notável acurácia.

No outono de 2013, o Facebook anunciou uma equipe de inteligência artificial[15] que se especializaria em desenvolver algoritmos inteligentes. Na época, usuários do Facebook estavam postando mais de 350 milhões[16] de fotos novas por dia. A empresa introduzira anteriormente uma variedade de características para lidar com essa avalanche de informação. Uma delas era o reconhecimento facial: a empresa queria dar aos usuários a opção de detectar – e identificar – automaticamente faces nas suas fotos. Na primavera de 2014, a equipe de inteligência artificial do Facebook reportou uma melhora substancial no software de reconhecimento facial da empresa conhecido como DeepFace.

O cérebro artificial por trás do DeepFace consiste em nove camadas de neurônios. As camadas iniciais fazem o trabalho de base, identificando onde a face está na figura e centrando a imagem. Camadas subsequentes pegam então características que deem uma porção de pistas sobre a identidade, tais como a área entre os olhos e as sobrancelhas. Os neurônios finais reúnem todas as medições separadas, do formato do olho à posição da boca, e as utilizam para rotular a face. A equipe do Facebook treinou a rede neural usando múltiplas fotos de 4 mil pessoas diferentes. Foi a maior quantidade de dados faciais já reunida; em média, havia mais de mil fotografias de cada face.

Com o treinamento encerrado, era hora de testar o programa. Para avaliar a performance do DeepFace ao receber faces novas, a equipe lhe pediu para identificar fotos tiradas do "Labeled Faces in the Wild", um banco de dados contendo milhares de rostos humanos em situações do dia a dia. As fotos são um bom teste da capacidade de reconhecimento facial; a iluminação não é sempre a mesma, o foco da câmera varia e as faces não estão necessariamente na mesma posição. Mesmo assim, humanos parecem ser muito bons em determinar se duas faces são a mesma: num experimento online, os participantes associaram corretamente as faces 99% das vezes.

Mas o DeepFace não ficou muito atrás. Tinha treinado por tanto tempo, e as conexões de seus neurônios artificiais haviam sido reformuladas tantas vezes, que ele conseguiu determinar se duas fotos eram da mesma pessoa com mais de 97% de acurácia. Mesmo quando o algoritmo precisou analisar imagens congeladas de vídeos do YouTube – que geralmente são menores e mais borradas –, ainda assim conseguiu mais de 90% de acurácia.

O programa de pôquer de Dahl também levou um longo tempo para elaborar a experiência. Para treinar seu software, Dahl montou diversos robôs e fez com que se enfrentassem jogo após jogo. Os programas de computador jogaram bilhões de mãos, apostando e blefando, seus cérebros artificiais se desenvolvendo enquanto jogavam. À medida que os robôs iam se aperfeiçoando, Dahl descobriu que começavam a fazer algumas coisas surpreendentes.

EM SEU ARTIGO SEMINAL de 1952, "Computing Machinery and Intelligence", Turing destacou que havia muita gente cética em relação à possibilidade de inteligência artificial. Uma crítica, levantada pela matemática Ada Lovelace no século XIX, era que as máquinas não podiam criar nada original. Podiam apenas fazer o que eram mandadas. O que significava que uma máquina nunca nos pegaria de surpresa.

Turing discordava de Lovelace, observando que "máquinas me pegam de surpresa com grande frequência". Geralmente atribuía essas surpresas a algum equívoco. Talvez tivesse feito algum cálculo apressado ou introduzido uma premissa descuidada enquanto desenvolvia o programa. De computadores rudimentares a algoritmos financeiros de alta frequência, este é um problema comum. Como vimos, algoritmos errados podem muitas vezes levar a resultados negativos inesperados.

Às vezes, porém, o erro pode funcionar a favor do computador. Na primeira fase do confronto de xadrez entre o Deep Blue e Kasparov, a máquina fez uma jogada tão intrigante, tão sutil e tão – bem – inteligente que desarmou Kasparov. Em vez de comer um peão vulnerável,[17] o Deep Blue moveu sua torre para uma posição defensiva. Kasparov não tinha ideia de por que ele havia feito isso. Segundo todos os relatos, o movimento influenciou o resto do jogo, persuadindo o grande mestre russo de que ele estava enfrentando um adversário muito além de qualquer um contra o qual já tivesse jogado antes.

Na verdade, o Deep Blue não tinha razão para escolher aquela jogada particular. Tendo eventualmente se metido numa situação para a qual não tinha regras – como predito pelo teorema da incompletude de Gödel –, o computador em vez disso agiu de maneira aleatória. A estratégia de mudança de jogo do Deep Blue[18] não foi um movimento engenhoso; foi simplesmente sorte.

Turing admitiu que tais surpresas ainda são resultado de ações humanas, uma vez que as consequências provêm de regras que os humanos definiram (ou deixaram de definir). Mas os robôs de pôquer de Dahl não produziam surpresas por causa de equívoco humano – elas eram resultado do processo de aprendizagem dos programas. Durante jogos de treinamento, Dahl notou que um dos robôs estava usando uma tática conhecida como "flutuação". Depois de mostradas as três cartas do *flop*, um jogador em flutuação iguala as apostas do oponente, mas não as aumenta. Ele segue a maré, jogando a rodada sem influir nas apostas. Uma vez revelada a quarta carta, o *turn*, o jogador faz uma jogada e sobe a aposta agressivamente, na esperança de assustar o oponente e levá-lo a sair do jogo. Dahl não havia deparado antes com essa técnica, mas a estratégia é familiar para a maioria dos bons jogadores de pôquer. E também requer muita habilidade para ser executada com sucesso. Os jogadores precisam não só julgar as cartas abertas, mas também ler corretamente seus adversários. Alguns são mais fáceis de afugentar que outros;[19] a última coisa que um jogador em flutuação deseja é subir agressivamente e então terminar tendo de abrir as cartas.

À primeira vista, tais habilidades parecem inerentemente humanas. Como um robô poderia ensinar a si mesmo uma estratégia como esta? A resposta é que é inevitável, porque às vezes uma jogada depende mais da lógica fria do que poderíamos pensar. Foi exatamente o que Von Neumann descobriu com o blefe. A estratégia não era uma simples distorção de psicologia humana; era uma tática necessária ao seguir uma estratégia de pôquer ideal.

Em seu artigo do *New York Times*, Kaplan menciona que as pessoas muitas vezes se referem à máquina de Dahl em termos humanos. Dão-lhe apelidos. Tratam-na como se fosse uma pessoa, e não um objeto. Chegam a admitir conversar com a caixa de metal como se fosse um jogador real sentado atrás do vidro. Quando se trata do Texas hold'em, parece que o robô conseguiu fazer as pessoas esquecerem que é um programa de computador. Se o teste de Turing envolvesse um jogo de pôquer em vez de uma série de perguntas, a máquina de Dahl seguramente passaria.

Talvez não seja particularmente estranho que as pessoas tendam a tratar robôs de pôquer como personagens independentes em vez de encará-los como propriedade das pessoas que os programaram. Afinal, os melhores jogadores computadorizados são em geral muito melhores que seus criadores. Como o computador tem todo o aprendizado, o robô não precisa que de início lhe seja dada muita informação. Seu criador humano pode, portanto, ser relativamente ignorante acerca de estratégias de jogo, e ainda assim acabar com um robô forte. "Pode-se fazer coisas surpreendentes com muito pouco conhecimento", nas palavras de Jonathan Schaeffer. Na verdade, apesar de possuir alguns dos melhores robôs de pôquer do mundo, o grupo de Alberta tem talento limitado quando se trata do jogo. "A maior parte do nosso grupo não é absolutamente de jogadores de pôquer",[20] disse o pesquisador Michael Johanson.

Embora Dahl tivesse criado um robô capaz de aprender a vencer a maioria dos jogadores num pôquer de apostas limitadas, havia uma pegadinha. As regras de jogo de Las Vegas estipulam que máquinas de jogar precisam se comportar da mesma maneira contra todos os jogadores. Não podem ajustar seu estilo de jogo a jogadores mais habilidosos ou inexperientes. Assim, o robô de Dahl teve de sacrificar um pouco de sua astúcia antes de ser admitido no cassino. Do ponto de vista do robô, ter de seguir uma estratégia fixa pode tornar as coisas mais difíceis. Ter um cérebro adulto rígido – em vez do cérebro flexível de uma criança – impede a máquina de aprender maneiras de explorar fraquezas. Isso remove uma grande vantagem, porque os humanos têm falhas de sobra a serem exploradas.

EM 2010, UMA VERSÃO online do jogo pedra–papel–tesoura apareceu no website do *New York Times*.[21] E ainda está lá, se você quiser experimentar. Você poderá jogar contra um programa de computador muito forte. Mesmo depois de algumas rodadas, a maioria das pessoas acha que o computador é bastante difícil de vencer; jogue várias partidas, e o computador geralmente acabará na frente.

A teoria dos jogos sugere que, se você seguir uma estratégia ideal para pedra–papel–tesoura, e escolher aleatoriamente entre as três opções disponíveis, sua expectativa deve ser ficar num elas por elas. Mas, quando se trata de pedra–papel–tesoura, parece que os humanos não são muito bons em fazer o ideal. Em 2014, Zhijian Wang e colegas na Universidade de Zhejiang na China[22] relataram que as pessoas tendem a seguir certos padrões de comportamento durante jogos de pedra–papel–tesoura. Os pesquisadores recrutaram 360 estudantes, dividiram-nos em grupos e pediram a cada grupo que jogasse trezentas rodadas de pedra-papel-tesoura entre si. Durante os jogos, os pesquisadores descobriram que muitos estudantes adotavam o que chamaram de estratégia "ganha-fica perde-troca". Jogadores que tinham acabado de ganhar uma rodada geralmente mantinham a mesma ação na rodada seguinte, enquanto jogadores que perdiam tinham o hábito de trocar para a opção que os derrotara. Por exemplo, trocavam de pedra para papel, ou de tesoura para pedra. Ao longo de muitas rodadas, os jogadores geralmente escolhiam as três diferentes opções um número semelhante de vezes, mas estava claro que não jogavam de maneira aleatória.

A ironia é que mesmo sequências verdadeiramente aleatórias podem conter padrões aparentemente não aleatórios. Lembra-se daqueles jornalistas preguiçosos em Monte Carlo que inventavam os números dos resultados da roleta? Havia uma porção de obstáculos que eles tinham de superar para criar resultados que parecessem aleatórios. Primeiro, teriam de se certificar de que preto e vermelho saíssem com frequência bastante similar nos resultados. Este pedacinho os jornalistas até que conseguiam deixar em ordem, isto é, os dados passavam sem problema pela rodada inicial do teste "Isto é aleatório?" de Karl Pearson. No entanto, os repórteres se saíam mal quando se tratava de sequências de cores, porque trocavam entre vermelho e preto com mais frequência do que aconteceria numa sequência realmente aleatória.

Mesmo que você saiba como deve ser o jeitão da aleatoriedade, e tente alternar entre as cores – ou pedra, papel, tesoura – corretamente, a sua capacidade de gerar padrões aleatórios será limitada pela sua memória.

Se você tivesse de ler uma lista de números e recitá-los imediatamente, quantos você conseguiria? Meia dúzia? Dez? Vinte?

Na década de 1950, o psicólogo cognitivo George Miller observou[23] que a maioria dos adultos jovens conseguia decorar e recitar cerca de sete números de cada vez. Tente memorizar um número de telefone local e você provavelmente se sairá bem; tente se lembrar de dois, e a coisa já fica mais complicada. Isso pode ser problemático se você estiver tentando gerar jogadas aleatórias num jogo; como pode ter certeza de que vai usar todas as opções com a mesma frequência se só consegue se lembrar das últimas jogadas? Em 1972, o psicólogo holandês Willem Wagenaar observou[24] que o cérebro das pessoas tende a se concentrar numa "janela" móvel de cerca de seis a sete respostas anteriores. Nesse intervalo, as pessoas conseguiam alternar opções com razoável "aleatoriedade". No entanto, não eram tão boas em alternar opções em intervalos de tempo mais longos. O tamanho da janela, com seis a sete opções, podia muito bem ser consequência da observação anterior de Miller.

Nos anos posteriores à publicação do trabalho de Miller, pesquisadores mergulharam mais fundo na capacidade de memória humana. Descobriu-se que o valor ao qual Miller referiu-se brincando como "o número mágico sete"[25] afinal de contas não é tão mágico assim. O próprio Miller comentou que, quando as pessoas tinham de lembrar apenas números binários – tais como 0 e 1 –, conseguiam recitar uma sequência de cerca de oito dígitos. Na verdade, o tamanho dos "blocos" de dados que os humanos conseguem lembrar depende da complexidade da informação. As pessoas podem ser capazes de lembrar sete números, mas há evidência de que podem recitar apenas seis letras, ou algo assim, e cinco palavras monossílabas.

Em alguns casos, as pessoas aprenderam a aumentar o volume de informação que conseguem lembrar. Em campeonatos de memória, os melhores competidores conseguem memorizar mais de mil cartas de baralho em uma hora.[26] Fazem isso mudando o formato dos blocos de dados que lembram; em vez de pensar em termos de números brutos, tentam memorizar imagens como parte de uma viagem. As cartas se transformam em celebridades ou objetos, a sequência torna-se uma série de eventos nos quais aparecem os seus personagens das cartas. Isso ajuda o cérebro do competidor a armazenar e recuperar informação com mais eficiência. Como discutimos no capítulo anterior, memorizar cartas também ajuda no blackjack,[27] com os contadores de cartas agrupando a informação em categorias, de modo a reduzir a quantidade que precisam armazenar. Tais problemas de armazenagem têm interessado não só pesquisadores que examinam mentes artificiais, mas também os que trabalham com mentes humanas. Nick Metropolis disse que Stanisław Ulam "frequentemente ponderava sobre a natureza da memória e como ela era implementada no cérebro".[28]

Quando se trata de pedra–papel–tesoura, máquinas são muito melhores do que humanos para vir com as jogadas imprevisíveis requeridas para uma estratégia ideal da teoria dos jogos. Tal estratégia é inerentemente defensiva, é óbvio, porque visa a limitar perdas potenciais contra um oponente perfeito. Mas o robô de pedra–papel–tesoura no site do *New York Times* não estava jogando contra um oponente perfeito. Estava jogando com humanos propensos a erros, que têm problemas de memória e não conseguem gerar números aleatórios. O robô, portanto, se desviava de uma estratégia aleatória e começava a caçar fraquezas.

O computador tinha duas vantagens principais sobre seus oponentes humanos. Primeiro, podia lembrar acuradamente o que os humanos tinham feito em rodadas anteriores. Podia recordar que sequências de jogadas a pessoa fizera, por exemplo, e de que padrões mais gostava. E era aí que entrava a segunda vantagem.

O computador não estava simplesmente usando informação sobre seu oponente atual. Estava recorrendo a conhecimento adquirido durante 200 mil rodadas de pedra–papel–tesoura contra humanos. A base de dados vinha de Shawn Bayern,[29] um professor de direito e ex-cientista da computação cujo site organiza um grande torneio online de pedra–papel–tesoura. A competição ainda está em andamento, com mais de meio milhão de rodadas jogadas até hoje (o computador ganhou a maioria delas). Os dados significavam que o robô podia comparar seu oponente do momento com outros contra os quais havia jogado. Dada uma particular sequência de jogadas, podia deduzir o que os humanos tendiam a fazer em seguida. Em vez de estar interessada apenas na aleatoriedade, a máquina criava uma imagem do seu oponente.

Tais abordagens podem ser particularmente importantes em jogos como o pôquer, que admitem mais de dois jogadores. Lembre-se de que, na teoria dos jogos, diz-se que estratégias ideais estão em equilíbrio de Nash: nenhum jogador sozinho ganhará nada escolhendo uma estratégia diferente. Neil Burch, um dos pesquisadores do grupo de pôquer da Universidade de Alberta, ressalta que faz sentido procurar tais estratégias se você tem um oponente único. Se for um jogo de soma zero – com tudo que você perde indo para o seu oponente, e vice-versa –, então a estratégia do equilíbrio de Nash limitará as suas perdas. E mais: se o seu oponente se desviar de uma estratégia de equilíbrio, ele perderá. "Em jogos de soma zero com dois jogadores, há de fato uma boa razão para dizer que o equilíbrio de Nash é a coisa correta a se jogar", diz Burch. Entretanto, não é necessariamente a melhor opção quando mais jogadores entram no jogo. "Num jogo de três jogadores, isso pode cair por terra."

O teorema de Nash diz que jogadores perderão se mudarem unilateralmente de estratégia. Mas não diz o que acontece se dois jogadores mudarem de tática juntos. Por exemplo, dois dos jogadores podem decidir se juntar para atacar o terceiro. Quando escreveram seu livro sobre a teoria dos jogos, Von Neumann e Morgenstern observaram que tais alianças funcionam somente quando há pelo menos três jogadores. "Num jogo de duas pessoas não há número suficiente para contornar", dizem eles. "Um conluio absorve pelo menos dois jogadores, e então não sobra ninguém contra quem se opor."[30] Turing também reconheceu o potencial papel de conluios no pôquer. "É somente a etiqueta, senso de jogo limpo etc., que impedem isso de acontecer em jogos reais", disse ele.

Há duas maneiras principais de formar conluios no pôquer. A maneira mais flagrante seria dois ou mais jogadores revelarem suas cartas um ao outro. Quando um recebesse uma mão forte, todos poderiam forçar gradualmente as apostas para arrancar mais dinheiro de seus oponentes. Naturalmente, essa abordagem é muito mais fácil de empregar em jogos online. Parisa Mazrooei e colegas da Universidade de Alberta[31] sugerem que isso deve na realidade ser tratado como "trapaça", porque os jogadores estão usando estratégias fora das regras do jogo, que estipula que as cartas permaneçam fechadas.

A alternativa seria que os conspiradores mantivessem suas cartas para si, mas dessem sinais aos outros jogadores quando tivessem uma mão forte. Tecnicamente, estariam operando dentro das regras (se não dentro dos limites do jogo limpo). Jogadores em conluio frequentemente seguem certos padrões de apostas para aumentar suas chances. Se um jogador aposta alto, por exemplo, os outros o seguirão, para forçar os oponentes a sair do jogo. Jogadores humanos teriam de lembrar tais sinais, mas as coisas são fáceis para robôs, que podem ter acesso ao conjunto exato de regras programadas usadas por colegas de conluio.

Há relatos de jogadores inescrupulosos[32] usando os dois tipos de abordagem em salas de pôquer online. No entanto, pode ser difícil detectar esse conluio. Se um jogador está igualando as apostas de outro, inflando gradualmente o pote, esse jogador pode estar manipulando o jogo para ajudar seu companheiro de time. Ou a pessoa pode ser apenas um principiante ingênuo, tentando blefar para ganhar. "Em qualquer forma de pôquer, existe uma grande variedade de combinações de estratégias que são mutuamente benéficas para aqueles que as aplicam", observou Fredrik Dahl. "Se eles aplicam tais estratégias de propósito, poderíamos dizer que trapaceiam por cooperação, mas se isto acontece apenas por acaso, não seria possível dizer isso."[33]

Este é o problema de usar a teoria dos jogos no pôquer: conluios nem sempre precisam ser deliberados. Podem ser apenas resultado de estratégias escolhidas pelos jogadores. Em muitas situações, há mais de um equilíbrio de Nash. Por exemplo, dirigir um carro. Há duas estratégias de equilíbrio: se todo mundo dirigir na esquerda, você sairá perdendo se tomar a decisão unilateral de dirigir na direita; se o que está em voga é dirigir do lado direito, a esquerda deixa de ser a melhor opção.

Dependendo da localização do seu banco do motorista, um desses equilíbrios será preferível ao outro. Se o seu carro foi feito para ser guiado do lado esquerdo, você provavelmente vai preferir que todo mundo guie na direita. Obviamente, ter o assento do motorista inconvenientemente posicionado do lado "errado" do carro não será suficiente para fazê-lo mudar o lado no qual dirige. Mas a situação ainda é um pouco como ter todo mundo numa aliança contra você (se estiver se sentindo especialmente amuado em relação às coisas). Como ao dirigir do outro lado da rua você claramente sairá perdendo, é preciso simplesmente conviver com a situação.

O mesmo problema surge no pôquer. Além das inconveniências, ele pode custar dinheiro aos jogadores. Três jogadores de pôquer poderiam escolher estratégias baseadas no equilíbrio de Nash, e, quando essas estratégias são reunidas, pode acontecer que dois jogadores tenham escolhido táticas que simplesmente calham de prejudicar o terceiro. É por isso que o pôquer de três jogadores é tão difícil de abordar do ponto de vista da teoria dos jogos. Não só o jogo é bem mais complicado, com mais jogadas potenciais para analisar, como não está claro se a busca do equilíbrio de Nash é sempre a melhor abordagem. "Mesmo que você conseguisse computar um equilíbrio desses", diz Michael Johanson, "ele não seria necessariamente útil."

Há também dois outros inconvenientes. A teoria dos jogos pode lhe mostrar como minimizar suas perdas contra um oponente perfeito. Mas, se o seu oponente tem falhas – ou se há mais de dois jogadores no jogo –, você poderia querer se desviar do equilíbrio de Nash "ideal" e em vez disso tirar proveito das fraquezas. Um modo de fazer isto seria começar com uma estratégia de equilíbrio, e então gradualmente alterar a sua tática à medida que vai aprendendo mais acerca do seu oponente.[34] No entanto, tais abordagens podem ser arriscadas. Tuomas Sandholm, da Universidade Carnegie Mellon, observa que jogadores precisam atingir um equilíbrio entre exploração e explorabilidade. Idealmente, você quer *explorar*, tirando o máximo possível de oponentes fracos, mas não ser *explorável*, permanecendo incólume diante de jogadores fortes. Estratégias defensivas – como o equilíbrio de Nash e a tática empregada pelo robô de pôquer de Dahl – não são muito exploráveis. Jogadores fortes lutarão para vencê-las. Entretanto, isto vem ao preço de não explorar muito oponentes fracos; jogadores ruins se safarão sem muito prejuízo. Portanto, faria sentido variar a estratégia dependendo do oponente. Como diz o velho ditado: "Não jogue as cartas, jogue a pessoa."

Infelizmente, aprender a explorar oponentes pode por sua vez deixar o jogador vulnerável à explorabilidade. Sandholm chama isto de "problema de ser ensinado e explorado". Por exemplo, suponha que o seu oponente pareça de início estar jogando agressivamente. Ao notar isto, você poderia ajustar sua tática para tentar tirar vantagem dessa agressão. Todavia, a essa altura o seu oponente poderia subitamente ficar mais conservador e explorar o fato de você acreditar – incorretamente – que está enfrentando um jogador agressivo.

Pesquisadores podem julgar os efeitos de tais problemas medindo a explorabilidade de seus robôs. Essa medida é a quantia máxima que se esperaria perder se o robô adotasse premissas totalmente erradas sobre seu oponente. Junto com seu orientando Sam Ganzfried, Sandholm vem desenvolvendo robôs "híbridos",[35] que combinam táticas defensivas de equilíbrio de Nash com modelagem do oponente. "Nós gostaríamos de apenas tentar explorar oponentes fracos", disseram, "ao mesmo tempo jogando o equilíbrio contra oponentes fortes."

Está claro que os programas de pôquer estão ficando cada vez melhores. Todo ano, os robôs na Competição Anual de Pôquer de Computador ficam mais e mais espertos, e Vegas está se enchendo de máquinas de pôquer capazes de vencer a maioria dos visitantes de cassinos. Mas será que os computadores realmente superaram os humanos? Será que os melhores robôs são realmente melhores que todo mundo?

Segundo Sandholm, é difícil dizer se esta linha foi de fato cruzada por diversas razões. Para começar, você teria de identificar quem é o melhor humano. Infelizmente, é difícil ranquear jogadores em definitivo: o pôquer não tem um Garry Kasparov ou Marion Tinsley evidente. "Nós realmente não sabemos quem é o melhor humano", diz Sandholm. Jogos contra humanos são difíceis de arranjar. Embora haja todo ano uma competição por computador, Sandholm ressalta que jogos mistos são bem menos comuns. "É difícil fazer com que profissionais topem esses jogos homem-máquina."

Tem havido um ou outro confronto ocasional. Em 2007, os jogadores profissionais Phil Laak e Ali Eslami[36] enfrentaram o Polaris, um robô criado pelo grupo da Universidade de Alberta, numa série de partidas de pôquer de dois jogadores. O Polaris foi projetado para ser duro de vencer. Em vez de tentar explorar seus oponentes, empregava uma estratégia próxima do equilíbrio de Nash.

Na época, alguns membros da comunidade do pôquer acharam que Laak e Eslami foram escolhas estranhas para o confronto. Laak tinha a reputação de ser hiperativo na mesa de jogo, saltando de um lado a outro, rolando no chão, fazendo flexões de braço. Em contraste, Eslami era bastante desconhecido, tendo aparecido em relativamente poucos torneios televisionados. Mas Laak e Eslami tinham habilidades de que os pesquisadores necessitavam. Não só eram bons jogadores, como eram capazes de dizer o que estavam pensando durante o jogo, e se sentiram à vontade com a estrutura incomum envolvida num jogo homem versus máquina.

O local para o confronto foi uma conferência sobre inteligência artificial em Vancouver, Canadá, e o jogo era Texas hold'em limitado: o mesmo jogo que o robô de Dahl jogaria posteriormente em Vegas. Embora Laak e Eslami fossem enfrentar o Polaris em jogos separados, seus escores seriam combinados no fim de cada sessão. Seriam humanos contra a máquina, com Laak e Eslami jogando como time contra o Polaris. Para minimizar os efeitos da sorte, as distribuições de cartas eram espelhadas: as cartas distribuídas para o Polaris numa partida seriam dadas ao humano na outra (e vice-versa). Os organizadores também impuseram uma margem clara de vitória. Para ganhar, uma equipe deveria acabar com pelo menos US$250 a mais em fichas do que o oponente.

No primeiro dia, houve duas sessões de jogo, cada uma consistindo em quinhentas mãos. A primeira sessão terminou empatada (o Polaris terminara com US$70 a mais, o que não era suficiente para ser considerado vitória). Na segunda sessão, Laak teve sorte suficiente para receber cartas boas contra o Polaris, o que significava que o Polaris recebera as mesmas cartas fortes no jogo contra Eslami. O Polaris capitalizou a vantagem mais que Laak, e terminou o dia com uma vitória clara sobre o time humano.

Naquela noite, Laak e Eslami se reuniram para discutir as mil mãos de pôquer que tinham acabado de jogar. A equipe de Alberta lhes deu o livro de registro de jogadas do dia, inclusive todas as mãos que haviam sido distribuídas. Isso ajudou a dupla a dissecar as partidas que tinham jogado. Quando retornaram à mesa no dia seguinte, os humanos tinham uma ideia muito melhor de como atacar o robô, e venceram as duas sessões finais. Mesmo assim, foram modestos em relação à sua vitória. "Para nós, não foi uma vitória", Eslami disse na época. "Nós sobrevivemos. Joguei o melhor pôquer heads-up da minha vida, e vencemos por uma margem estreita."

No ano seguinte, houve uma segunda competição homem-máquina,[37] com um novo conjunto de oponentes humanos. Desta vez, sete jogadores humanos enfrentariam o robô da Universidade de Alberta em Las Vegas. Os humanos eram indiscutivelmente alguns dos melhores; vários deles tinham ganhos de carreira totalizando mais de US$1 milhão. Mas não estariam enfrentando o mesmo Polaris que havia perdido no ano anterior. Este era o Polaris 2.0. Era mais avançado e mais bem-treinado. Desde as partidas contra Laak e Eslami, o Polaris havia jogado mais de 8 bilhões de jogos contra si mesmo. Era melhor agora em explorar a vasta combinação de jogadas possíveis, o que queria dizer que havia menos elos fracos em sua estratégia para servirem de alvo aos oponentes.

O Polaris 2.0 também punha maior ênfase na aprendizagem. Durante um confronto, o robô desenvolvia um modelo do seu adversário. Identificava que tipo de estratégia o jogador estava usando e ajustava seu jogo para visar às fraquezas. Os jogadores não poderiam vencer o Polaris discutindo táticas entre as partidas como Laak e Eslami tinham feito, porque ele estaria jogando de maneira diferente contra cada um deles. E tampouco os humanos poderiam recuperar a vantagem alterando seu próprio estilo de jogo. Se notasse que o adversário havia mudado de estratégia, o robô se adaptaria à nova tática. Michael Bowling, que chefiava a equipe de Alberta, disse que muitos dos jogadores humanos se debateram contra a nova caixa de estratagemas; nunca tinham visto um oponente mudar de estratégia daquela maneira.

Como antes, os jogadores formaram pares para enfrentar o Polaris na versão limitada do Texas hold'em. Houve quatro confrontos no total, distribuídos em quatro dias. Os primeiros dois foram péssimos para o Polaris, com um empate e uma vitória para os humanos. Mas desta vez os humanos não terminaram com força; o Polaris ganhou os dois confrontos finais, e com eles a competição.

Enquanto o Polaris 2.0 se afastava da estratégia ideal para explorar seus oponentes, o próximo desafio para a equipe de Alberta era fazer um robô verdadeiramente imbatível. Os robôs existentes podiam computar apenas um equilíbrio de Nash aproximado, o que significava que poderia haver uma estratégia capaz de batê-los. Bowling e seus colegas propuseram-se, portanto, a achar um conjunto de táticas infalíveis, que no longo prazo não perderiam dinheiro contra nenhum oponente.

Usando a abordagem de minimização de arrependimento[38] que encontramos no capítulo anterior, os pesquisadores de Alberta aperfeiçoaram os robôs, e então fizeram-nos jogar repetidas vezes uns contra os outros, numa taxa de aproximadamente 2 mil jogos por segundo. Por fim, os robôs aprenderam maneiras de não serem explorados, mesmo por jogadores perfeitos. Em 2015, a equipe revelou seu programa de pôquer imbatível – chamado Cepheus – na revista *Science*. Com uma referência à pesquisa de damas do grupo, o artigo foi intitulado "Heads-Up Limit Hold'em Poker Is Solved".[39]

Alguns dos achados alinhavam-se com a sabedoria convencional. A equipe mostrou que, no pôquer heads-up, a pessoa na posição de *dealer* – que vai primeiro – detém a vantagem, bem como as cartas. Descobriu também que o Cepheus raramente "entra de limp" e opta por subir a aposta ou sair do jogo na primeira rodada em vez de simplesmente pagar para ver a aposta do oponente. De acordo com Johanson, à medida que o robô ia restringindo suas opções, a fim de se aproximar da estratégia ideal, também começava a aparecer com algumas táticas inesperadas. "De vez em quando achamos diferenças entre o que o programa escolhe e o que diz a sabedoria humana." Por exemplo, a versão final do Cepheus opta por jogar mãos – tais como um 4 e um 6 de naipes diferentes – das quais muitos humanos desistiriam. Em 2013, a equipe também notou que seu robô por vezes faria a aposta mínima necessária em vez de fazer uma aposta maior. Dada a extensão do treinamento do Cepheus, este aparentemente era o ideal a se fazer. Mas Burch ressalta que jogadores humanos veriam as coisas de maneira diferente. Embora o computador tivesse decidido que era uma tática inteligente, a maioria dos humanos a veria como irritante. "É quase um estorvo de aposta", disse Burch. A versão polida do Cepheus também reluta em apostar alto de início. Mesmo quando tem a melhor mão (um par de ases), apostará a quantia máxima possível apenas 0,01% das vezes.

O Cepheus mostrou que, mesmo em situações complexas, talvez seja possível achar uma estratégia ideal. Os pesquisadores indicam uma gama de cenários nos quais tais algoritmos poderiam ser úteis, desde planejar o patrulhamento de guardas costeiras até tratamentos médicos. Mas esta não foi a única razão da pesquisa. A equipe terminava o artigo na *Science* com uma citação de Alan Turing: "Seria insincero da nossa parte disfarçar o fato de que o principal motivo que estimulou o trabalho foi o puro prazer da coisa."

Apesar do grande avanço, nem todo mundo ficou convencido de que ele representava a vitória definitiva do artificial sobre o biológico. Michael Johanson diz que muitos jogadores humanos viam o pôquer com limite de aposta como uma opção fácil, porque há um teto de quanto os jogadores podem subir os lances. Isso significa que os limites são bem-definidos, as possibilidades restringidas.

O pôquer sem limites é visto como um desafio maior. Os jogadores podem subir as apostas em qualquer quantia e podem entrar sempre que quiserem. Isso cria mais opções, e mais sutilezas. O jogo, portanto, tem a reputação de ser mais arte que ciência. E é por isso que Johanson adoraria ver um computador vencer. "Isto acabaria com a mística de que o pôquer só tem a ver com psicologia", disse, "e de que computadores jamais seriam capazes de jogá-lo."[40]

Sandholm diz que não vai demorar muito até o pôquer sem limite de dois jogadores cair nas máquinas. "Estamos trabalhando muito ativamente nisso", afirma. "Pode ser que já tenhamos robôs melhores do que os melhores profissionais." De fato, o robô Tartanian, da Carnegie Mellon, deu uma exibição muito forte na competição de pôquer de computador em 2014. Havia dois tipos de disputas para o pôquer sem limite, e o Tartanian saiu vencedor nas duas. Além de ganhar a competição mata-mata, venceu o concurso geral de quantia acumulada. O Tartanian era capaz de sobreviver quando necessário, mas também acumulava montes de fichas contra oponentes mais fracos.

Uma vez que os robôs estão ficando cada vez melhores – e vencendo mais humanos –, pode chegar o dia em que os jogadores acabarão aprendendo a jogar com as máquinas. Grandes mestres de xadrez já usam computadores nos treinamentos para aprimorar suas habilidades. Se querem saber como jogar uma posição particularmente complicada, as máquinas podem lhes mostrar a melhor maneira de proceder. Computadores de xadrez são capazes de adotar estratégias que se estendem mais para o futuro do que os humanos conseguem.

Com programas de computador varrendo o xadrez, o jogo de damas e agora o pôquer, poderia ser tentador argumentar que os humanos já não podem mais competir em tais jogos. Computadores conseguem analisar mais dados, lembrar mais estratégias e examinar mais possibilidades. São capazes de passar mais tempo aprendendo e mais tempo jogando. Robôs podem ensinar a si mesmos táticas supostamente "humanas", tais como blefar, e até mesmo estratégias "super-humanas" que os humanos ainda não perceberam. Então, existe algo em que os computadores não sejam tão bons?

ALAN TURING COMENTOU certa vez que se um homem tentasse fingir ser máquina, "claramente faria uma péssima figura". Peça a um humano para fazer um cálculo, e ele será muito mais lento, para não dizer propenso a erros, do que um computador. Mesmo assim, ainda há algumas situações nas quais os robôs enfrentam dificuldades. Ao jogar *Jeopardy!*, Watson achava mais difíceis as pistas curtas.[41] Se o apresentador lesse uma única categoria e um nome – tal como "primeiras-damas" e Ronald Reagan –, Watson levava tempo demais para vasculhar sua base de dados e encontrar a resposta correta ("Quem é Nancy Reagan?"). Se por um lado podia bater um competidor humano numa corrida para solucionar uma pista longa e complicada, o humano prevalecia se houvesse apenas algumas palavras nas quais se basear. Em programas de perguntas e respostas, parece que a brevidade é inimiga das máquinas.

O mesmo vale para o pôquer. Os robôs necessitam de tempo para estudar seus oponentes, aprendendo seu estilo de apostar para que possa ser explorado. Em contraste, profissionais humanos são capazes de avaliar outros jogadores muito mais rapidamente. "Humanos são bons em fazer premissas sobre um oponente com muito poucos dados", diz Schaeffer.

Em 2012, pesquisadores da Universidade de Londres sugeriram que algumas pessoas podiam ser especialmente boas em avaliar os outros.[42] Conceberam um jogo, chamado Deceptive Interaction Task [tarefa de interação enganosa], para testar a capacidade de jogadores de mentir e detectar mentiras. No jogo, os participantes eram divididos em grupos, com uma pessoa recebendo uma pista contendo uma opinião – tal como "Sou a favor dos reality shows" – e instruções para ou mentir ou dizer a verdade. Depois de declarar a opinião, a pessoa precisava dar motivos para sustentar esse ponto de vista. Os outros do grupo tinham de decidir se pensavam que a pessoa estava mentindo ou não.

Os pesquisadores descobriram que pessoas que mentiam em geral levavam mais tempo para começar a falar depois de receber o cartão com a pista: em média 6,5 segundos, comparados com os 4,6 segundos dos que eram honestos. Descobriram ainda que bons mentirosos eram também eficazes detectores de mentiras. Embora os mentirosos parecessem melhores em identificar mentiras no jogo, não ficou claro por que isso acontecia. Os pesquisadores sugeriram que podia ser porque eram melhores – consciente ou inconscientemente – em captar as reações lentas dos outros, bem como em acelerar seu próprio discurso.

Infelizmente, as pessoas não são boas em identificar os sinais específicos de mentir. Num levantamento de 2006[43] abrangendo 58 países, perguntou-se aos participantes: "Como você pode saber se uma pessoa está mentindo?" Uma resposta foi predominante, aparecendo em todos os países e em primeiro lugar na lista na maioria deles: mentirosos evitam contato visual. Embora este seja um método popular de detecção de mentiras, não parece ser especialmente bom. Não há evidência de que mentirosos evitem o contato visual mais do que pessoas sinceras.[44] Outras condutas que se acreditam trair o mentiroso também têm fundamentos duvidosos. Não está claro se mentirosos são perceptivelmente mais animados ou mudam de postura enquanto falam.

O comportamento pode nem sempre revelar mentirosos, mas pode influenciar jogos de outra maneira. Psicólogos da Universidade Harvard e da Caltech mostraram que certas expressões faciais podem levar oponentes a fazer apostas ruins. Num estudo de 2010,[45] eles fizeram participantes jogarem uma forma simplificada de pôquer contra um jogador gerado por computador, cuja face era mostrada numa tela. Os pesquisadores disseram aos participantes que o computador usaria diferentes estilos de jogo, mas nada disseram sobre a face na tela. Na realidade, as instruções eram um ardil. O computador pegava jogadas ao acaso; apenas sua face mudava. O jogador simulado exibia três expressões possíveis, que seguiam estereótipos relacionados com honestidade. Uma era aparentemente digna de confiança, uma neutra e outra não confiável. Os pesquisadores descobriram que, ao enfrentar o jogador computadorizado com expressão desonesta ou neutra, os jogadores humanos faziam escolhas relativamente boas. No entanto, quando jogavam contra um oponente computadorizado "digno de confiança", tomavam decisões significativamente ruins, muitas vezes saindo do jogo quando tinham a mão mais forte.

Os pesquisadores ressaltaram que o estudo envolvia uma versão do pôquer em desenho animado, jogada por principiantes. Jogos de pôquer profissionais tendem a ser muito diferentes. Entretanto, o estudo sugere que expressões faciais podem não influenciar o pôquer da maneira como presumimos. "Contrariamente à crença popular de que a expressão ideal para o jogo de pôquer é a neutra", comentam os autores, "a expressão que envolve mais erros de apostas por parte dos nossos sujeitos tem atributos correlacionados com confiabilidade."

A emoção também pode influenciar o estilo geral de jogo. O grupo de pôquer da Universidade de Alberta descobriu que humanos são particularmente suscetíveis a táticas agressivas. "Em geral, muito do conhecimento que profissionais de pôquer humanos têm sobre como vencer outros humanos gira em torno de agressão", diz Michael Johanson. "Uma estratégia agressiva que ponha muita pressão sobre os oponentes, obrigando-os a tomar decisões difíceis, pode ser muito efetiva." Quando jogam contra humanos, os robôs tentam imitar esse comportamento e forçar os adversários a cometer erros. Parece que eles têm muito a ganhar copiando o comportamento dos humanos. Às vezes, compensa até mesmo copiar seus defeitos.

QUANDO DECIDIU CONSTRUIR um robô de pôquer em 2006, Matt Mazur sabia que deveria evitar ser detectado.[46] Os sites de pôquer na internet baniriam qualquer um que desconfiassem estar usando jogadores computadorizados. Não bastava ter um robô capaz de bater humanos; Mazur precisava de um robô que parecesse humano.

Cientista da computação com base no Colorado, Mazur trabalhou numa variedade de projetos de software no seu tempo livre. Em 2006, o projeto novo foi o pôquer. Sua primeira tentativa num robô, criado naquele outono, era um programa que jogava uma estratégia de "short stack" [pouco cacife]. Isso envolvia entrar nos jogos com bem pouco dinheiro, e então jogar agressivamente, na esperança de afugentar os adversários e faturar o pote. Com frequência esta é vista como uma tática irritante, e Mazur descobriu que também não era particularmente bem-sucedida. Em seis meses, o robô havia jogado quase 50 mil mãos e perdido mais de US$1 000. Abandonando seu fracassado primeiro esboço, Mazur projetou um outro robô, que jogaria decentemente pôquer para dois jogadores. O novo robô jogava uma partida apertada, escolhendo as jogadas com cuidado, e era agressivo nas apostas. Mazur disse que era razoavelmente competitivo contra humanos em partidas de apostas baixas.

O desafio seguinte era evitar ser apanhado. Infelizmente, não havia muita informação para ajudar Mazur. "Sites de pôquer online são compreensivelmente discretos quando se trata do que examinam para detectar robôs", disse ele, "então os programadores são obrigados a fazer adivinhações bem-informadas." Enquanto projetava seu programa de pôquer, portanto, Mazur tentou se colocar na posição de um caçador de robôs. "Se eu estivesse tentando detectar um robô, examinaria uma porção de fatores diferentes, os pesaria e então investigaria manualmente a evidência para dar um palpite se o jogador era um robô ou não."

Um sinal vermelho óbvio seria padrões de apostas estranhos. Se um robô fizesse apostas demais, ou depressa demais, poderia parecer suspeito. Infelizmente, Mazur descobriu que seus robôs podiam às vezes se comportar de maneira estranha por acidente. Os robôs trabalhavam em pares para competir em sites de pôquer. Um deles se inscrevia em jogos novos, e o outro os jogava. Em uma ocasião, Mazur estava longe do computador quando o programa de jogar partidas quebrou. O outro robô não tinha ideia do que havia acontecido, então continuou a se inscrever para novos jogos. Sem o robô jogador pronto para assumir seu lugar, Mazur deixou de jogar vinte vezes seguidas. Mais tarde, percebeu que seus robôs também tinham outros caprichos. Por exemplo, com frequência jogavam centenas de jogos com as mesmas apostas. Mazur comenta que humanos raramente se comportam assim: em geral ficam confiantes (ou entediados) com o tempo e passam para jogos de apostas mais altas.

Além de jogar de forma sensata, os robôs de Mazur também precisavam navegar pelos sites de pôquer da internet. Mazur descobriu que alguns deles tinham características – quer acidentais, quer deliberadas – que dificultavam a navegação automatizada. Às vezes, alteravam sutilmente o que aparecia na tela, talvez mudando o tamanho ou o formato de janelas ou movendo botões. Tais mudanças não causavam problemas para um humano, mas podiam atrapalhar robôs que haviam sido ensinados a navegar um conjunto específico de dimensões. Mazur tinha de fazê-los acompanhar a localização das janelas e botões, e ajustar o lugar onde clicar para compensar as mudanças.

O processo todo era como uma versão do jogo da imitação de Turing. Para evitar detecção, os robôs de Mazur tinham de convencer o site de que estavam jogando como humanos. Às vezes, viam-se até mesmo confrontando o teste original de Turing. A maioria dos sites de pôquer contém uma ferramenta de bate-papo, que permite aos jogadores conversarem entre si. Em geral, isso não é problema; jogadores com frequência ficam calados durante partidas de pôquer. Mas havia algumas conversas que Mazur concluiu que não podia evitar. Se alguém acusasse o seu robô de ser um programa de computador e o robô não respondesse, havia o risco de isso ser informado aos donos do site. Portanto, Mazur juntou uma lista de termos que oponentes desconfiados poderiam usar. Se alguém mencionasse palavras como "robô" ou "trapaceiro" durante o jogo, ele recebia um sinal de alerta e intervinha. Logo, precisava ficar por perto do computador quando o robô estava jogando, mas a alternativa era potencialmente muito pior; um programa sem supervisão podia facilmente se meter em apuros e não saber como sair.

Levou algum tempo até os robôs de Mazur se tornarem vencedores: os programas não deram dinheiro nos primeiros dezoito meses em que estiveram ativos. Por fim, na primavera de 2008, começaram a gerar lucros modestos. Entretanto, a sequência de sucesso chegou a um final abrupto alguns meses depois. Em 2 de outubro de 2008, Mazur recebeu um e-mail do site de pôquer informando-o de que sua conta havia sido suspensa. Então, o que foi que o entregou? "Em retrospecto", diz ele, "acho que o que fez meu robô ser apanhado foi simplesmente participar de jogos demais." O robô de Mazur concentrava-se em jogos mano a mano do tipo "sentar e jogar", que começam assim que dois jogadores entram. "Um jogador normal pode jogar de dez a quinze partidas por dia", disse Mazur. "No seu pico, meu robô estava jogando de cinquenta a sessenta. Isso provavelmente acendeu um farol de alerta." É claro que é apenas um palpite. "É possível que tenha sido algo inteiramente diferente. Provavelmente nunca saberei ao certo."

Mazur na realidade não ficou tão incomodado com a perda do lucro do seu robô. "Quando a minha conta foi suspensa, eu não tinha embolsado tanto dinheiro", disse. "Teria estado bem melhor financeiramente se em vez disso tivesse usado esse tempo para jogar pôquer. Mas acontece que eu não construí o robô para ganhar dinheiro; construí pelo desafio."

Depois que sua conta foi suspensa, Mazur mandou um e-mail para o site que o tinha banido e ofereceu-se para explicar exatamente o que fizera. Ele conhecia vários jeitos de dificultar ainda mais a vida dos robôs, e com isso esperava poder melhorar a segurança para jogadores de pôquer humanos. Mazur contou à empresa todas as coisas que eles deveriam procurar, desde alto volume de partidas a movimentos do mouse inusitados. Chegou a sugerir contramedidas capazes de tolher o desenvolvimento de robôs, tais como variar o tamanho e a posição dos botões na tela.

Mazur também postou em seu website uma história detalhada da criação de seu robô, incluindo imagens de telas e esquemas. Queria mostrar às pessoas que robôs de pôquer são difíceis de construir, e que há coisas muito mais úteis que podiam estar sendo feitas com computadores. "Percebi que, se ia gastar tanto tempo num projeto de software, devia dedicar essa energia a empreitadas que valessem mais a pena." Olhando para trás, porém, ele não se arrepende da experiência. "Se não tivesse construído o robô de pôquer, vai saber onde eu estaria."

8. Para além da contagem de cartas

SE ALGUM DIA VOCÊ visitar um cassino em Las Vegas, olhe para cima. Você verá centenas de câmeras presas ao teto como percevejos escuros,[1] observando as mesas abaixo. Os olhos artificiais estão ali para proteger a renda do cassino dos espertinhos e dedos leves. Até a década de 1960, a definição dos cassinos desse tipo de trapaça era bastante clara.[2] Eles só precisavam se preocupar com coisas como crupiês pagando mãos perdedoras ou jogadores enfiando fichas de valor alto em suas apostas depois que a bola da roleta tinha parado. Com os jogos em si, tudo bem; eram imbatíveis.

Exceto que no fim das contas isso não era verdade. Edward Thorp encontrou no blackjack um furo grande o suficiente para um livro best-seller passar por ele. Depois, um grupo de estudantes de física dominou a roleta, tradicionalmente a epítome do acaso. Além do território dos cassinos, as pessoas chegaram a ganhar boladas na loteria usando uma mistura de matemática e energia humana.

O debate sobre se ganhar depende de sorte ou habilidade está agora se espalhando para outros jogos. Pode até mesmo determinar o destino da outrora lucrativa indústria americana do pôquer. Em 2011, as autoridades dos Estados Unidos fecharam uma série de importantes sites de pôquer, pondo fim à "explosão de pôquer" que tomara conta do país nos anos anteriores. A força legislativa para esse abalo veio de uma lei promulgada em 2006 com o objetivo de regulamentar os jogos online.[3] Ela bania transferências bancárias relacionadas a jogos em que a "oportunidade de ganhar está predominantemente sujeita ao acaso". Embora tenha ajudado a frear a propagação do pôquer, a lei não cobre negócios de ações nem corridas de cavalos. Então, como decidimos o que torna algo um jogo de azar, sujeito ao acaso?

Durante o verão de 2012, a resposta acabaria por se mostrar muito valiosa para um homem. Além de enfrentar as grandes empresas de pôquer, as autoridades federais também tinham ido atrás de gente operando jogos menores. Isto incluiu Lawrence DiCristina,[4] que dirigia um salão de pôquer em Staten Island, Nova York. O caso foi a julgamento em 2012, e DiCristina foi condenado por operar um negócio de jogo ilegal.

Ele apresentou um recurso para invalidar a condenação, e no mês seguinte estava de volta ao tribunal defendendo seu caso. Durante a audiência, o advogado de DiCristina chamou o economista Randal Heeb para testemunhar como perito. O objetivo de Heeb era convencer o juiz de que o pôquer era predominantemente um jogo de habilidade, não se enquadrando então na definição de jogo ilegal. Como evidência, Heeb apresentou dados de milhões de jogos de pôquer online. Mostrou que, com exceção de alguns dias ruins, os jogadores mais bem classificados ganhavam consistentemente. Em contraste, os piores jogadores perdiam ao longo do ano inteiro. O fato de pessoas conseguirem ganhar a vida com o pôquer era seguramente evidência de que o jogo envolvia habilidade.

A promotoria também tinha um perito para testemunhar, um economista chamado David DeRosa. Ele não compartilhava das opiniões de Heeb sobre o pôquer. DeRosa havia usado o computador para simular o que poderia acontecer se mil pessoas lançassem uma moeda 10 mil vezes, assumindo que um certo resultado – coroa, por exemplo – era equivalente a ganhar e que o número de vezes que uma pessoa específica ganhava era totalmente aleatório. E ainda assim os resultados que saíram eram notavelmente similares aos apresentados por Heeb; um punhado de pessoas parecia ganhar consistentemente, e outro grupo de pessoas parecia perder grande quantidade de vezes. Isto não era evidência de que o lançamento de uma moeda envolvesse habilidade, só que – de maneira bastante parecida com um número infinito de macacos datilografando – eventos improváveis podem ocorrer se examinarmos um grupo suficientemente grande.

Outra preocupação para DeRosa era o número de jogadores que perdiam dinheiro. Com base nos dados de Heeb, parecia que cerca de 95% das pessoas jogando pôquer online acabavam sem dinheiro. "Como poderia ser um jogo de habilidade se você está perdendo dinheiro?", disse DeRosa. "Não considero habilidade você perder menos dinheiro que um outro coitado que perdeu mais."

Heeb admitiu que, num jogo particular, apenas 10% a 20% dos jogadores eram habilidosos o suficiente para ganhar de forma consistente. Disse que a razão pela qual jogadores mais perdem do que ganham é em parte a taxa da casa, com operadores de pôquer pegando um percentual do pote em cada rodada (nos jogos de DiCristina, a taxa era de 5%). Mas não julgava que a aparente existência de uma elite do pôquer fosse resultado do acaso. Embora um pequeno grupo pudesse parecer ganhar consistentemente em montes de jogos de cara ou coroa, bons jogadores de pôquer em geral continuam a ganhar depois de subirem no ranking. O mesmo não pode ser dito das pessoas afortunadas no cara ou coroa.

Segundo Heeb, parte da razão de bons jogadores poderem ganhar é que no pôquer o jogador tem controle sobre os acontecimentos. Se alguém aposta numa partida de esportes ou numa roleta, as apostas não afetam o resultado. Mas jogadores de pôquer podem mudar o resultado do jogo com suas apostas. "No pôquer, a aposta não é no mesmo sentido uma aposta no resultado", disse Heeb. "É a escolha estratégica que você está fazendo. Você está tentando influenciar o resultado do jogo."

Mas DeRosa argumentou que não faz sentido olhar o desempenho de um jogador em diversas mãos. As cartas distribuídas são diferentes a cada vez, de modo que cada mão é independente da anterior. Se uma única mão envolve muita sorte, não há razão para se pensar que esse jogador terá sucesso após uma mão difícil. DeRosa comparou a situação à falácia de Monte Carlo: "Se deu vermelho vinte vezes seguidas na roleta, isso não significa que obrigatoriamente a próxima dará preto."

Heeb reconheceu que uma única mão envolve um bocado de sorte, mas isso não significava que o jogo era basicamente um jogo de sorte. E usou como exemplo um arremessador de beisebol. Embora arremessar envolva habilidade, um único arremesso também é suscetível à sorte: um arremessador fraco poderia mandar uma bola boa, um arremessador forte poderia lançar uma bola ruim. Para identificar os melhores – e piores – arremessadores, precisamos olhar muitos e muitos arremessos.

A questão-chave, argumentou Heeb, é quanto tempo necessitamos esperar para que os efeitos da habilidade pesem mais que os da sorte. Se for necessária uma grande quantidade de mãos (isto é, mais tempo do que a maioria das pessoas jogaria), então o pôquer deve ser visto como um jogo de azar. A análise de Heeb de jogos de pôquer online sugeria que não era esse o caso. A habilidade parecia superar a sorte depois de uma quantidade relativamente pequena de mãos. Após algumas rodadas, um jogador habilidoso podia esperar deter uma vantagem, portanto.

Coube ao juiz, um nova-iorquino chamado Jack Weinstein, sopesar os argumentos. Weinstein observou que a lei usada para condenar DiCristina listava jogos como a roleta e máquinas caça-níqueis, mas não mencionava explicitamente o pôquer. Weinstein disse que não era a primeira vez que uma lei deixava de especificar um detalhe crucial. Em outubro de 1926, o operador de voo William McBoyle colaborou no roubo de um avião em Ottawa,[5] Illinois. Condenado pela Lei Federal de Roubo de Veículos Motores, McBoyle recorreu da sentença. Seus advogados argumentaram que a lei não cobria especificamente aviões, porque definia veículo como "um automóvel, caminhão, utilitário, motocicleta ou qualquer outro veículo autopropulsionado não projetado para correr sobre trilhos". Segundo os advogados de McBoyle, isto significava que um avião não era um veículo, então McBoyle não podia ser culpado do crime federal de transportar um veículo roubado. A Suprema Corte dos Estados Unidos concordou. Os magistrados observaram que a redação da lei evocava a imagem mental de veículos movendo-se em terra, então não deveria ser estendida a uma aeronave simplesmente porque parecia que uma regra similar devia ser aplicada. A condenação foi anulada.[6]

Embora o pôquer não fosse mencionado na Lei dos Jogos de Apostas, o juiz Weinstein disse que isto não significava automaticamente que ele não fosse um jogo de azar. Mas a omissão significava de fato que o papel do acaso no pôquer está aberto ao debate. E Weinstein julgara convincente a evidência de Heeb. Até aquele verão, nenhuma corte jamais determinara se o pôquer era ou não um jogo de azar pela lei federal. Weinstein deu seu veredito em 21 de agosto de 2012, determinando que o pôquer era predominantemente definido pela habilidade e não pela sorte. Em outras palavras, não contava como jogo de azar pela lei federal. A condenação de DiCristina foi anulada.

A vitória, porém, teria vida curta. Embora Weinstein julgasse que Di Cristina não havia infringido nenhuma lei federal, o estado de Nova York tinha uma definição mais estrita do que era considerado jogo de azar. Suas leis cobriam qualquer jogo que "dependa em grau substancial de um elemento de sorte". Como resultado, a absolvição de DiCristina foi anulada em agosto de 2013. A conclusão de Weinstein sobre o papel relativo de sorte e habilidade não foi questionada. Em vez disso, a lei estadual significava que o pôquer ainda se enquadrava na definição de negócio de jogo de azar.[7]

O caso DiCristina é parte de um crescente debate sobre o quanto de sorte está envolvido em jogos como o pôquer. Definições como "grau substancial de sorte" indubitavelmente levantarão questões no futuro. Dados os estreitos laços entre os jogos de azar e partes das finanças, seguramente essa definição cobriria também alguns investimentos financeiros, não? Onde traçamos a linha entre talento e sorte?

É TENTADOR DIVIDIR jogos entre as caixas etiquetadas como Sorte e Habilidade. A roleta, frequentemente usada como exemplo de pura sorte, poderia entrar em uma delas; o xadrez, um jogo que muitos acreditam depender unicamente da habilidade, poderia entrar na outra. Mas não é tão simples assim. Para começo de conversa, os processos que pensamos serem aleatórios geralmente estão longe disso.

Apesar da sua imagem popular de pináculo da aleatoriedade, a roleta foi batida pela primeira vez com estatística, e depois com física. Outros jogos também tombaram para a ciência. Jogadores de pôquer têm explorado a teoria dos jogos e consórcios vêm transformando apostas esportivas em investimentos. Segundo Stanisław Ulam, que trabalhou na bomba de hidrogênio em Los Alamos, a presença da habilidade nem sempre é óbvia em tais jogos. "Pode haver algo como uma sorte habitual",[8] disse ele. "As pessoas ditas sortudas nas cartas provavelmente têm certos talentos ocultos para jogos nos quais a habilidade desempenha algum papel." Ulam acreditava que o mesmo podia ser dito da pesquisa científica. Alguns cientistas aparentemente tinham tanta sorte com tanta frequência que era impossível não desconfiar de que houvesse um aspecto de talento envolvido. O químico Louis Pasteur apresentou uma filosofia similar no século XIX. "A sorte favorece a mente bem-preparada",[9] foi como ele se expressou.

A sorte raramente está tão embutida numa situação que não possa ser alterada. Pode não ser possível remover completamente o fator sorte, mas a história tem mostrado que ela pode muitas vezes ser substituída em alguma medida pela habilidade. Além disso, jogos que assumimos depender unicamente da habilidade não funcionam assim. Peguemos o xadrez. Não existe nenhuma aleatoriedade inerente no jogo de xadrez: se dois jogadores fizerem movimentos idênticos toda vez, o resultado será sempre o mesmo. Mas a sorte ainda assim desempenha algum papel. Como a estratégia ideal não é conhecida, há uma chance de que uma série de movimentos aleatórios possa derrotar até mesmo o melhor jogador.

Infelizmente, quando se trata de tomar decisões, às vezes adotamos uma visão bastante unilateral da sorte. Se as nossas escolhas dão sorte, atribuímos isso à habilidade; se fracassamos, é resultado do azar. Nossa noção de habilidade também pode ser distorcida por fontes externas. Os jornais publicam histórias sobre empreendedores que encontraram um filão e ganharam milhões, e de celebridades que de repente se tornaram conhecidas de todo mundo. Ouvimos relatos de escritores novos que produziram best-sellers instantâneos e de bandas que ficaram famosas da noite para o dia. Vemos o sucesso e nos perguntamos por que essas pessoas são tão especiais. Mas e se não forem?

Em 2006, Matthew Salganik e colegas da Universidade Columbia[10] publicaram um estudo de um "mercado de música" artificial, no qual participantes podiam escutar, avaliar e baixar dezenas de faixas musicais.

No total houve 14 mil participantes, que os pesquisadores secretamente dividiram em nove grupos. Em oito dos grupos, os participantes podiam ver que faixas eram populares com seus colegas de grupo. O último deles era o grupo de controle, no qual os participantes não tinham ideia do que os outros estavam baixando.

Os pesquisadores descobriram que as canções mais populares no grupo de controle – um ranking que dependia puramente do mérito das próprias canções, e não do que outras pessoas estavam baixando – não eram necessariamente populares nos oito grupos sociais. Na verdade, o ranking das canções nesses oito grupos variava loucamente. Embora as "melhores" canções no geral acumulassem alguns downloads, a popularidade maciça não era garantida. Em vez disso, a fama evoluía em duas etapas. Primeiro, casualmente influenciada por quais faixas as pessoas calhavam de baixar no começo. A popularidade dessas primeiras faixas baixadas era então amplificada pelo comportamento social, com as pessoas olhando os rankings e querendo imitar os colegas. "A fama tem muito menos a ver com a qualidade intrínseca do que acreditamos", escreveu mais tarde Peter Sheridan Dodds, um dos autores do estudo, "e muito mais a ver com as características das pessoas em meio às quais ela se espalha."[11]

Mark Roulston e David Hand, estatísticos do fundo de hedge Winton Capital Management, ressaltam que a aleatoriedade da popularidade também pode influenciar o ranking dos fundos de investimentos. "Considere um conjunto de fundos sem proficiência", escreveram em 2013. "Alguns produzirão retornos decentes simplesmente por acaso e estes atrairão investidores, enquanto aqueles que tiveram um desempenho pobre fecharão as portas e seus resultados poderão sumir de vista. Olhando os resultados dos fundos sobreviventes, você poderia achar que em média eles têm, sim, alguma proficiência."[12]

A linha entre sorte e habilidade – e entre jogos de azar e investimentos – raramente é tão clara quanto pensamos. Loterias deveriam ser exemplos didáticos sobre jogos de apostas, mas, após algumas semanas acumuladas, podem produzir um prêmio esperado positivo: compre todas as combinações de números e você terá lucro. Às vezes o entrecruzamento acontece no sentido inverso, com investimentos sendo mais parecidos com apostas. Consideremos os Premium Bonds, uma forma de investimento popular no Reino Unido. Em vez de receber uma taxa de juros fixa como os títulos comuns, quem investe em Premium Bonds é inserido num sorteio mensal de prêmios. O prêmio máximo é de £1 milhão, livre de impostos, e há também diversos prêmios menores. Ao investir nos Premium Bonds, as pessoas estão na verdade apostando os juros que teriam ganhado de outra maneira. Se, em vez disso, aplicassem suas economias em títulos comuns, sacassem os juros e usassem o dinheiro para comprar bilhetes de loteria acumulados, o prêmio esperado não seria tão diferente.

Se quisermos separar sorte e habilidade numa determinada situação, devemos primeiro achar um jeito de medi-las. Mas às vezes o resultado é muito sensível a pequenas mudanças, com decisões aparentemente inócuas alterando por completo o desfecho. Eventos individuais podem ter efeitos dramáticos, sobretudo em esportes como futebol e hóquei no gelo, onde gols são relativamente raros. Pode ser um passe ambicioso que prepara um chute vencedor ou um disco de hóquei que acerta a trave. Como podemos distinguir entre uma vitória no hóquei baseada sobretudo no talento e outra que se beneficiou de uma porção de lances de sorte?

Em 2008, o analista de hóquei Brian King sugeriu um meio de medir o quanto um jogador da NHL em particular tinha sido afortunado.[13] "Vamos fingir que havia uma estatística chamada 'sorte cega'", nas palavras dele. Para calcular essa estatística, King pegava uma proporção do total de chutes convertidos em gol pelo time enquanto o jogador estava no gelo e a proporção de chutes adversários não convertidos, e então somava os dois valores. King argumentou que, embora a criação de oportunidades de chute envolvesse muita habilidade, havia mais sorte influenciando se o chute entrava ou não. E, preocupantemente, ao testar sua estatística no time para o qual torcia, o resultado mostrou que os jogadores mais sortudos estavam tendo extensões de contrato, enquanto os azarados estavam sendo dispensados.

A estatística, posteriormente apelidada de "PDO",[14] por causa do pseudônimo de King na internet, vem sendo usada desde então para avaliar a sorte dos jogadores – e times – também em outros esportes. Na Copa do Mundo de 2014, vários times de primeira grandeza caíram na fase de grupos. Espanha, Itália, Portugal e Inglaterra tombaram na primeira barreira. Foi porque lhes faltou brilho ou porque tiveram azar? A equipe inglesa tem fama de ter má sorte, desde gols anulados até pênaltis perdidos. Parece que em 2014 não foi diferente: a Inglaterra teve o menor PDO dentre todos os times do torneio,[15] com um escore de 0,66.

Poderíamos pensar que times com PDO muito baixo são apenas desafortunados. Talvez tenham um atacante especialmente propenso a errar ou um goleiro fraco. Mas eles raras vezes mantêm um PDO inusitadamente baixo (ou alto) no longo prazo. Se analisarmos mais jogos, o PDO de um time rapidamente se estabiliza em números perto do valor médio de 1. É o que Francis Galton chamou de "regressão à média": se um time tem um PDO notavelmente acima ou abaixo de 1 após um punhado de jogos, é provável que seja um símbolo de sorte.

Estatísticas como o PDO podem ser úteis para avaliar o quanto os times são sortudos, mas não são necessariamente tão úteis na hora de fazer apostas. Os apostadores estão mais interessados em fazer predições. Em outras palavras, querem encontrar fatores que reflitam habilidade em vez de sorte. Mas até que ponto é realmente importante entender a habilidade?

Tomemos as corridas de cavalos. Predizer eventos num hipódromo é um processo confuso. Todo tipo de fatores pode influir na performance de um cavalo numa corrida, desde a experiência passada até as condições da pista. Alguns desses fatores fornecem dicas claras sobre o futuro, enquanto outros servem apenas para turvar as predições. Para definir que fatores são úteis, consórcios precisam coletar observações repetidas, confiáveis, sobre as corridas. Hong Kong foi o mais próximo que Bill Benter encontrou de um contexto de laboratório, com os mesmos cavalos correndo numa base regular nas mesmas pistas em condições similares.

Usando seu modelo estatístico, Benter identificou fatores que podiam levar a predições bem-sucedidas de corridas. Descobriu que alguns fatores sobressaíam a outros em termos de importância. Na análise inicial de Benter, por exemplo, o modelo dizia que o número de páreos que o cavalo já tinha corrido anteriormente era um fator crucial ao se fazer predições. Na verdade, era mais importante que quase qualquer outro fator. Talvez esse achado não seja tão surpreendente. Seria de esperar que cavalos com mais páreos corridos estejam acostumados ao terreno e fiquem menos intimidados por seus adversários.

É fácil conceber explicações para resultados observados. Dado um enunciado que parece intuitivo, podemos nos convencer por que ele deveria ser verdadeiro, e por que não deveríamos ficar surpresos com o resultado. Isto pode ser um problema na hora de fazer predições. Ao criar uma explicação, estamos assumindo que um processo causou diretamente outro. Cavalos em Hong Kong ganham *porque* estão familiarizados com o terreno, e estão familiarizados *porque* correram muitas vezes. Mas só porque duas coisas estão aparentemente relacionadas – como a probabilidade de ganhar e o número de páreos corridos – isso não significa que uma cause diretamente a outra.

Um mantra entoado com frequência no mundo da estatística é que "correlação não implica causalidade". Peguemos o orçamento de vinho das faculdades de Cambridge. A quantia que cada uma delas gastou em vinhos no ano letivo 2012-13[16] está positivamente correlacionada com os resultados dos exames dos alunos durante o mesmo período. Quanto mais as faculdades gastaram em vinho, melhores foram os resultados de maneira geral. (O King's College, que um dia já foi a casa de Karl Pearson e Alan Turing, liderava a lista, com um gasto de £338 559 em vinhos, ou cerca de £850 por estudante.)[17]

Curiosidades semelhantes também aparecem em outros lugares. Países que consomem montes de chocolate ganham mais prêmios Nobel.[18] Quando as vendas de sorvete sobem em Nova York,[19] o mesmo ocorre com o índice de assassinatos. É claro que comprar sorvete não faz de nós homicidas, da mesma maneira que comer chocolate tem pouca probabilidade de nos transformar em pesquisadores de nível Nobel, e beber vinho não nos faz tirar notas melhores nos exames.

Em cada um desses casos, poderia haver um fator isolado subjacente para explicar o padrão. Para as faculdades de Cambridge, poderia ser a riqueza, que influenciaria tanto o consumo de vinho quanto os resultados dos exames. Ou poderia haver um conjunto mais complexo de razões à espreita por trás das observações. É por isso que Bill Benter não tenta interpretar por que alguns fatores pareciam ser tão importantes no seu modelo de corridas de cavalos. O número de páreos que um cavalo já correu poderia estar relacionado com outro fator (oculto) que influenciasse diretamente a performance. Como alternativa, poderia haver uma intricada relação de troca entre páreos corridos e outros fatores – como peso e experiência do jóquei – que Benter jamais poderia destilar numa conclusão nítida tipo "A causa B". Mas Benter não se importa de sacrificar elegância e explicação se isso significa ter boas predições. Não faz mal se seus fatores são contraintuitivos ou difíceis de justificar. O modelo está aí para estimar a probabilidade de um certo cavalo ganhar, não para explicar *por que* o cavalo ganhará.

Do hóquei às corridas de cavalos, os métodos de análise esportiva percorreram um longo caminho em anos recentes. Eles possibilitaram aos apostadores estudar jogos em mais detalhes do que nunca, combinando modelos maiores com dados melhores. Como resultado, as apostas científicas foram muito além da contagem de cartas.

Na página final de *Beat the Dealer*, seu livro sobre blackjack, Edward Thorp predisse que as décadas seguintes veriam toda uma legião de novos métodos tentando domar o acaso. Ele sabia que era inútil tentar antecipar o que esses métodos poderiam ser. "A maioria das possibilidades está além do alcance dos nossos sonhos e imaginação atuais", disse ele. "Será empolgante ver seu desenrolar."

Desde esse prognóstico de Thorp, a ciência das apostas de fato evoluiu. Reuniu novos campos de pesquisa, propagando-se para longe das mesas de feltro e fichas de plástico dos cassinos de Las Vegas. Todavia, a imagem popular das apostas científicas permanece muito imersa no passado. Histórias de estratégias de apostas raramente vão mais longe que as aventuras de Thorp e dos eudaimônicos. Apostas bem-sucedidas são vistas como uma questão de contagem de cartas ou observação de mesas de roleta. Os relatos seguem uma trajetória matemática, com decisões reduzidas a probabilidades básicas.

Mas a vantagem de equações simples sobre a engenhosidade humana não é tão clara quanto essas histórias sugerem. No pôquer, a habilidade de calcular a probabilidade de tirar uma mão específica é útil, mas não serve de forma alguma como rota segura para a vitória. Apostadores também precisam levar em conta o comportamento de seus oponentes. Quando John von Neumann desenvolveu a teoria dos jogos para atacar esse problema, descobriu que empregar táticas de engodo tais como blefar era na realidade a coisa ideal a se fazer. Os apostadores tinham estado certos o tempo todo, só não sabiam por quê.

Às vezes é necessário ficar totalmente longe da perfeição matemática. À medida que os pesquisadores se embrenham mais na ciência do pôquer, descobrem situações em que a teoria dos jogos é insuficiente e em que características de jogo tradicionais – ler os adversários, explorar fraquezas, identificar emoção – podem ajudar jogadores computadorizados a se tornarem os melhores do mundo. Não basta saber apenas probabilidades; robôs bem-sucedidos precisam combinar matemática e psicologia humana.

O mesmo vale para os esportes. Analistas estão tentando cada vez mais capturar as características individuais que compõem o desempenho de um time. Durante o começo dos anos 2000, Billy Beane ficou famoso por usar a "sabermétrica" para identificar jogadores subestimados e levar os Oakland A's, um time praticamente sem dinheiro, para os playoffs da Major League Baseball, o campeonato nacional de beisebol. As técnicas estão agora aparecendo em outros esportes. Na Premier League inglesa, cada vez mais times de futebol estão empregando estatísticos para assessorá-los em performances do time e potenciais transferências. Quando o Manchester City ganhou a liga em 2014,[20] tinha cerca de uma dezena de analistas ajudando a montar as táticas.

Às vezes o elemento humano pode ser o fator dominante, ofuscando as estatísticas arrancadas dos dados disponíveis. Afinal, a probabilidade de um gol depende da física da bola e da psique do jogador que está chutando.

Roberto Martinez, presidente do clube de futebol Everton, sugeriu que a estrutura mental é tão importante quanto as performances ao avaliar potenciais contratos com jogadores.[21] Os diretores querem saber como o jogador vai se adaptar a um novo país ou se consegue lidar com a pressão de uma torcida hostil. E, claramente, é muito difícil medir fatores como esses.

A medição é com frequência um problema difícil nos esportes. Nem sempre podemos definir qual é a informação de valor. Mas saber o que estamos perdendo é crucial se quisermos compreender plenamente o que está acontecendo numa partida e o que pode acontecer no futuro.

Quando pesquisadores desenvolvem um modelo teórico de esporte, estão reduzindo a realidade a uma abstração. Estão optando por remover o detalhe e concentrar-se apenas em aspectos-chave, de modo muito semelhante ao que Picasso fazia. Quando trabalhou nas suas litografias do *Touro* no inverno de 1945,[22] Picasso começou por criar uma representação realista do animal. "Era um touro soberbo, de formas muito bem-equilibradas", disse um assistente na época. "Pensei comigo mesmo que era isso aí." Mas Picasso não tinha terminado. Depois de completar sua primeira imagem, passou para uma segunda, e então para uma terceira. Enquanto Picasso trabalhava em cada figura nova, o assistente notou que o touro ia se modificando. "Começou a diminuir, a perder peso", disse ele. "Picasso estava tirando, em vez de acrescentar à composição." A cada imagem, o artista entalhava mais um pouco, mantendo apenas os contornos fundamentais, até chegar à 11ª litografia. Quase todo detalhe havia sumido, não restando nada a não ser um punhado de traços. No entanto, a forma ainda era reconhecível como um touro. Naqueles poucos traços, Picasso havia capturado a essência do animal, criando uma imagem que era abstrata, mas não ambígua. Como disse certa vez Albert Einstein acerca de modelos científicos,[23] era um caso em que "tudo deve ser feito o mais simples possível, porém não mais simples que isso".

A abstração não é limitada aos mundos da arte e da ciência. Também é comum em outras áreas da vida. Por exemplo, o dinheiro. Sempre que pagamos com cartão de crédito, estamos substituindo dinheiro físico por uma representação abstrata. Os números continuam os mesmos, mas detalhes supérfluos – a textura, a cor, o cheiro – foram removidos. Mapas são outro exemplo de abstração: se um detalhe é desnecessário, não é mostrado. O clima é abandonado quando o foco é transporte e tráfego; rodovias desaparecem se estamos interessados em sol e pancadas de chuva.

Abstrações tornam o mundo complexo mais fácil de se navegar. Para a maioria de nós, o acelerador de um carro é simplesmente um dispositivo que faz o veículo andar mais depressa. Não damos importância – nem precisamos conhecê-la – à cadeia de eventos entre o nosso pé e as rodas. De maneira parecida, raramente encaramos telefones como transmissores que convertem ondas sonoras em sinais eletrônicos; na vida diária, são uma série de teclas que possibilitam conversas.

Na verdade, seria possível argumentar que toda a nossa noção de aleatoriedade é uma abstração. Quando dizemos que uma moeda tem 50% de chance de dar coroa, ou que uma bolinha de roleta tem a chance de 1 em 37 de cair num determinado número, estamos usando uma abstração. Em teoria, poderíamos escrever equações para o movimento e resolvê-las para predizer a trajetória. Mas a forma como a moeda viaja no ar e a roleta gira são situações tão sensíveis às condições iniciais que é difícil fazer isso na realidade. Assim, aproximamos o processo e assumimos que é imprevisível. Optamos por simplificar um processo físico intricado em favor da conveniência.

Na vida, com frequência precisamos escolher (consciente ou inconscientemente) que abstrações usar. A abstração mais extensiva não omitiria um único detalhe. Como disse o matemático Norbert Wiener, "o melhor modelo material de um gato é outro – ou preferivelmente o mesmo – gato".[24] Capturar o mundo em tamanho detalhe raramente é prático, então, em vez disso, precisamos nos desfazer de certas características. No entanto, a abstração resultante é o nosso modelo de realidade, influenciado pelas nossas crenças e preconceitos.

Às vezes abstrações têm tentado deliberadamente influenciar as percepções das pessoas. Em 1947, a revista *Time* publicou um mapa de página dupla da Europa e da Ásia.[25] Intitulado "O contágio comunista", a perspectiva do mapa foi alterada de modo que a União Soviética – colorida num ameaçador tom de vermelho – assomava sobre o resto do mundo. O criador do mapa, um cartógrafo chamado R.M. Chapin, seguiu no tema em edições subsequentes. Em 1952, uma peça chamada "Europa a partir de Moscou"[26] mostrava a URSS se erguendo da parte inferior da imagem, suas fronteiras formando uma seta que apontava para o Ocidente.

Mesmo que o viés não seja deliberado, modelos inevitavelmente dependem dos objetivos (e recursos) de seus criadores. Lembre-se daqueles diferentes modelos de corridas de cavalos: o modelo de Bolton e Chapman tinha nove fatores; Bill Benter usava mais de cem. Pesquisadores precisam traçar uma linha tênue ao decidir sobre uma abstração. Modelos simples arriscam-se a omitir características cruciais, enquanto modelos complicados podem incluir características desnecessárias. O truque é achar uma abstração suficientemente detalhada para ser útil, mas simples o bastante para ser implantada. No blackjack, por exemplo, contadores de cartas não precisam se lembrar do valor exato de cada carta; só precisam de informação o bastante para virar as chances a seu favor.

É claro que sempre existe o risco de escolher a abstração errada, que deixe de fora algum detalhe crítico. Émile Borel disse certa vez que, dados dois jogadores, há sempre um ladrão e um imbecil. Ele não falava apenas do caso em que um jogador tem informação muito melhor do que o outro. Borel mostrou que, em situações complexas, duas pessoas podiam ter exatamente a mesma informação e ainda assim tirarem conclusões diferentes sobre a probabilidade de um evento. Quando a dupla aposta entre si,[27] cada um acredita portanto "que é o ladrão, e o outro o imbecil", disse Borel.

O pôquer é um bom exemplo de situação em que a escolha da abstração é importante. Há um número enorme de jogadas possíveis – jogadas demais para calcular –, o que significa que robôs precisam usar abstrações para simplificar o jogo. Tuomas Sandholm destacou que isto pode causar problemas. Por exemplo, o seu robô pode pensar somente em termos de certos volumes de apostas, para evitar ter que analisar toda aposta possível. Com o tempo, porém, a visão de realidade do robô não combinará com a situação real. "A sua crença em relação a quanto dinheiro há no pote não é mais acurada", diz Sandholm. Isso o deixa vulnerável a um adversário que use uma abstração melhor, mais próxima da realidade.

O problema não aparece só no pôquer. Toda a indústria de cassinos é construída sobre a premissa de que os jogos são aleatórios. O cassino trata os giros da roleta e as embaralhadas do blackjack como imprevisíveis e confia que os clientes compartilhem dessa visão. Mas acreditar numa abstração não a torna correta. E, quando aparece alguém com um modelo melhor da realidade – alguém como Edward Thorp ou Doyne Farmer –, pode lucrar com a supersimplificação dos cassinos.

Thorp e Farmer eram ambos estudantes de física quando começaram seu trabalho em jogos de cassino. Em décadas posteriores, outros estudantes e acadêmicos seguiram seu caminho. Alguns tiveram como alvo os cassinos, enquanto outros focaram esportes e corridas de cavalos. O que levanta a questão: por que os cientistas se interessam tanto por apostas?

EM JANEIRO DE 1979, um grupo de alunos de graduação do MIT, o Instituto de Tecnologia de Massachusetts, montou um curso extracurricular chamado "Como apostar se precisar".[28] Fazia parte do período de quatro semanas de atividades independentes (IAP), que incentivava estudantes a participar de aulas novas e ampliar seus interesses. Durante o curso de apostas, os participantes aprenderam a estratégia de Thorp no blackjack e a como contar cartas. Logo alguns deles decidiram tentar a tática na realidade; primeiro em Atlantic City, depois em Las Vegas.

Embora tenham começado com os métodos de Thorp, os jogadores necessitavam de uma abordagem nova se quisessem ter sucesso. Como Thorp havia descoberto, era difícil se safar com a contagem solitária de cartas. Os jogadores precisam aumentar suas apostas quando a contagem está a seu favor, correndo o risco de chamar a atenção da segurança do cassino. Os estudantes do MIT, portanto, trabalharam como equipe.[29] Alguns jogadores seriam os responsáveis pela identificação, fazendo as apostas mínimas enquanto mantinham o controle da contagem. Quando a mesa estava suficientemente a seu favor, esses identificadores fariam sinal para outro grupo – os "jogadores grandes" –, que viria para colocar montes de dinheiro na mesa. Para ajudar a esconder seus papéis da segurança do cassino, o grupo explorou estereótipos comuns nos cassinos. Alunas espertas vestiam blusinhas curtas e fingiam ser jogadoras inexperientes, enquanto controlavam a contagem das cartas. Alunos com aspecto asiático ou do Oriente Médio faziam o papel de estrangeiros ricos, felizes em gastar o dinheiro dos pais.

Embora seus membros mudassem com o correr do tempo, a equipe do MIT continuou a atacar os cassinos por muitos anos. O contraste com a vida em Massachusetts não podia ter sido maior. Em vez dos alojamentos estudantis e da chuva de Boston, havia suítes de hotel, céu ensolarado e lucros enormes. Durante o fim de semana do feriado de Quatro de Julho em 1995, a equipe teve tanto sucesso que, quando se reuniu na piscina no fim da viagem, um deles carregava uma mala contendo quase US$1 milhão em dinheiro vivo. Em outra ocasião, um deles esqueceu uma sacola de papel com US$125 mil numa sala de aula no MIT. Quando voltaram, o saco tinha sumido. Mais tarde descobriram que o zelador o tinha guardado em seu armário;[30] só receberam o dinheiro de volta após seis meses de investigações do FBI e da DEA [Drug Enforcement Administration, órgão da polícia federal americana responsável pelo controle e repressão de narcóticos].

A equipe de blackjack do MIT virou parte das lendas da jogatina. O jornalista Ben Mezrich contou a história no best-seller *Bringing Down the House*, e os fatos mais tarde inspiraram o filme *Quebrando a banca*. Infelizmente, porém, para estudantes de hoje, as explorações da equipe do MIT se tornaram história também de outras maneiras. Os cassinos introduziram muito mais medidas defensivas em anos recentes, o que significa que as equipes teriam dificuldades para reproduzir o tipo de sucesso visto nos anos 1980 e 1990. Na verdade, segundo o jogador profissional Richard Munchkin, hoje é difícil alguém enfocar exclusivamente o blackjack. "Conheço pouquíssimas pessoas – posso contá-las em uma única mão – ganhando a vida só com a contagem de cartas",[31] disse ele.

Contudo, a ciência dos jogos de apostas ainda aparece no MIT. Em 2012, o aluno de doutorado Will Ma montou um curso novo como parte do período de atividades independentes.[32] O título oficial era "15.S50", mas todo mundo o conhecia como aula de pôquer do MIT. Ma, que estudava pesquisa operacional, tinha jogado muito pôquer – e ganhado muito dinheiro – durante seus tempos de estudante de graduação no Canadá. Quando chegou ao MIT, o falatório sobre seu sucesso se espalhou, e muita gente começou a lhe fazer perguntas sobre o jogo. Uma dessas pessoas foi seu chefe de departamento, Dimitris Bertsimas, que também se interessava pelo pôquer. Bertsimas ajudou a montar um curso para ensinar a teoria e a tática necessárias para ganhar. Era um curso legítimo do MIT; se os alunos passassem, recebiam créditos para a graduação.

O curso atraiu muita atenção. Na verdade, apareceu tanta gente para a primeira aula que tiveram que trocar de sala. "Provavelmente foi um dos cursos mais populares durante o IAP [período de atividades especiais do MIT]", disse Ma. Os participantes variavam de estudantes de administração a doutores em matemática. As aulas de Ma também chamaram a atenção da comunidade de pôquer online. Muitos acreditaram incorretamente que os estudantes iriam usar seu conhecimento para construir softwares de pôquer. "Pelo boca a boca, de algum modo o curso foi deturpado", disse Ma. "Pensavam que ele ia levar a um imenso sistema de robôs de pôquer com uma tonelada de programas escritos por estudantes do MIT e capaz de pegar todo o dinheiro."

Além de se distanciar dos robôs, Ma também teve o cuidado de evitar que o seu curso fosse mal interpretado pela universidade. "O pôquer pode ser visto como um jogo de azar", disse ele, "e não se deve ensinar jogos de azar no MIT." Ma, portanto, usava dinheiro de brinquedo para demonstrar estratégias. "Eu precisava assegurar que não estava pegando dinheiro de verdade das pessoas."

Ma não tinha tempo suficiente para cobrir cada aspecto do pôquer, então tentou focar em tópicos que proporcionassem os maiores benefícios. "Tentei passar pela parte mais íngreme da curva de aprendizagem", disse. Ele explicou por que os jogadores não deviam ter medo de entrar no começo de uma rodada e os perigos de se ficar chateado por sair do jogo e acabar em vez disso jogando mãos demais. Muitas das lições também seriam úteis em outras situações. "Tentei introduzir a perspectiva da vida real", diz Ma. O curso de pôquer cobria a importância de se fazer jogadas com confiança e de não deixar que os erros afetassem a atuação. Os alunos aprendiam a ler os oponentes e a administrar a imagem que queriam transmitir durante o jogo. Ao fazer isso, começavam a descobrir o que sorte e habilidade realmente eram. "Acho que uma das coisas que o pôquer ensina muito bem é que muitas vezes você pode tomar uma boa decisão e não obter um bom resultado", diz Ma, "ou tomar uma decisão ruim e obter um resultado bom."

CURSOS QUE ENSINAM a ciência do jogo brotaram também em outras instituições,[33] da Universidade de York em Ontário à Universidade Emory na Geórgia. Nessas aulas, os alunos estudam loterias, roleta, embaralhamento de cartas e corridas de cavalos. Aprendem estatística e estratégia, e a analisar riscos e pesar opções. No entanto, conforme Ma descobriu, nas universidades as pessoas podem ser hostis ao conceito de apostas. De fato, muita gente é contra a ideia de apostas em qualquer contexto.

Quando as pessoas dizem que não gostam de apostas, isso geralmente significa que não gostam da indústria de apostas. Embora as duas coisas estejam interligadas, não são de forma alguma sinônimos. Mesmo que nunca jogássemos em cassinos nem frequentássemos casas de apostas, o ato de apostar ainda assim permearia nossas vidas. A sorte – boa ou má – paira sobre as nossas carreiras e relacionamentos. Temos que lidar com informação oculta e negociar diante da incerteza. Riscos precisam ser balanceados com recompensas; otimismo precisa ser pesado contra probabilidade.

A ciência de apostar não é útil apenas para jogadores. Estudar apostas é uma maneira natural de explorar a noção de sorte e pode, portanto, ser uma boa maneira de aprimorar habilidades específicas. Embora o artigo de Ruth Bolton e Randall Chapman sobre predições em corridas de cavalos tenha dado origem a uma indústria de apostas multibilionária, foi o único artigo que Bolton escreveu sobre o assunto. Ela passou o resto de sua carreira trabalhando em outros problemas. A maioria deles gira em torno de marketing, desde os efeitos de diferentes estratégias de definição de preços até como os negócios podem orientar relações de clientela. Bolton admite que o artigo sobre corridas de cavalos talvez destoe um pouco em seu currículo; à primeira vista, na realidade ele não se encaixa em seus outros temas de pesquisa. Mas os métodos naquele estudo pioneiro de pistas de corrida, que envolvia desenvolver modelos e avaliar potenciais resultados, seguiriam adiante para moldar o resto de seu trabalho. "Aquele modo de pensar sobre o mundo permaneceu comigo",[34] diz ela.

A teoria da probabilidade, que Bolton usou para analisar corridas de cavalos, é uma das ferramentas analíticas mais valiosas já criadas. Ela nos dá a capacidade de julgar a probabilidade de eventos e avaliar a confiabilidade da informação. Como resultado, é um componente vital da moderna pesquisa científica, desde sequenciamento de DNA até física de partículas. Contudo, a ciência da probabilidade surgiu não em bibliotecas ou auditórios de palestras, mas entre cartas e dados em bares e salões de jogo. Para o matemático do século XVIII Pierre Simon Laplace, era um estranho contraste. "É extraordinário que a ciência que começou pensando-se sobre jogos de azar tenha vindo a se tornar o objeto mais importante do conhecimento humano."[35]

Cartas e cassinos têm inspirado desde então muitas outras ideias científicas. Vimos como a roleta ajudou Henri Poincaré a desenvolver as primeiras ideias da teoria do caos e permitiu a Karl Pearson testar suas técnicas estatísticas. Também conhecemos Stanisław Ulam, cujos jogos de cartas levaram ao método Monte Carlo, agora usado para tudo, desde gráficos de computadores em 3D até análise de surtos de doenças. E vimos como a teoria dos jogos emergiu da análise do pôquer feita por John von Neumann.

A relação entre ciência e apostas continua a prosperar atualmente. Como sempre, ideias fluem em ambos os sentidos: jogos de apostas inspiram novas pesquisas, e desenvolvimentos científicos fornecem nova compreensão das apostas. Pesquisadores estão usando o pôquer para estudar inteligência artificial, criando computadores capazes de blefar, aprender e surpreender exatamente como os humanos. Todo ano, esses robôs pioneiros aparecem com novas táticas que os humanos jamais souberam, ou nunca ousariam tentar. Enquanto isso, algoritmos de alta velocidade estão ajudando empresas a fazer apostas e negócios automaticamente, criando um complexo ecossistema de interações que abriu novos caminhos de pesquisa. Analistas esportivos, munidos de dados melhores e computadores mais rápidos, não estão mais só predizendo resultados de times: estão identificando os papéis de jogadores individuais, medindo a contribuição da sorte e da habilidade. Do pôquer às bolsas de apostas, os pesquisadores estão desenvolvendo uma compreensão mais profunda do comportamento e da tomada de decisões humanos, e por sua vez concebendo estratégias mais efetivas de jogos e apostas.

A IMAGEM POPULAR de uma estratégia de apostas científica é a de um truque de mágica matemático. Para ficar rico, você só precisa de uma fórmula simples ou algumas regras básicas. Mas, muito como um truque de mágica, a simplicidade da atuação é uma ilusão, ocultando uma montanha de preparativos e prática.

Como vimos, quase qualquer jogo pode ser batido. Mas os lucros raramente vêm de números de sorte ou sistemas "infalíveis". Apostas bem-sucedidas requerem paciência e engenhosidade, bem como criadores que escolhem ignorar dogmas e seguir sua curiosidade. Pode ser um estudante como James Harvey, que imaginou qual loteria seria o melhor negócio e orquestrou milhares de compras de bilhetes para tirar vantagem do furo que havia encontrado. Ou um físico como Edward Thorp, rolando bolinhas de gude no chão de sua cozinha para entender onde a bolinha de uma roleta pararia. Pode ser necessária uma especialista em negócios como Ruth Bolton, extraindo dados de corridas de cavalos para descobrir o que faz um vencedor. Ou estatísticos como Mark Dixon e Stuart Coles lendo uma questão de um exame de graduação sobre predição no futebol e imaginando como os métodos podiam ser melhorados.

Dos cassinos de Monte Carlo às pistas de corrida de Hong Kong, a história da aposta perfeita é uma história científica. Onde um dia houve normas práticas e crendice, agora há teorias baseadas em experimentos. O reino da superstição desapareceu, dando lugar a rigor e pesquisa. Bill Benter, que fez sua fortuna apostando no blackjack e em corridas de cavalos, não tem dúvidas acerca de quem merece o crédito pela transição. "Não foi como se os apostadores de Las Vegas, com sua experiência prática, tivessem inventado um sistema",[36] diz ele. "O sucesso veio quando alguém de fora, armado com conhecimento acadêmico e novas técnicas, entrou e lançou luz onde antes só havia escuridão."

Notas

Introdução (p.9-15)

1. Ward, Simon. "A Sacked 22-Year-Old Trainee City Trader Today Reveals How He Won a Staggering £20 Million in a Year... Betting on Horses". *News of the World*, 26 jun 2009.
2. Duell, Mark. "'King of Betfair' Who Lived Lavish Lifestyle in top Hotels with Chauffeur-Driven Mercedes and Clothes from Harrods after Conning Family Friends Out of £400,000 Is Jailed". *Daily Mail* online, 28 mai 2013. Disponível em: http://www.dailymail.co.uk/news/article-2332115/King-Betfair-stayed-hotels-splashed-chauffeur-conning-family-friends-jailed.html.
3. Wood, Greg. "Short Story on Betfair System Is Pure Fiction". *The Guardian Sportblog* (blog), 29 jun 2009. Disponível em: http://theguardian.com/sport/blog/2009/jun/30/greg-wood-betfair-notw-story.
4. Duell, Mark. "Gambler, 26, Who Called Himself the 'Betfair King' Conned Friends Out of £600,000 with Betting Scam to Pay for Designer Clothes". *Daily Mail* online, 23 abr 2013. Disponível em: http://Gambler-called-Betfair-king-conned-friends-600-000-bogus-betting-scam.html.
5. "Criminal Sentence – Elliott Sebastian Short – Court: Southwark". The Law Pages.com, 28 mai 2013. Disponível em: http://www.thelawpages.com/court-cases/Elliott-Sebastian-Short-11209-1.law.
6. Ethier, Stewart. *The Doctrine of Chances: Probabilistic Aspects of Gambling*. Nova York: Springer, 2010, p.115.
7. Dumas, Alexandre. *One Thousand and One Ghosts*. Londres: Hesperus Classics, 2004.
8. O'Connor, J.J. e E.F. Robertson. "Girolamo Cardano", jun 1998. Disponível em: http://www.history.mcs.st-andrews.ac.uk/Biographies/Cardan.html.
9. Ibid.
10. Gorroochurn, Prakash. "Some Laws and Problems of Classical Probabilty and How Cardano Anticipated Them". *Chance Magazine*, vol.25, n.4, 2012, p.13-20.
11. Cardan, Jerome. *Book of My Life*. Nova York: Dutton, 1930.
12. Ore, Oystein. "Pascal and the Invention of Probability Theory", *American Mathematical Monthly*, vol.67, n.5, mai 1960, p.409-19.
13. Epstein, Richard. *The Theory of Gambling and Statistical Logic*. Waltham, MA: Academic Press, 2013.
14. Ore, "Pascal and the Invention".
15. É mais fácil começar calculando a probabilidade de *não* obter um 6 em quatro lances, que é $(5/6)^4$. Segue-se portanto que a probabilidade de obter pelo menos um

6 é de $1 - (5/6)^{24} = 51{,}8\%$. Pela mesma lógica, a probabilidade de obter um duplo 6 em 24 lances de dois dados é de $1 - (35/36)^{24} = 49{,}1\%$.
16. Epstein, Richard. *The Theory of Gambling and Statistical Logic*. Waltham, MA: Academic Press, 2013.
17. Bassett, Gilbert, Jr. "The St. Petersburg Paradox and Bounded Utility". *History of Political Economy*, vol.19, n.4, 1987, p.517-23.
18. Castelvecchi, Davide. "Economic Thinking". *Scientific American*, vol.301, n.82, set 2009, doi: 10.1038/scientificamerican0909-82b.
19. Feynman, Richard. *Surely You're Joking, Mr. Feynman!*. Nova York: W.W. Norton, 2010. [Ed. bras.: *O senhor está brincando, sr. Feynman!* São Paulo: Elsevier, 2006.]

1. Os três graus de ignorância (p.17-37)

1. Brochura do Ritz Club.
2. Chittenden, Maurice. "Laser-Sharp Gamblers Who Stung Ritz Can Keep £1.3m". *Times*, Londres, 5 dez 2004.
3. Beasley-Murray, Ben. "Special Report: Wheels of Justice". *PokerPlayer*, 1º jan 2005. Disponível em: http://www.pokerplayer365.com/uncategorized-drafts/wheels-of-justice.
4. "'Laser Scam' Gamblers to Keep £1m". BBC News online, 5 dez 2004. Disponível em: http://news.bbc.co.uk/2/hi/uk/4069629.stm.
5. Chittenden, "Laser-Sharp Gamblers".
6. Mazliak, Laurent. "Poincaré's Odds". *Séminaire Poincaré* XVI, 2012, p.999-1037.
7. Poincaré, Henri. *Science and Hypothesis*. Nova York: Walter Scott Publishing, 1905. (Edição francesa publicada em 1902.)
8. Segundo Scott Patterson, Edward Thorp certa vez fez isso numa piscina em Long Beach, Califórnia (com corante vermelho em vez de tinta). O incidente foi notícia no jornal local. Fonte: Patterson, Scott. *The Quants*. Nova York: Crown, 2010.
9. Poincaré, Henri. *Science and Method*. Londres: Nelson, 1914. (Edição francesa publicada em 1908.)
10. Ethier, Stuart. "Testing for Favorable Numbers on a Roulette Wheel". *Journal of the American Statistical Association*, vol.77, n.379, set 1982, p.660-65.
11. Pearson, K. "The Scientific Aspect of Monte Carlo Roulette". *Fortnightly Review*, fev 1894.
12. Pearson, K. *The Ethics of Freethought and Other Addresses and Essays*. Londres: T. Fisher Unwin, 1888.
13. Magnello, M.E. "Karl Pearson and the Origin of Modern Statistics: An Elastician Becomes a Statistician". *Rutherford Journal*. Disponível em: http://www.rutherfordjournal.org/article010107.html.
14. Pearson, "Scientific Aspect of Monte Carlo Roulette".

15. Huff, Darrell e Irving Geis. *How to Take a Chance*. Londres: W.W. Norton, 1959, p.28-9.
16. Pearson, "Scientific Aspect of Monte Carlo Roulette".
17. MacLean, L.C., E.O. Thorp e W.T. Ziemba (orgs.). *The Kelly Capital Growth Investment Criterion: Theory and Practice*. Singapura: World Scientific, 2011.
18. Maugh, Thomas H. "Roy Walford, 79; Eccentric UCLA Scientist Touted Food Restriction". *Los Angeles Times*, 1º mai 2004. Disponível em: http://articles.latimes.com/2004/may/01/local/me-walford1.
19. Ethier, "Testing for Favorable Numbers".
20. Ibid.
21. Gleick, James. *Chaos: Making a New Science*. Nova York: Open Road, 2011. [Ed. bras.: *Caos: A criação de uma nova ciência*. São Paulo: Campus, 1990.]
22. Poincaré, *Science and Method*.
23. Bass, Thomas. *The Newtonian Casino*. Londres: Penguin, 1990.
24. A maioria dos detalhes e citações nessa seção foi tirada de Thorp, Edward. "The Invention of the First Wearable Computer". *Proceedings of the 2nd IEEE International Symposium on Wearable Computers*, 1998, p.4.
25. Milgram, Stanley. "The Small-World Problem". *Psychology Today*, vol.1, n.1, mai 1967, p.61-7.
26. Backstrom, Lars, Paolo Boldi, Marco Rosa, Johan Ugander e Sebastiano Vignal. "Four Degrees of Separation". Cornell University Library, jan 2012. Disponível em: http://arxiv.org/abs/1111.4570.
27. Gleick, *Chaos*.
28. Bass, *Newtonian Casino*.
29. Small, Michael e Chi Kong Tse. "Predicting the Outcome of Roulette". *Chaos*, vol.22, n.3, 2012, 033150, doi:10.1063/1/1.4753920.
30. Citações e detalhes adicionais tirados de uma entrevista com Michael Small em 2013.
31. Entrevista do autor com Doyne Farmer, out 2013.
32. Slezak, Michael. "Roulette Beater Spills Physics behind Victory". *New Scientist*, n.2864, 12 mai 2012. Disponível em: http://www.newscientist.com/article/mg2 1428644-500-roulette-beater-spills-physics-behind-victory. Detalhes adicionais foram tirados da entrevista do autor com Doyne Farmer, out 2013.
33. Bass, *Newtonian Casino*.
34. Crutchfield, James P., J. Doyne Farmer, Nornam H. Pachard e Robert S. Shaw. "Chaos". *Scientific American*, vol.254, n.12, dez 1986, p.46-57.
35. Detalhes sobre investigações subsequentes foram tirados de Beasley-Murray, Ben. "Special Report: Wheels of Justice". PokerPlayer, 1º jan 2005. Disponível em: http://www.pokerplayer365.com/uncategorized-drafts/wheels-of-justice.
36. McKee, Maggie. "Alleged High-Tech Roulette Scam 'Easy to Set Up'". *New Scientist*, mar 2004.
37. Ethier, "Testing for Favorable Numbers".

2. Um negócio de força bruta (p.38-49)

1. Gonville and Caius. "History". Disponível em: http://www.cai.cam.ac.uk/history.
2. Experiência do autor.
3. O'Connor, J.J. e E.F. Robertson. "Sir Ronald Aylmer Fisher". JOC/EFR, out 2003. Disponível em: http://www-history.mcs.st-and.ac.uk/Mathematicians/Fisher.html.
4. Fisher, Ronald. "Presidential Address to the First Indian Statistical Congress". *Sankhya*, vol.4, 1938, p.14-7.
5. Campbell, Alex. "National Lottery: Why Do People Still Play?". BBC News online, out 2013. Disponível em: http://bbc.com/new/uk-24383871.
6. Wilson, David. "The British Museum: 250 Years On". *History Today*, vol.52, 2002, p.10.
7. Lehrer, Jonah. "Cracking the Scratch Lottery Code". *Wired*, 31 jan 2011. Disponível em: http://www.wired.com/2011/01/ff_lottery.
8. Bowers, Simon. "Lottery Scratchcards Fuel Camelot Sales Boom". *Guardian*, 18 nov 2011. Disponível em: http://theguardian.com/uk/2011/nov/18/national-lottery-scratchcard-sales-boom.
9. Scratchcards.org. "The Lottery Industry". Disponível em: http://www.scratchcards.or/featured/57121/the-lottery-industry.
10. Ziliak, Stephen. "Balanced Versus Randomized Field Experiments in Economics: Why W.S. Gosset aka 'Student' Matters". *Review of Behavioral Economics*, vol.1, n.1-2, 2014, p.167-208. Disponível em: http://dx.doi.org/10.1561/105.00000008.
11. Lehrer, "Cracking the Scratch Lottery Code".
12. Yang, Jennifer. "Toronto Man Cracked the Code to Scratch-Lottery Tickets". *Toronto Star*, 4 fev 2011. Disponível em: http://www.thestar.com/new/gta/2011/02/04/toronto_man_cracked_the_code_to_scratchlottery_tickets.html.
13. Obituário de William Tutte. *Kitchener-Waterloo Record*, mai 2002.
14. Yang, "Toronto Man Cracked the Code".
15. George, Patrick. "Woman Crashes Car into Convenience Store to Steal 1,500 Lotto Tickets". MSN online, 13 mai 2013. Disponível em: http://jalopnick.com/woman-crashes-car-into-convenience-store-to-steal-1-500_504608879.
16. Yang, Jennifer. "Toronto Man Cracked the Code".
17. Rich, Nathaniel. "The Luckiest Woman on Earth". *Harper's Magazine*, ago 2011.
18. Roller, Dean. "Publisher's Objections Force New Dorm Name". *The Tech*, jan 1968. Disponível em: http://web.mit.edu/~random-hall/www/History/publisher-objections.shtml.
19. eBay. "eBay Item # 1700894687 Name a Floor at MIT's Random Hall". Disponível em: http://web.mit.edu/ninadm/www/ebay/html.
20. Dowling, Claudia. "MIT Nerds". *Discover Magazine*, jun 2005.
21. Detalhes das atividades do consórcio Powerball vêm de Sullivan, Gregory. "Letter to State Treasurer Steven Grossman". Jul 2012. Disponível em: http://www.mass.

gov/ig/publications/reports-and-recommendations/2012/lottery-cash-winfall-letter-july-2012.pdf.
22. Sullivan, "Letter to State Treasurer Steven Grossman".
23. Estes, Andrea. "A Game of Chance Became Anything But". *Boston Globe*, 16 out 2011. Disponível em: http://www.boston.com/news/local/massachusetts/articles/2011/10/16/a_game_of_chance_became_anything_but.
24. Estes, "Game of Chance".
25. Wile, Rob. "Retiree from Rural Michigan Tells Us the Moment He Figured Out How to Beat the State's Lottery". *Business Insider*, 1º ago 2012. Disponível em: http://www.businessinsider.com/a-retiree-from-rural-michigan-tells-us-the-moment-he-figured-out-how-to-beat-the-states-lottery-2012-8.

3. De Los Alamos a Monte Carlo (p.50-84)

1. Yafa, Stephen. "In the Cards". *The Rotarian*, nov 2011.
2. Muitas fontes fizeram esta referência. Um exemplo proeminente é o texto publicitário da editora em: Thorp, Edward. *Beat the Dealer*. Nova York: Random House, 1962.
3. Kahn, Joseph P. "Legendary Blackjack Analysts Alive but Still Widely Unknown". *The Tech*, fev 2008. Disponível em: http://tec.mit.edu/V128/N6/blackjack.html.
4. Baldwin, Roger, Wilbert E. Cantey, Herbert Maisel e James P. McDermott. "The Optimum Strategy in Blackjack". *Journal of American Statistical Association*, vol.51, n.275, 1956, p.429-39.
5. Haney, Jeff. "They Invented Basic Strategy". *Las Vegas Sun*, 4 jan 2008.
6. Kahn, "Legendary Blackjack Analysts Alive".
7. Baldwin et al., "The Optimum Strategy in Blackjack". Os quatro soldados também publicaram mais tarde um livro para não estatísticos intitulado *Playing Blackjack*. Segundo McDermott, ele obteve uma receita total de US$28. (Fonte: Kahn, "Legendary Blackjack Analysts Alive".)
8. Thorp, Edward. *Beat the Dealer*. Nova York: Random House, 1962.
9. Kahn, "Legendary Blackjack Analysts Alive".
10. Towle, Margaret. "Interview with Edward O. Thorp". *Journal of Investment Consulting*, vol.12, n.1, 2011, p.5-14.
11. Entrevista do autor com Bill Benter, jul 2013.
12. Yafa, Stephen. "In the Cards". *The Rotarian*, nov 2011.
13. Ibid.
14. Dougherty, Tim. "Horse Sense". *Contingencies*, jun 2009.
15. Entrevista do autor com Richard Munchkin, ago 2013.
16. Thorp, *Beat the Dealer*.
17. Mazliak, Laurent. "Poincaré's Odds". *Séminaire Poincaré* XVI, 2012, p.999-1037.
18. Saloff-Coste, Laurent. "Random Walks on Finite Groups", in Harry Kesten (org.), *Probability on Discrete Structures*. Nova York: Springer Science & Business, 2004.

19. Reproduzido sob a licença CC-BY-SA 2.0. Disponível em: http://www.flickr.com/photos/latitudes/66424863.
20. Blood, Johnny. "A Riffle Shuffle Being performed during a Game of Poker at a Bar Near Madison, Wisconsin, November 2005-April 2006". Fonte: Flickr. Imagem sob a licença CC-BY-SA 2.0.
21. Bayer, D.B. e P. Diaconis. "Trailing the Dovetail Shuffle to Its Lair". *Annals of Applied Probability*, vol.2, n.2, 1992, p.294-313.
22. Entrevista do autor com Bill Benter, jul 2013.
23. Schnell-Davis, D.W. "High-Tech Casino Advantage Play: Legislative Approaches to the Threat of Predictive Devices". *UNLV Gaming Law Journal*, vol.3, n.2, 2012.
24. Entrevista do autor com Richard Munchkin, ago 2013.
25. Entrevista do autor com Bill Benter, jul 2013.
26. Experiência do autor.
27. Lee, Simon. "Hong Kong Horse Bets Hit Record as Races Draw Young Punters". *Business Week*, 11 jul 2013. Disponível em: http://bloomberg.com/news/articles/213-07-11/hong-kong-horse-bets-hit-record-as-races-draw-young-punters.
28. "Record-Breaking Day Across-the-Board for Kentucky Derby 138". Kentucky Derby, 6 mai 2012. Disponível em: http://www/kentuckyderby.com.news/2012/05/05/kentucky-derby-138-establishes-across-board-records.
29. Rarick, Gina. "Horse Racing: Hong Kong Polishes a Good Name Worth Gold". *New York Times*, 11 dez 2004. Disponível em: http://nytimes.com/2004/12/11/sports/11iht-horse_ed3_html?_r=0.
30. Doran, Bob. "The First Automatic Totalisator". *Rutherford Journal*. Disponível em: http://rutherfordjournal.org/article020109.html.
31. Benter, William. "Computer Based Horse Race Handicapping and Wagering Systems: A Report", in Hausch, D.B., V.S.Y. Lo e W.T. Ziemba (orgs.), *Efficiency of Racetrack Betting Markets*. Londres: Academic Press, 1994, p.511-26.
32. Dougherty, "Horse Sense".
33. Bolton, R.N. e R.G. Chapman. "Searching for Positive Returns at the Track: A Multinomial Logit Model for Handicapping Horse Races". *Management Science*, vol.32, n.8, 1986.
34. Entrevista do autor com Bill Benter, jul 2013.
35. Magnello, M.E. "Karl Pearson and the Origin of Modern Statistics: An Elastician Becomes a Statistician". *Rutherford Journal*. Disponível em: http://www.rutherfordjournal.org/article010107.html.
36. Pearson, Karl. *The Life, Letters and Labours of Francis Galton*. Cambridge: Cambridge University Press, 2011.
37. Galton, Francis. "Towards Mediocrity in Hereditary Stature". *Journal of the Anthropological Institute of Great Britain and Ireland*, vol.15, 1986, p.246-63.
38. Galton, Francis. "A Diagram of Heredity", *Nature*, vol.57, 1898, p.293. Disponível em: http://www.esp.org/foundations/genetics/classicaal/fg-98.pdf.
39. Pearson, *Life, Letters and Labours*.

40. Pearson, Karl. *National Life from the Standpoint of Science*. 2.ed. Cambridge: Cambridge University Press, 1919.
41. Pearson, Karl. "The Problem of Practical Eugenics". Galton Eugenics Laboratory Lecture Series No. 5. Dulau & Co., 1909.
42. Entrevista do autor com Ruth Bolton, fev 2014.
43. Entrevista do autor com Bill Benter, jul 2013.
44. Ziliak, Stephen. "Guinessometrics: The Economic Foundation of 'Student's t". *Journal of Economic Perspectives*, vol.22, n.4, 2008, p.199-216.
45. Emanuel, Kerry. "Edward Norton Lorenza 1917-2008". *National Academy of Sciences*, 2011. Disponível em: ftp://texmex.mit.edu/pub/emanuel/PAPERS/lorenz_Edward.pdf.
46. Benter, "Computer Based Horse Race Handicapping".
47. Investopedia.com. "Technical Analysis". Disponível em: http://www.investopedia.com/tems/t/technicalanalysis.asp.
48. Dougherty, "Horse Sense".
49. Ibid.
50. Entrevista do autor com Bill Benter, jul 2013.
51. Grimberg, Sharon (produtora/redatora) e Rick Groleau (produtor/redator). "Race for the Superbomb", dirigido por Thomas Ott e levado ao ar na série The American Experience (PBS Video, 1999).
52. Rota, Gian-Carlo. "The Lost Café". *Los Alamos Science*, 1987.
53. Rota, "The Lost Café".
54. Lounsberry, Alyse. "A-Bomb Cloaked in Mystery". *Ocala Star-Banner*, 4 dez 1978, p.13.
55. Halmos, Paul. "The Legend of John von Neumann". *American Mathematical Monthly*, vol.8, 1973, p.382-94.
56. Von Neumann, John. "Various Techniques Used in Connection with Random Digits". *Journal of Research of the National Bureau of Standards*, Appl. Math. Series, 1951. Citado em Herman Heine Goldstine, *The Computer from Pascal to Von Neumann*. Princeton, NJ: Princeton University Press, 2008.
57. Mazliak, Laurent. "From Markov to Doeblin: Events in Chain". Palestra dada na RMR-2010. Rouen, França: 1º jun 2010. Disponível em: http://proba.jussieu.fr/~mazliak/Markov_Rouen.pdf.
58. Descrito em Diaconis, P. "The Markov Chain Monte Carlo Revolution". *Bulletin of the American Mathematical Society* 46, 2009, p.179-205.
59. Metropolis, Nicholas, Arianna W. Rosenbluth, Marshall N. Rosenbluth, Augusta H. Teller e Edward Teller. "Equation of State Calculations by Fast Computing Machines". *Journal of Chemical Physics*, vol.21, 1953, p.1087. Disponível em: http://dx.doi.org/10.1063/1.1699114.
60. Entrevista do autor com Bill Benter, jul 2013. Citação-chave: Gu, Ming Gao e Fan Hui Kong. "A Stochastic Approximation Algorithm with Markov Chain Monte-Carlo Method for Incomplete Data Estimation Problems". *Proceedings of the National Academy of Science USA*, vol.95, 1998, p.7270-74.

61. Pounstone, W. *Fortune's Formula: The Untold Story of the Scientific Betting System That Beat the Casinos and Wall Street.* Nova York: Hill and Wang, 2006.
62. Chapman, S. "The Kelly Criterion for Spread Bets", *IMA Journal of Applied Mathematics*, vol.72, 2007, p.43-51.
63. Benter, "Computer Based Horse Race Handicapping".
64. Entrevista do autor com Bill Benter, jul 2013.
65. Dougherty, "Horse Sense".
66. Entrevista do autor com Bill Benter, jul 2013.
67. A descrição de acontecimentos correntes vem de Jagow, Scott. "I, Robot: The Future of Horse Wagering?" *Paulick Report*, 2013. Disponível em: http://www.paulickreport.com/new/ray-s-paddock/i-robot-the-future-of-horse-racing-wagering.
68. Entrevista do autor com Bill Benter, jul 2013.
69. Entrevista do autor com Ruth Bolton, fev 2014.

4. Especialistas com doutorado (p.55-121)

1. Experiência do autor.
2. House of Commons Culture, Media and Sports Committee."The Gambling Act 2005: A Bet Worth Taking?" HC 421, 2012.
3. "Man Jailed for 'Bonus Abuse'". Metropolitan Police online, abr 2012. Disponível em: http://content.met.police.uk/News/Man-jailed-for-Bonus-Abuse/140000779 6996/1257246745756.
4. Entrevista com Richard Munchkin, ago 2013.
5. Experiência do autor.
6. De Haan, L. e A. Ferreira. Prefácio, in *Extreme Value Theory: An Introduction*. Nova York: Springer Science & Business Media, 2007.
7. Por exemplo: Coles, Stuart e Jonathan Tawn. "Bayesian Modelling of Extreme Surges on the UK East Coast". *Philosophical Transactions*, vol.363, n.1831, 2005, p.1387-406; e Coles, Stuart e Francesca Pan. "The Analysis of Extreme Pollution Levels: A Case Study". *Journal of Applied Statistics*, vol.23, n.2-3, 1996, p.333-48.
8. Entrevista do autor com Stuart Coles, mai 2013.
9. Dixon, M.J. e S.G. Coles. "Modelling Association Football Scores and Inefficiencies in the Football Betting Market". *Journal of the Royal Statistical Society: Series C*, vol.46, 1997, p.2.
10. Entrevista do autor com Stuart Coles, mai 2013.
11. Dixone Coles. "Modelling Association Football Scores".
12. Rakocevic, G., T. Djukic, N. Filipovic e V. Milutinovic. *Computational Medicine in Data Mining and Modelling*. Nova York: Springer-Verlag, 2013, p.154.
13. Leitner, C., A. Zeileis e K. Hornik. "Forecasting Sports Tournaments by Ratings of (Prob)Abilities: A Comparison for the EURO 2008". *International Journal of Forecasting*, vol.26, n.3, 2009, p.471-81.
14. Entrevista do autor com Stuart Coles, mai 2013.

15. Entrevista do autor com David Hastie, mar 2013.
16. Entrevista do autor com Stuart Coles, mai 2013.
17. Heuer, Andreas e Oliver Rubner. "How Does the Past of a Soccer Match Influence Its Future? Concepts and Statistical Analysis". *PLos ONE*, vol.7, n.11, 2012, doi:10.1371/journal.pone.0047678.
18. Detalhes do início da carreira são da entrevista do autor com Michael Kent, out 2013.
19. Entrevista do autor com Michael Kent, out 2013.
20. Society for American Baseball Research. "A Guide to Sabermetric Research". Disponível em: http://sabr.org/sabermetrics.
21. Thomsen, Ian. "The Gang That Beat Las Vegas". *National Sports Daily*, 1990.
22. Ibid.
23. Ibid.
24. Ulam, S.M. *Adventures of a Mathematician*. Oakland: University of California Press, 1991, p.311.
25. Trex, Ethan. "What Made the AK-47 So Popular?" *Mental Floss*, abr 2011. Disponível em: http://mentalfloss.com/article/27455/what-made-ak-47-so-popular.
26. Killicoat, Phillip. "Weaponomics: The Global Market for Assault Riffles". World Bank Policy Research Working Paper 4202. Washington, DC: abr 2007.
27. Da Silveira, M.L. Gertz, A. Cervieri, A. Rodrigues et al. "Analysis of the Friction Losses in an Internal Combustion Engine". SAE Technical Paper 2012-36-0303, 2012, doi:10.4271/2012-36-0303.
28. "A 'Sissy Game' Was the Sport of Presidents". *Life Magazine*, jul 1968, p.72.
29. Mella, Mirio. "Success = Talent + Luck". Pinnacle Sports, 15 jul 2015. Disponível em: http://www.pinnaclesports.com/en/betting-articles/golf/success-talent-luck.
30. ESPN. Página da NHL. Disponível em: http://espn.go.com/nhl.
31. ESPN. Página da NBA. Disponível em: http://espn.go.com/nba.
32. Macdonald, Brian. "An Expected Goals Model for Evaluating NHL Teams and Players". Artigo apresentado na Conferência Sloan de Análises Esportivas do MIT. Boston, MA: 2-3 mar 2013.
33. Predictive Sports Betting. MIT Sloan Sports Analytics Conference. Boston, MA: 1-2 mar 2013. Painel de discussão com Chard Millman, Haralabos Voulgaris e Matthew Holt; moderação de Jeff Ma. Disponível em: http://www.sloansportsconference.com/?p=9607.
34. Eden, Scott. "Meet the World's Top NBA Gambler". ESPN, 25 fev 2013. Disponível em: http://espn.go.com/blog/playbook/dollars/post/_/id/2935/meet-the-worlds-top-nba-gambler.
35. Entrevista do autor com Stuart Coles, mai 2013.
36. Entrevista do autor com David Hastie, mar 2013.
37. Ward, Mark. "Screen Scraping: How to Profit from Your Rival's Data". BBC News, 30 set 2013. Disponível em: http://www.bbc.com/news/technology-23988890.
38. Entrevista do autor com Michael Kent, out 2013.

39. Craig, Susanne. "Taking Risks, Making Odds". *New York Times*, 24 dez 2010. Disponível em: http://dealbook.nytimes.com/2010/12/24/taking-risks-making-odds.
40. Experiência do autor.
41. Kaplan, Michael. "Wall Street Firm Uses Algorithms to Make Sports Betting Like Stock Trading", *Wired*, 1º nov 2010. Disponível em: http://www.wired.com/2010/11/ff_midas.
42. Eden, "Meet the World's Top NBA Gambler".
43. Craig, "Taking Risks, Making Odds".
44. Comentários de Garrood extraídos de "Betting After the Games Are Underway". ThePostGame, 11 jan 2011. Disponível em: http://www.thepostgame.com/blog/spread-sheet/20110111/betting-after-games-are-underway.
45. Predictive Sports Betting. MIT Sloan Sports Analytics Conference, 2013.
46. McHale, Ian. "Why Spain Will Win… Maybe?" *Engineering & Technology*, vol.5, jun 2010, p.25-27.
47. Entrevista do autor com Rob Esteva, mar 2013.
48. Khan, M. Ilyas. "Pakistan's Murky Cricket-Fixing Underworld". BBC News, 3 nov 2011. Disponível em: http://www.bb.com/news/world-asia-15576065.
49. Hoult, Nick. "Indian Premier League in Crisis After Three Players Are Charged with Spot Fixing". *Telegraph*, 16 mai 2013. Disponível em: http://www.dlegraph.co.uk/cricket/twenty20/ipl/10060988/Indian-Premier-League-in-crisis-after-three-players-are-charged-with-spot-fixing.html.
50. Hart, Simon. "DJ Campbell Arrested in Connection with Football Fixing". *Telegraph*, 9 dez 2013. Disponível em: http://www.telegraph.co.uk/sport/football/10505343/DJ-Campbell-arrested-in-connection-with-football-fixing.html.
51. Wilson, Bill. "World Sport 'Must tackle Big Business of Match Fixing'". BBC News, 25 nov 2013. Disponível em: http://bbc.com/news/business-24984787.
52. Hawkins, Ed. "Grey Betting Market in Asia Offers Loophole to Be Exploited", *Times*. Londres, 30 nov 2013. Disponível em: http://hawkeyespy.blogspot.com/2013/11/grey-betting-market-in-asia-offers.html.
53. Predictive Sports Betting. MIT Sloan Sports Analytics Conference, 2013.
54. Beuer, Andrew. "After Pinnacle, It's All Downhill from Here". *Washington Post*, 17 jan 2007. Disponível em: http://www.washingtonpost.com/wp-dyn/content/article2007/01/16/AR2007011601375.html.
55. Noble, Simon. "Inside the Wagering Line". Pinnacle Pulse (blog), Sports Insights, 22 fev 2006. Disponível em: https://www.sportsinsights.com/sports-betting-articles/pinnacle-pulse/the-pinnacle-pulse-22222006.
56. Taylor, Eleanor. "Policy Analysis Market and the Political Yuck Factor". Social Issues Research Centre, abr 2004. Disponível em: http://www.sirc.org/articles/policy_analysis.shtml.
57. Tran, Mark. "Pentagon Scrap Terror Betting Plans". *The Guardian*, 29 jul 2003. Disponível em: http://theguardian.com/world/2003/jul/29/Iraq.usa1.
58. Taylor, "Policy Analysis Market".

59. Wise, Gary. "Head of Sportsbook Q&A Transcript". Pinnacle Sports, 8 ago 2013. Disponível em: http://www.pinnaclesports.com/en/betting-articles/social-media/question-answers-with-pinnacle-sports.
60. "Pinnacle Sports Halts US Horse Racing Serice". Casinomeister, 19 dez 2008. Disponível em: http://casinomeister.com/news/december2008/online_casino_news3/PINNACLE-SPORTS-HALTS-US-HORSE-RACING-SERVICE.php.
61. Read, J.J. e J. Goddard. "Information Efficiency in High-Frequency Betting Markets", in Williams, L.V. e D.S. Siegel (orgs.), *The Oxford Handbook of the Economics of Gambling*. Nova York: Oxford University Press, 2014.
62. Bowers, Simon. "Odds-on Favourite". *The Guardian*, 6 jun 2003. Disponível em: http://www.theguardian.com/business/2003/jun/07/9.
63. Clarke, Jody. "Andrew Black: Punter Who Revolutionised Gambling". *Moneyweek*, 21 ago 2009. Disponível em: http://moneyweek.com/entrepreneurs-my-first-million-andrew-black-betfair-44933.
64. Ibid.
65. Klein, Matthew. "Hedge Funds Are Not Necessarily for Suckers". Bloomberg View, 12 jul 2013. Disponível em: http://bloombergview.com/articles/2013-07-12/hedge-funds-are-not-necessarily-for-suckers.
66. Preis, Tobias, Dror Y. Kenett, H. Eugene Stanley, Dirk Helbing e Eshel Ben-Jacob. "Quantifying the Behavior of Stock Correlations Under Market Stress". *Scientific Reports*, vol.2, 2012, doi:10.1038/srep00752.
67. Detalhes e citações da entrevista do autor com Brendan Poots, set 2013.
68. Dixon, M.J. e M.E. Robinson. "A Birth Process Model for Association Football Matches". *The Statistician*, vol.47, n.3, 1998.
69. Bailey, Ronald. "How Scared of Terrorism Should You Be?" *Reason Magazine*, 6 set 2011. Disponível em: http://reason.com/archives/2011/09/06/how-scared-of-terrorism-should.
70. Spiegelhalter, David. "What's the Best Way to Win Money: Lottery or Roulette?" BBC News, 14 out 2011. Disponível em: http://www.bbc.com/news/uk-15309953.
71. Titman, A.C., D.A. Costain, P.G. Ridall e K. Gregory. "Joint Modelling of Goals and Bookings in Association Football". *Journal of the Royal Statistical Society: Series A*, 15 jul 2014, doi:10.1111/rssa.12075.
72. Entrevista do autor com Will Wilde, mai 2015.
73. Rovell, Darren. "Sports Betting Hedge Fund Becomes Reality". CNBC, 7 abr 2010. Disponível em: http://www.cnbc.com/id/36218041.
74. "Taxes on Gambling Winnings in Sports". Bankrate, jan 2014. Disponível em: http://www.bankrate.com/finance/taxes/taxes-on-gambling-winning-in-sports.1.aspx.
75. Takahashi, Maiko. "Japan Lawmakers Group Submits Legislation to Legalize Casinos". Bloomberg Business, 28 abr 2015. Disponível em: http://www.bloomberg.com/new/articles/2015-04-28/japan-lawmakers-group-submits-legislation-to-legalize-casinos.
76. Entrevista do autor com Will Wilde, mai 2015.

77. Millman, Chad. "A New System to Bet College Football". Artigo apresentado na Conferência Sloan de Análises Esportivas do MIT. Boston, MA: 1-2 mar 2013.
78. Entrevista do autor com Michael Kent, out 2013.
79. Entrevista do autor com Will Wilde, mai 2015.
80. Kaplan, Michael. "The High Tech Trifecta". *Wired*, 10 mar 2002. Disponível em: http://archive.wired.com/wired/archive/10.03/betting.html.
81. Dougherty, Tim. "Horse Sense: Using Applied Mathematics to Game the System". *Contingencies*, mai/jun 2009. Disponível em: http://www.contingenciesonline.com/contingenciesonline/20090506/?sub_id=qxyLfphSqUiJ#pg22.
82. Kuper, Simon. "How the Spreadsheet-Wielding Geeks Are Taking Over Football". *New Statesman*, 5 jun 2013. Disponível em: http://newstatesman.com/culture/2013/06/how-spreadsheet-wielding-geeks-are-taking-over-football.
83. Entrevista do autor com Rob Esteva, mar 2013.
84. Estatísticas de futebol de: Ingle, Sean. "Why the Power of One Is Overhyped in Football". Talking Sport (blog), *The Guardian*, 24 mar 2013. Disponível em: http://www.theguardian.com/football/blog/2013/mar/24/gareth-bale-one-man-team-overhyped.
85. Entrevista do autor com Brendan Poots, set 2013.
86. Entrevista do autor com David Hastie, mar 2013.
87. Entrevista do autor com Michael Kent, 2013.
88. Eden, "Meet the World's Top NBA Gambler".
89. Wolff, Alexander. "That Old Black Magic". *Sports Illustrated*, 21 jan 2002. Disponível em: http://www.si.com/vault/2002/01/21/317048/that-old-black-magic-millions-of-superstitious-readers-and-many-athletes-believe-that-an-appearance-on-sports-illustrated-cover-is-the-kiss-of-death-but-is-there-really-such-a-thing-as-the-si-jinx.
90. McHale, Ian e Łukasz Szczepański. "A Mixed Effects Model for Identifying Goal Scoring Ability of Footballers". *Journal of the Royal Statistical Society: Series A*, vol.177, n.2, 2014, p.397-417, doi:10.1111/rssa.12015.
91. Albert, James. "Pitching Statistics, Talent and Luck, and the Best Strikeout Seasons of All-Time". *Journal of Quantitative Analysis in Sports*, vol.2, n.1, 2011.
92. McHale e Szczepański. "Mixed Effects Model".
93. Entrevista do autor com David Hastie, mar 2013.
94. Predictive Sports Betting. MIT Sloan Sports Analytics Conference.

5. Ascensão dos robôs (p.122-46)

1. História do telegrama extraída de: "The Birth of Electrical Communications – 1837". Universidade de Salford. Disponível em: http://www.cntr.salford.ac.uk/comms/ebirth.php.
2. Poitras, Geoffrey. "Arbitrage: Historical Perspectives". *Encyclopedia of Quantitative Finance*, 2010, doi:10.1002/9780470061602.eqf01010.
3. Experiência do autor.
4. Poitras, "Arbitrage: Historical Perspectives".

5. Vlastakis, Nikolaos, George Dotsis e Raphael N. Markellos. "How Efficient Is the European Football Betting Market? Evidence from Arbitrage and Trading Strategies". *Journal of Forecasting*, vol.28, n.5, 2009, p.426-44.
6. Franck, Egon, Erwin Verbeek e Stephan Nüesch. "Inter-market Arbitrage in Sports Betting". NCER Working Paper Series n.48, National Centre for Econometric Research. Brisbane, Queensland, Austrália, out 2009. Disponível em: http://www.ncer.edu.au/papers/documents/WPN048.pdf.
7. Beinhocker, Eric. *The Origin of Wealth: Evolution, Complexity, and the Radical Remaking of Economics*. Cambridge, MA: Harvard Business Press, 2006, p.396.
8. Buraimo, Babatunde, David Peel e Rob Simmons. "Gone in 60 Seconds: The Absorption of News in a High-Frequency Betting Market". Artigo de trabalho, de *Selected Works of Dr. Babatunde Buraimo*, mar 2008. Disponível em: http://bepress.com/babatunde_buraimo/17.
9. "Backing a Winner". *Computing Magazine*, 25 jan 2007. Disponível em: http://www.computing.co.uk/ctg/analysis/1854505/backing-winnerw.
10. Entrevista do autor com David Hastie, mar 2013.
11. Williams, Christopher. "The US$330m Cable That Will Save Traders Milliseconds". *Telegraph*, 11 set 2011. Disponível em: http://www.telegraph.co.uk/technology/news/8753784/The-300m-cble-that-will-save-traders-milliseconds.html.
12. Tucker, Andrew. "In the Blink of an Eye". Optalert, 5 ago 2014. Disponível em: http://www.optalert.com/news/in-the-blin-of-an-eye.
13. Liberty, Jez. "Measuring and Avoiding Slippage". *Futures Magazine*, 1º ago 2011. Disponível em: http://www.futuresmag.com/2011/07/31/measuring-and-avoiding-slippage.
14. Almgren, Robert e Bill Harts. "Smart Order Routing". StreamBase White Paper: 2008. Disponível em: http://www.streambase.com/wp-content/uploads/downloads/StreamBase_White_Paper_Smat_Order_Routing_low.pdf.
15. Ablan, Jennifer. "Snipers, Sniffers, Guerillas: The Algo-Trading War". Reuters, 31 mai 2007. Disponível em: http://www.reuters.com/article/2007/05/31/businessprousa-algorithm-strategies-dc-idUSN3040797620070531.
16. Detalhes de: Rushton, Katherine. "Betfair Loses £40m on Leopardstown 'Technical Glitch'". *Telegraph*, 29 dez 2011. Disponível em: http://www.tlegraph.co.uk/finance/newsbysector/retailandconsumer/8983469/Betfair-loses-40m-on-Leopardstown-after-techical-glitch.html.
17. Discussão do fórum da Betfair: "Hope you all took advantage of betfairs xmas bonus". Fórum Geeks Toy Horseracing: 28 dez 2011. Disponível em: http://www.geekstoy.com/forum/showthread.php?7065-Hope-you-all-took-advantage-of-betfairs-xmas-bonus.
18. Webb, Peter. "£1k Account caused £600m Betfair Error". Blog Bet Angel, dez 2011. Disponível em: http://www.betangel.com/blog_wp/2011/12/301k-account-caused-600m-betfair-error.
19. Wood, Greg. "Betfair May Lose Out by Not Explaining How £600m Lay Bet Was Accepted". Talking Sport (blog), *The Guardian*, 30 dez 2011. Disponível em: http://www.theguardian.com/sport/blog/2011/dec/30/betfair-600m-lay-bet.

20. Detalhes dos fatos tirados de um relatório da SEC. "In the Matter of Knight Capital Americas LLC". Arquivo n.3-15570. Out 2013.
21. Detalhes do caso Larsen tirados de: Stothard Michael. "Day Traders Expose Algorithm's Flaws". *Globe and Mail*, 16 mai 2012. Disponível em: http://www.theglobeandmail.com/globe-investor/day-traders-expose-algorithms-flaws/article4179395; e Stothard, Michael, "Norwegian Day Traders Cleared of Wrongdoing". *Financial Times*, 2 mai 2012. Disponível em: http://www.ft.com/cms/s/0/e2f6d1cc-9447-11e1-bb47-00144feab49a.html#axzz3hDw6Bgnj.
22. Farmer, J. Doyne e Duncan Foley. "The Economy Needs Agent-Based Modelling". *Nature*, vol.460, 2009, p.685-86, doi:10.1038/460685a.
23. Foster, Peter. "Bogus' AP Tweet About Explosion at the White House Wipes Billions off US Markets", *Telegraph*, 23 abr 2013. Disponível em: http://www.telegraph.co.uk/finance/markets/10013768/Bogus-AP-tweet-about-explosion-at-the-White-House-wipes-billions-off-US-markets.html.
24. Detalhes sobre a queda súbita e vertiginosa tirados de: US Commodity Futures Trading Commission and US Security and Exchange Commission. *Findings Regarding the Market Events of May, 6, 2010.* 20 set 2010. Disponível em: http://www.sec.gov/new/studies/2010/marketevents-report.pdf.
25. Sonanad, Nikhil. "The AP's Newest Business Reporter Is an Algorithm". *Quartz*, 30 jun 2014. Disponível em: http://qz.com/228218/the-aps-newest-business-reporter-is-an-algorithm.
26. Keynes, John M. *The General Theory of Employment, Interest, and Money*. Londres: Palgrave Macmillan, 1936.
27. Citações tiradas da entrevista do autor com J. Doyne Farmer, out 2013.
28. Farrell, Maureen. "Mini Flash Crashes: A Dozen a Day". CNN Money, 20 mar 2013. Disponível em: http://money.cnn.com/2013/03/20/investing/mini-flash-crash.
29. Johnson, Neil, Guannan Zhao, Eric Hunsader, Hong Qi, Nicholas Johnson, Jing Meng e Brian Tivnan. "Abrupt Rise of New Machine Ecology Beyond Human Response Time". *Scientific Reports*, vol.3, 2013, doi:10.1038/srep02627.
30. Citação de: "Robots Take Over Economy: Sudden Rise of Global Ecology of Interacting Robots Trade at Speeds Too Fast for Humans". Press release. Universidade de Miami: 11 set 2013.
31. Experiência do autor.
32. Halmos, Paul. "The Legend of John von Neumann". *American Mathematical Monthly*, vol.8, 1973, p.382-94.
33. Detalhes do modelo de: May, R.M. "Simple Mathematical Models with Very Complicated Dynamics". *Nature*, vol.261, 1976, p.459-67.
34. Bacaër, Nicolas. "Verhulst and the Logistic Equation (1838)". *A Short History of Mathematical Population Dynamics*, 2011, p.35-9.
35. May, Robert M. "Will a Large, Complex Ecosystem Be Stable?" *Nature*, vol.238, 1972, p.413-4, doi:10.1038/238413a0.
36. Dobson, Andrew. "Multi-Host, Multi-Parasite Dynamics". Workshop de Dinâmica de Doenças Infecciosas realizado no Isaac Newton Institute. Cambridge, Reino Unido: 19-23 ago 2013.

37. Allesina, Stefano e Si Tang. "Stability Criteria for Complex Ecosystems". *Nature*, vol.483, 2012, p.205-8, doi:10.1038/nature10832.
38. Farmer, J. Doyne. "Market Force, Ecology and Evolution". *Industrial and Corporate Change*, vol.11, n.5, 2002, p.895-953.
39. Investment Trends. *2013 UK Leveraged Trading Report*. 23 dez 2013. Disponível em: http://www.iggroup.com/content/files/leveraged_trading_report_nov13.pdf.
40. HM Revenue and Customs. "General Betting Duty". 2010. Disponível em: https://www.gov.uk/general-betting-duty.
41. Armitstead, Louise. "Treasury to look at Spread Betting Tax Exemption After Lords Raise Concerns". *Telegraph*, 27 nov 2013. Disponível em: http://www.telegraph.co.uk/finance/newsbysector/banksandfinance/10479460/Treasury-to-look-at-spread-betting-tax-exemption-after-Lords-raise-concerns.html.
42. Detalhes de: "New Directions for Understanding Systemic Risk". Relatório sobre uma conferência copatrocinada pelo Federal Reserve Bank de Nova York e pela Academia Nacional de Ciências. Nova York, NY: mai 2006.

6. A vida consiste em blefar (p.147-74)

1. Dance, Gabriel. "Poker Bots Invade Online Gambling". *New York Times*, 13 mar 2011. Disponível em: http://www.nytimes.com/2011/-3/14/science/14poker.html.
2. Wood, Jocelyn. "Police Investigating Coordinated Poker Bot Operation in Sweden". Pokerfuse, 22 fev 2013. Disponível em: http://pokerfuse.com/news/poker-room-news/police-investigating-million-dollar-poker-bot-operation-sweden-21-02.
3. Jones, Nick. "Over US$500,000 Repaid to Victims of Bot Ring on Svenska Spel". Pokerfuse, 20 jun 2013. Disponível em: http://pokerfuse.com/news/poker-room-news/over-500000-repaid-to-victims-of-bot-ring-on-svenska-spel.
4. Ruddock, Steve. "Alleged Poker Bot Rings Busted on Swedish Poker site". Poker News Boy, 24 fev 2013. Disponível em: http://pokernewsboy.com/oline-poker-news/alleged-poker-bot-ring-busted-on-swedish-poker-site/13633.
5. Surgeon General. *Preventing Tobacco Use Among Youth and Young Adults: A Report of the Surgeon General, 2012*. Washington, DC: National Centre for Chronic Disease Prevention and Health Promotion Office on Smoking and Health, 2012, tabela 5.3.
6. McGrew, Jane. "History of Tobacco Regulation", in *Marihuana: A Signal of Misunderstaning*. Relatório da National Commission on Marihuana and Drug Abuse, 1972. Disponível em: http://www.driglibrary.org/schaeffer/library/studies/nc/nc2b.htm.
7. McAdams, David. *Game-Changer: Game Theory and the Art of Transforming Strategic Situations*. Nova York: W.W. Norton, 2014, p.61.
8. Hamilton, James. "The Demand for Cigarettes: Advertising the Health Scare and the Cigarette Advertising Ban". *Review of Economics and Statistics*, vol.54, n.4, 1972.
9. A carta foi publicada na internet pela Universidade de Princeton depois da morte de John Nash em 2015. Tornou-se viral.

10. Halmos, Paul. "The Legend of John von Neumann". *American Mathematical Monthly*, vol.8, 1973, p.382-94.
11. Harfor, Tim. "A Beautiful Theory". *Forbes*, 14 dez 2006. Disponível em: http://www.forbes.com/2006/12/10/business-game-theory=tech-cx_th_games06_12 12harford.html. Citação original feita no programa da BBC "Ascent of Man", transmitido em 1973.
12. Ferguson, Chris e Thomas S. Ferguson. "On the Borel and Von Neumann Poker Models". *Game Theory and Applications*, vol.9, 2003, p.17-32.
13. Von Neumann, John e Oskar Morgenstern. *Theory of Games and Economic Behavior*. Princeton, NJ: Princeton University Press, 1944.
14. Dyson, Freeman. "A Walk Through Johnny von Neumann's Garden". *Notices of the AMS*, vol.60, n.2, 2010, p.154-61.
15. "Las Vegas: An Unconventional History. 'Benny Binion (1904-1989)'". PBS.org, 2005. Disponível em: http://www.pbs.org/wgbh/amex/lasvegas/peopleevents/p_binion.html.
16. Monroe, Billy. "Where Are They Now – Jack Straus". Poker Works, 11 abr 2008. Disponível em: http://pokerworks.com/poker-news/2008/04/11/where-are-they-now-jack-straus.html.
17. Detalhes tirados do vídeo da final disponível em: http://www.tjcloutierpoker.net/2000-world-series-of-poker-final-table-chris-ferguson-vs-tj-cloutier. TJ Cloutier Poker. "2000 World Series of Poker Final Table – Chris Ferguson vs TJ Cloutier". 12 out 2010.
18. Paulle, Mike. "If You Build It They Will Come". *ConJelCo*, vol.31, n.25, 14-18 mai 2000. Disponível em: http://www.conjelco.com/wsop2000/event27.html.
19. Wilkinson, Alec. "What Would Jesus Bet?" *The New Yorker*, 30 mar 2009. Disponível em: http://www.newyorker.com/magazine/2009/03/30/what-would-jesus-bet.
20. Johnson, Linda. "Chris Ferguson, 2000 World Champion". *CardPlayer Magazine*, vol.16, n.18, 2003.
21. Detalhes de: Wilkinson,"What Would Jesus Bet?".
22. Ferguson, C. e T. Ferguson. "The Endgamein Poker", in Ethier, Stewart N. e William R. Eadington (orgs.), *Optimal Play: Mathematical Studies of Games and Gambling*. Reno, NV: Institute for the Study of Gambling and Commercial Gaming, 2007.
23. Ferguson, Chris. "Sizing Up Your Opening Bet". Hendon Mob, 7 out 2007. Disponível em: http://www.thehendonmob.com/poker_tips/sizing_up_your_opening_bet_by_chris_ferguson.
24. Harford, "Beautiful Theory".
25. Wilkinson,"What Would Jesus Bet?".
26. Johnson, "Chris Ferguson".
27. Detalhes do desafio de: Ferguson, Chris. "Chris Ferguson's Bankroll Challenge." PokerPlayer, mar 2009. Disponível em: http://www.pokerplayer365.com/poker-players/player-interviews-poker-players/read-about-chris-fergusons-bankrollchallenge-and-you-cpuld-turn-0-into-10000.
28. Ferguson, "Chris Ferguson's Bankroll Challenge".

29. Palacios-Huerta, Ignacio. "Professionals Play Minimax". *Review of Economic Studies*, vol.70, 2003, p.395-415.
30. Detalhes da disputa foram dados em: Kjedldsen, T.H. "John von Neumann's Conception of the Minimax Theorem: A Journey Through Different Mathematical Contexts". *Archive for History of Exact Science*, vol.56, 2001.
31. Follek, Robert. "SoarBot: A Rule-Based System for Playing Poker". Dissertação de mestrado. School for Computer Science and Information Systems, Pace University, 2003.
32. O'Connor, J.J. e E.F. Robertson. "Biography of John von Neumann". *JOC/EFR*, out 2003. Disponível em: http://www-history.mcs.st-and.ac.uk/Biographies/Von_Neumann.html.
33. "Kurt Gödel". Institute of Advanced Study Online, 2013. Disponível em: http://www.ias.edu/people/godel.
34. Kushner, David. "On the Internet, Nobody Knows You're a Bot". *Wired*, 13 set 2005. Disponível em: http://archive.wired.com/wired/archive/13.09/pokerbots.html.
35. Detalhes das estratégias em: Rubin, Jonathan e Ian Watson. "Computer Poker: A Review". *Artificial Intelligence*, vol.175, 2011, p.958-87.
36. Ibid.
37. Bechara, A., Hanna Damasio e Antonio R. Damasio. "Emotion, Decision Making and the Orbitofrontal Cortex". *Cerebral Cortex*, vol.10, n.3, 2000, p.295-307, doi:10.1093/cercor/10.3.295.
38. Cohen, Michael D. "Learning with Regret". *Science*, vol.319, n.5866, 2008, p.1052-3.
39. Schaeffer, Jonathan. "Marion Tinsley: Human Perfection at Checkers?" Disponível em: http://www.wylliedraughts.com/Tinsley.htm.
40. Propp, James. "Chinook". *ACJExtra*, 1999. Disponível em: http://faculty.uml.edu/propp/chinook.html.
41. Estimativa dada em: Mackie, Glen. "To See the Universe in a Grain of Taranaki Sand". *North and South Magazine*, mai 1999. Disponível em: http://astronomy.swin.edu.au/~gmackie/billions.html.
42. Detalhes da competição em Schaeffer, Jonathan, Robert Lake, Paul Lu e Martin Bryant. "Chinook: The World Man-Machine Checkers Champion". *AI Magazine*, vol.17, n.1, 1996. Disponível em: http://dx.doi.org/10.1609/aimag.v17i1.1208.
43. Borel, E.M. "La mécanique statique et l'irréversibilité". *Journal of Theoretical and Applied Physics*, 1913.
44. Schaeffer, Jonathan, Neil Burch, Yngvi Björnsson, Akihiro Kishimoto, Martin Müller, Robert Lake, Paul Lu e Steve Sutphen. "Checkers Is Solved". *Science*, vol.317, n.5844, 2007, p.1518-22, doi: 10.1126/science.1144079.
45. Demaine, Erik D. e Robert A. Hearn. "Playing Games with Algorithms: Algorithmic Combinatorial Game Theory". *Mathematical Foundations of Computer Science*, 2011, p.18-32. Disponível em: http://erikdemaine.org/papers/AlgGameTheory_GONC3/paper.pdf.

46. Schaeffer, Jonathan e Robert Lake. "Solving the Game of Checkers". *Games of No Chance*, vol.29, 1996, p.119-33. Disponível em: http://library.msri.org/books/Book29/files/schaeffer.pdf.
47. Schaeffer et al., "Chinook".
48. Galla, Tobias e J. Doyne Farmer. "Complex Dynamics in Learning Complicated Games". *PNAS*, vol.110, n.4, 2013, p.1232-36, doi:10.1073/pnas.1109672110.
49. Mandelbrot, Benoît. "The Variation of Certain Speculative Prices". *Journal of Business*, vol.36, n.4, 1963, p.304-419. Disponível em: http://www.jstor.org/stable/2350970.
50. Billings, D., N. Burch, A. Davidson, R. Holte, J. Schaeffer, T. Schauenberg e D. Szafro. "Approximating Game-Theoretic Optimal Strategies for Full-Scale Poker". *IJCAI*, 2003, p.661-8. Disponível em: http://ijcai.org/Past%20Proceedings/IJCAI-2003/PDF/097.pdf.

7. O oponente-modelo (p.175-205)

1. Histórico de Watson tirado de: Rashid, Fahmida. "IBM's Watson Ties for Lead on *Jeopardy* but Makes Some Doozies". EWeek, 14 fev 2011. Disponível em: http://www.eweek.com/c/a/IT-Infrastructure/IBMs-Watson-Ties-for-Lead-on-Jeopardy-but-Makes-some-Doozies-237890; e Best, Jo. "IBM Watson: How the *Jeopardy*-Winning Supercomputer Was Born, and What It Wants To Do Next". Tech Republic. Disponível em: http://www.techrepublic.com/article/ibm-watson-the-inside-story-of-how-the-jeopardy-winning-supercomputer-was-born=and-what-it-wants-to-do-next.
2. Basulto, Dominic. "How IBM Watson Helped Me to Create a Tastier Burrito Than Chipotle". *Washington Post*, 15 abr 2015. Disponível em: http://www.washingtonpost.com/blogs/innovations/wp/2015/04/15/how-ibm-watson-helped-me-to-create-a-tastier-burrito-than-chipotle.
3. Wise, Gary. "Representing Mankind". ESPN Poker Club, 6 ago 2007. Disponível em: http://sports.espn.go.com/espn/poker/columns/story?columnist=wise_gary&id=295968.
4. Detalhes e citações das entrevistas do autor com Michael Johanson e Neil Burch, abr 2014, e Tuomas Sandholm, dez 2013. Detalhes específicos adicionais tirados de resultados de competições em: http://www.computerpokercompetition.org.
5. Entrevista do autor com Jonathan Schaeffer, jul 2013.
6. Ulam, S.M. *Adventures of a Mathematician*. Oakland: University of California Press, 1991.
7. Hodges, Andrew. *Alan Turing: The Enigma*. Princeton, NJ: Princeton University Press, 1983.
8. Histórico de Turing dado em: Copeland, B.J. *The Essential Turing*. Oxford: Oxford University Press, 2004.

9. "The Game of Poker". Arquivo AMT/C/18. The Papers of Alan Mathison Turing. Arquivos Nacionais do Reino Unido.
10. Detalhes do jogo da imitação dados em: Turing, A.M. "Computing Machinery and Intelligence". *Mond*, vol.59, 1950, p.433-60.
11. Kasparov, Garry. "The Chess Master and the Computer". *New York Review of Books*, 11 fev 2010. Disponível em: http://www.nybooks.com/articles/archives/2010/feb/11/the-chess-master-and-the-computer.html.
12. Detalhes do robô de Vegas dados em: Kaplan, Michael. "The Steely, Headless King of Texas Hold'Em". *New York Times Magazine*, 5 set 2013. Disponível em: http://www.nytimes.com/2013/09/08/magazine/poker-computer.html.
13. Comparação entre pôquer e gamão em: Dahl, Fredrik. "A Reinforcement Learning Algorithm Applied to Simplified Two-Player Texas Hold'em Poker". *EMCL '01 Proceedings of the 12th European Conference on Machine Learning*, 2001, p.85-96, doi:10.1007/3-540-44795-4_8.
14. McCulloch, Warren S. e Walter H. Pitts. "A Logical Calculus of the Ideas Immanent in Nervous Activity". *Bulletin of Mathematical Biophysics*, vol.5, 1943, p.115-33. Disponível em: http://www.cse.chalmers.se/~coquand/AUTOMATA/mcp.pdf.
15. Detalhes da equipe de inteligência artificial e DeepFace em: Simonite, Tom." Facebook Launches Advanced AI Effort to Find Meaning in Your Posts". *MIT Technology Review*, 20 set 2013. Disponível em: http://www.technologyreview.com/news/519411/facebook-launches-advanced-effort-to-find-meaning-in-your-posts; e Simonite, Tom. "Facebook Creates Software That Matches Faces Almost as Well as You Do". *MIT Technology Review*, 17 mar 2014. Disponível em: http://www.technologyreview.com/news/525586/facebook-creates-software-that-matches-faces-almost-as-well-as-you-do.
16. Smith, Cooper. "Facebook Users Are Uploading 350 Million New Photos Each Day". *Business Insider*, 18 set 2013. Disponível em: http://businessinsider.com/facebook-350-million-photos-each-day-2013-9.
17. Descrição da jogada em: Chelminski, Rudy. "This Time It's Personal". *Wired*, 9 out 2001. Disponível em: http://archive.wired.com/wired/archive/9.10/chess.html.
18. Silver, Nate. *The Signal and the Noise: Why So Many Predictions Fail – but Some Don't*. Londres: Penguin, 2012. [Ed. bras.: *O sinal e o ruído: Por que tantas previsões falham e outras não*. Rio de Janeiro: Intrínseca, 2012.]
19. Bateman, Marcus. "What Does 'Floating' Mean?"Betfair Online, 6 jul 2010. Disponível em: http://betting.betfair.com/poker/poker-strategy/what-does-floating-mean-060710.html.
20. Entrevista do autor com Michael Johanson e Neil Burch, abr 2014.
21. Dance, Gabriel e Tom Jackson. "Rock-Paper-Scissors: You vs. the Computer". *New York Times*. Disponível em: http://www.nytimes.com/interactive/science/rock-paper-scissors.html.
22. Wang, Zhijian, Bin Xu e Hai-Jun Zhou. "Social Cycling and Conditional Responses in the Rock-Paper-Scissors Game". *Scientific Reports*, vol.4, n.5830, 2014, doi:10.1038/srep05830.

23. Miller, George A. "The Magical Number Seven, Plus or Minus Two: Some Limits on Our Capacity for Processing Information", *Psychological Review*, vol.63, 1956, p.81-97.
24. Bar-Hiller, Maya e Willem A. Wagennar. "The Perception of Randomness". *Advances in Applied Mathematics*, vol.12, n.4, 1991, p.428-54, doi:10.1016/0196-8858(91)90029-I.
25. Jacobson, Roni. "Seven Isn't the Magic Number for Short-Term Memory". *The New York Times*, 9 set 2013.
26. Lai, Angel. "World Records". Disponível em: http://www.world-memory-statistics.com/disciplines.php.
27. Detalhes sobre técnicas de memorização em: Robb, Stephen. "How a Memory Champ's Brain Works". BBC News, 7 abr 2009. Disponível em: http://news.bbc.co.uk/2/hi/uk_news/magazine/7982327.stm.
28. Metropolis, Nick. "The Beginning of the Monte Carlo Method". Edição especial, *Los Alamos Science*, 1987, p.125-30. Disponível em: http://jackman.stanford.edu/mcmc/metropolis.pdf.
29. "Rock-Paper-Scissors: Human vs. AI". Disponível em: http://www.essentially.net/rsp.
30. Von Neumann, John e Oskar Morgenstern. *Theory of Games and Economic Behavior*. Princeton, NJ: Princeton University Press, 1944.
31. Mazrooei, Parisa, Christopher Archibald e Michael Bowling. "Automating Collusion Detection in Sequential Games". *Association for the Advancement of Artificial Intelligence*, 2013. Disponível em: https://webdocs.cs.ualberta.ca/~bowling/papers/13aaai-collusion.pdf.
32. Goldberg, Adrian. "Can the World of Online Poker Chase Out the Cheats?". BBC News, 12 set 2010. Disponível em: http://www.bbc.com/news/uk-11250835.
33. Dahl, F. "A Reinforcement Learning Algorithm Applied to Simplified Two-Player Texas Hold'em Poker", in De Raedt e P. Flach, L. (orgs.), *EMCL '01 Proceedings of the 12th European Conference on Machine Learning 2001, Lecture Notes in Artificial Intelligence 2167*. Berlim: Springer-Verlag, 2001.
34. Entrevista do autor com Tuomas Sandholm, dez 2013. Detalhes adicionais em: Sandholm, T. "Perspectives on Multiagent Learning", *Artificial Intelligence* 171, 2007, p.382-91.
35. Ganzfried, Sam e Tuomas Sandholm. "Game Theory-Based Opponent Modeling in Large Imperfection-Information Games". *Proceedings of the 10th international Conference on Autonomous Agents and Multiagent Systems*, vol.2, 2011, p.533-40.
36. Detalhes do evento em: Wise, "Representing Mankind"; e Harris, Martin. "Laak-Eslami Team Defeats Polaris in Man-Machine Poker Championship". PokerNews, 25 jul 2007. Disponível em: http://www.pokernews.com/news/2007/07/laak-eslami-team-defeats-polaris-man-machine-poker-champions.htm.
37. Detalhes do evento em: Harris, Martin. "Polaris 2.0 Defeats Stoxpoker Team in Man-Machine Poker Championship". PokerNews, 10 jul 2008. Disponível em: http://www.pokernews.com/news/2008/07/man-machine-II-poker-cham-

pionship-polaris-defeats-stoxpoker-.htm; e Johnson, R. Colin. "AI Beats Human Poker Champions". EETimes, 7 jul 2008. Disponível em: http://www.eetimes.com/document.asp?doc_id=1168863.
38. Entrevista do autor com Michael Johanson, abr 2014.
39. Bowling, Michael, Neil Burch, Michael Johanson e Oskari Tammelin. "Heads-Up Limit Hold'em Poker Is Solved". *Science*, vol.347, n.6218, 2015, p.145-9, doi:10.1126/science.1259433.
40. Entrevista do autor com Michael Johanson, abr 2014.
41. Sutton, John D. "Behind-the-Scenes with IBM's 'Jeopardy!' Computer Watson". CNN, 7 fev 2011. Disponível em: http://www.cnn.com/2011/TECH/innovation/02/07/watson.ib.jeopardy.
42. Wright, G.R., C.J. Berry e G. Bird. "'You Can't Kid a Kidder': Association Between Production and Detection of Deception in an Interactive Deception Task". *Frontiers in Human Neuroscience*, vol.6, 2012, p.87, doi:10.3389/fnhum.2012.00087.
43. Global Deception Research Team. "A World of Lies". *Journal of Cross-Cultural Psychology*, vol.37, n.1, 2006, p.60-74, doi:10.1177/0022022105282295.
44. DePaulo, B.M., J.J. Lindsay, B.E. Malone, L. Muhlenbruck, K. Charlton e H. Cooper. "Cues to Deception". *Psychological Bulletin*, vol.129, n.1, 2003, p.74-118.
45. Schlicht, E.J., S. Shimojo, C.F. Camerer, P. Battaglia e K. Nakayama. "Human Wagering Behavior Depends on Opponents' Faces." *PLoS ONE*, vol.5, n.7, 2010, p.e11663.
46. Entrevista do autor com Matt Mazur, ago 2014. Detalhes adicionais dos posts em seu blog disponíveis em: http://www.mattmazur.com.

8. Para além da contagem de cartas (p.206-27)

1. Experiência do autor.
2. História da vigilância em: Hicks, Jesse. "Not in My House: How Vegas Casinos Wage a War on Cheating". *The Verge*, 14 jan 2014. Disponível em: http://theverge.com/2013/1/14/3857842/las-vegas-casino-security-versus-cheating-technology.
3. Unlawful Internet Gambling Enforcement Act de 2006, 31 U.S.C. 5361-5366, §5362.
4. Detalhes do caso de DiCristina em: Weinstein, Jack. *Memorandum, Order & Judgement, United States of America against Lawrence DiCristina*. 11-CR-414. Ago 2012. Disponível em: http://jrist.org/paperchase/103482098-U-S-vs-DiCristina-Opinion-08-21-2012.pdf.
5. *McBoyle v. U.S.* 1930 10CIR 118, 43 F.2d 273.
6. Parafraseado do comentário original em *McBoyle v. U.S.* 1930: "Quando uma regra de conduta é assentada em palavras que evoquem na mente comum apenas a imagem de veículos movendo-se em terra, o estatuto não deve ser estendido a aeronaves simplesmente porque pode nos parecer que se aplique uma política similar, ou à especulação de que, se a legislatura tivesse pensado nisso, provavelmente teriam sido usadas palavras mais abrangentes."

7. Brennan, John. "U.S. Supreme Court Declines to Take DiCristina Poker Case; Reminder of Challenge Faced by NJ Sports Petting Advocates". NothJersey.com, 24 fev 2014. Disponível em: http://blog.northjersey.com/meadowlandsmatter/7-891/u-s-supreme-court-declines-to-take-dicristina-poker-case-reminder-of-challenge-faced-by-nj-sports-betting-advocates.
8. Ulam, S.M. *Adventures of a Mathematician*. Oakland: University of California Press, 1991.
9. Citado em: Weiss, R.A. "HIV and the Naked Ape", in De Rond, M. e I. Morley (orgs.), *Serendipity: Fortune and the Prepared Mind*. Cambridge: Cambridge University Press, 2010. Dito originalmente durante uma palestra na Universidade de Lille, 1854.
10. Salganik, M.J., P.S. Dodds e D.J. Watts. "Experimental Study of Inequality and Unpredictability in an Artificial Cultural Market". *Science*, vol.311, 2006, p.854-56.
11. Dodds, Peter Sheridan. "Homo Narrativus and the Trouble with Fame". *Nautilus*, 5 set 2013. Disponível em: http://nautil.us/issue/5/fame/homo-narrativus-and-the-trouble-with-fame.
12. Roulston, Mark e David Hand. "Blinded by Optimism". Artigo de trabalho. Winton Capital Management: dez 2013. Disponível em: https://www.wintoncapital.com/assets/Documents/BlindedbyOptimism.pdf?1398870164.
13. Charron, Cam. "Analytics Mailbag: Save Percentages, PDO, and Repeatability". TheLeafsNation.com, 27 mai 2014. Disponível em: http://theleafsnation.com/2014/5/27/analytics-mailbag-save-percentages-pdo-and-repetability.
14. Detalhes sobre estatísticas de PDO e da NHL fornecidas em: Weissbock, Joshua, Herna Viktor e Daina Inkpen. "Use of Performance Metrics to Forecast Success in the National Hockey League". Artigo apresentado na European Conference on Machine Learning and Principles and Practice of Knowledge Discovery in Databases. Praga: 23-27 set 2013.
15. Burn-Murdoch, John. "Were England the Unluckiest Team in the World Cup Group Stages?" FT Data Blog, 29 jun 2014. Disponível em: http://blogs.ft.com/ftdata/2014/06/29/were-england-the-uluckiest-team-in-the-world-cup-group-stages.
16. "In Vino Veritas, Redux". *The Economist*, 5 fev 2014. Disponível em: http://www.economist.com.blogs/freeexchange/2014/02/correlation-and-causation-0.
17. Simons, John. "Wages Not Wine: Booze Hound Colleges Spend £3 million on Wine". *Tab*. Cambridge, Reino Unido: 22 jan 2014. Disponível em: http://thetab.com/uk/cambridge/2014/01/22/booze-hound-colleges-spend-3-million-on-wine-32441.
18. Messerli, F.H. "Chocolate Consumption, Cognitive Function, and Nobel Laureates". *New England Journal of Medicine*, vol.367, 2012, p.1562-64, doi:10.1056/NEJMon1211064.
19. Peters, Justin. "When Ice Cream Sales Rise, So Do Homicides. Coincidence, or Will Your Next Cone Murder You?" Crime (blog), *Slate*, 9 jul 2013. Disponível em: http://www.slate.com/blogs/crime/2013/07/09/warm_weather_homicide_rates_when_ice_cream_sales_rise_homicides_rise_coincidence.html.
20. Lewis, Tim. "How Computer Analysts Took Over at Britain's Top Football Clubs". *The Observer*, 9 mar 2014. Disponível em: http://www.theguardian.com/football/2014/mar/09/premier-league-football-clubs-computer-analysts-managers-data-winning.

21. Ibid.
22. Detalhes do touro dados em: Lavin, Irving. "Picasso's Lithograph(s) 'The Bull' and the History of Art in Reverse". *Art Without History*, 75th Annual Meeting, College Art Association of America, 12-14 fev 1987.
23. Citado por Sugihara, George. "On Early Warning Signs". *Seed Magazine*, mai 2013. Disponível em: http://seedmagazine.com/content/article/on_early_warning_signs.
24. Largamente atribuída a Wiener. A citação aparece em: Rosenblueth, Arturo e Norbert Wiener. "The Role of Models in Science". *Philosophy of Science*, vol.12, n.4, 1945, p.316-21.
25. Chapin, R.M. "Communist Contagion". *Time*, abr 1946. Disponível em: http://claver.gprep.org/fac/sjochs/communist-contagion-map.htm.
26. Chapin, R.M. "Europe from Moscow". *Time*, mar 1952.
27. Borel, Émile. "A Propos d'Un Traite de Probabilités. Revue Philosophique", 1924. Citado em Ellsberg, Daniel. *Risk, Ambiguity, and Decision*. Nova York: Garland Publishing, 2001.
28. Detalhes do curso em: Bernstein, J. *Physicists on Wall Street and Other Essays on Science and Society*. Nova York: Springer, 2008.
29. Detalhes da estratégia dados em: Mezrich, Ben. *Bringing Down the House: The Inside Story of Six MIT Students Who took Las Vegas for Millions*. Nova York: Simon & Schuster, 2003.
30. História do armário dada em: Ball, Janet. "How a Team of Students Beat the Casinos". BBC News Magazine, 26 mai 2014. Disponível em: http://www.bbc.com/news/magazine-27519748.
31. Entrevista do autor com Richard Munchkin, ago 2013.
32. Detalhes e citações da entrevista do autor com Will Ma, set 2014.
33. O curso da Universidade de York era "Bethune 1800: Mathematics of Gambling", lecionado em 2009-10, e o curso da Emory era "MATH 190-000: Freshman Seminar: Math: Sports, Games & Gambling", lecionado no outono de 2012. Mais detalhes estão disponíveis em: http://garsia.math.yorku.ca/~zabrocki/bethune1800fw0910 e http://college.emory.
34. Entrevista do autor com Ruth Bolton, fev 2014.
35. Citado largamente, mas originalmente dado em: Laplace, P.S. *Théorie Analytique des Probabilités*. Paris: Courcier, 1812.
36. Entrevista do autor com Bill Benter, jul 2013.

Agradecimentos

Antes de tudo, agradeço ao meu agente Peter Tallack. Da proposta ao editor, sua orientação nos últimos três anos foi inestimável. Gostaria de agradecer também aos meus editores – TJ Kelleher e Quynh Do na Basic Books, e Nick Sheerin na Profile – por apostarem em mim, e por me ajudarem a dar à ciência a forma de uma história.

Meus pais continuam a oferecer sugestões e discussões cruciais para a minha escrita, e por isto eu lhes sou eternamente grato. Agradeço também a Clare Fraser, Rachel Humby e Graham Wheeler pelos muitos comentários proveitosos nas versões iniciais. E, é claro, Emily Conway, que esteve a meu lado o tempo todo com palavras sábias e vinho.

Por fim, estou em dívida com todos que dedicaram seu tempo a compartilhar comigo seus insights e experiências: Bill Benter, Ruth Bolton, Neil Burch, Stuart Coles, Rob Esteva, Doyne Farmer, David Hastie, Michael Johanson, Michael Kent, Will Ma, Matt Mazur, Richard Munchkin, Brendan Poots, Tuomas Sandholm, Jonathan Schaeffer, Michael Small e Will Wilde. Muitos desses indivíduos moldaram indústrias inteiras com sua curiosidade científica. Será fascinante ver o que virá a seguir.

Índice remissivo

Aberto de Tênis dos EUA, 102
abordagens baseadas em regras, 160-1, 162-3, 164-5, 166
abstração, 163, 218-21
Academia Nacional de Ciências, 145
acumuladas, 44, 48-9, 212-3
agências de notícias, 133, 134-5, 146
aglomerados de, capacidade de memória e volume de, 188-9
agrupar em categorias [*"bucketing"*], 163, 191-2
AK-47, rifle, simplicidade do, 97
Albert, James, 120
aleatoriedade:
    coleta de dados sobre, 19-24
    como abstração, 218-20, 221
    controlada, 39-41, 42-3
    de popularidade, 211-3
    e distribuição uniforme, 55-6
    em ecossistemas, 140-1, 142
    e o teorema do macaco infinito, 168
    gerando, em jogadas de partidas, 188-9
    mapa logístico e, 138
    método Monte Carlo e, 76
    na roleta, 18-9, 20-1, 22-4, 25-7, 28-9, 30-5, 36-7, 52-3, 173-4, 187-9, 210-1, 220-1
    no basquete, 99
    no blackjack, 53, 54-5, 56, 57, 85, 221
    no cara ou coroa, 207-8
    no golfe, 97-8
    no jogo de pedra–papel–tesoura, 154, 167, 190-1
    no xadrez, 177-8, 185, 210-1
    no pôquer, 163-4, 167-8
    padrões não aleatórios em, 188-9
aleatoriedade controlada, 39-41, 42-3
algoritmos:
    arbitragem, 125-6
    aumento do número de, em apostas e finanças, 132-3, 144-5
    cometendo erros, 129-30, 131-2, 185-6
    de alta velocidade, 225-6
    encaminhamento de ordens, 122-3
    estratégias de negócios conduzidas por, 143-5
    farejadores, 128
    inteligentes, desenvolvimento de, 183-5
    interação entre, 132-3, 135-7, 142-3, 146, 225-6
    jogar bem, 177-8
    Midas, apostas durante o jogo e, 101, 102, 103
    pôquer, 147-8, 197-8
    quebra de códigos, 41
    quedas súbitas e vertiginosas e, 134-5, 142-3
    reportagens na imprensa e, 134-5
    racionalidade e, 135-7
    simplicidade de, 143-4, 146
    úteis, gama de cenários para, 191-2
Allesina, Stefano, 142
análise durante o jogo, 111-2
análise fundamentalista, 70-1
análise técnica, 70
aperfeiçoamentos tecnológicos, 121-2
apostadores:
    afiados, 115-6, 120-1
    de pequena escala, 116
    dia a dia, 116, 121
    profissionais em esportes, 115-6
apostas:
    característica de, tradicionais, 216-7
    de cobertura, 108-9, 112-3
    em esportes *ver* bolsas de apostas; consórcios de apostas; casas de apostas
    história da aposta perfeita, 226-7
aprendizagem, capacidade de, 162-3, 172-3, 174-5, 181-2, 183-4, 185-6, 187, 196-7, 198, 199-200, 225-6
arbitragem, 123-5, 126, 142-3
Arsenal Football Club, 117
Associação Inglesa de Damas, 167
Associated Press, 133, 134
asteroides, estudo de, 24-6
Atass Sports, 91, 109
atração pesada pela experiência, 172-3

Índice remissivo

Baldwin, Roger, 50-1, 53
basquete, 96, 99-100, 121
Bass, Thomas, 29
bate-papo:
    característica de, 204
    salas de, 153-4, 155
Bayern, Shawn, 190
Beane, Billy, 219
Beasley-Murray, Ben, 35
Beat the Dealer (Thorp), 50, 53
beisebol, 93-4, 100-1, 102, 120, 208-9, 217-8
Benter, Bill, 50, 53, 54, 57, 61, 67, 70, 71-2, 82-3, 93, 105, 116, 214, 216, 220, 227
Bertsimas, Dimitris, 223
Betfair, 37, 50, 53, 54, 57, 61, 67, 70, 71-2, 82-3, 93, 105, 116, 151-2, 214, 216, 220, 227
bilhar, 34
Billings, Darse, 176
Binion's, salão de jogos, 151-2
Black, Andrew, 107
blackjack:
    administração do dinheiro no, 80, 155-6
    aleatoriedade no, 53, 55, 56, 85, 221
    contagem de cartas no, 50, 52-3, 55-6, 85, 163, 189-90, 210-1, 216, 217, 220, 221-2, 223
    complexidade e, 97-8
    curso na universidade sobre, 221-3
    evolução dos métodos no, 216-7
    furos encontrados no, 85-6, 206
    ideia para uma estratégia ideal no, 51-2
    e o método Monte Carlo, 76
    online, 85-7
    predição computadorizada no, 57
blefar, 150-1, 153, 154-5, 159-60, 186, 199, 217, 225-6
Bolsa de Ações de Nova York, 130
bolsas de ações, 122-3, 125-6, 129-8, 133-4, 142-3
bolsas de apostas, 107-8, 109, 111, 123-4, 125, 126, 127-8, 129-30
Bolton, Ruth, 61, 64-7, 69, 70, 83, 84, 220, 224, 226
bomba de hidrogênio, 73, 74, 75, 76, 96-7, 211
bônus, 85, 86
    abuso de, 86
    de inscrição, 85-6
Borel, Émile, 55, 77, 78, 160, 168, 220
Boston Globe (jornal), 46
Bowling, Michael, 196-7
Bringing Down the House (Mezrich), 222
Bundesliga, 92
Burch, Neil, 191, 198

cabo, 122-3, 126
caçadores de robôs, 202-3
cadeia de Markov, 77, 79
cadeia de Markov Monte Carlo, técnica, 79
call centers, 104
Campeonato Mundial Homem-Máquina, 167
Campeonato Nacional de Damas dos Estados Unidos, 167
Cantey, Wilbert, 51-2
Cantor Fitzgerald, 100-1
Cantor Gaming, 100, 103
caos, teoria do, 24, 29, 36-7, 133, 137, 140, 225-6
capacidade, medição da, 89-91, 119-20, 213-4
Carnegie, biblioteca, 94
cartas:
    contagem de, 50, 52-3, 55-6, 85, 163-4, 189-90, 210-1, 216, 217, 220, 221, 222
    embaralhamento de, 54-7, 77, 224
casas de apostas:
    arbitragem e, 123, 124
    competição enfrentada pelas, 196-7, 108
    e fluxo de informação, 102-3, 104
    e legalização do jogo, 114-5
    e *slippage*, 127
    esportes e, 103-6, 107, 108-9, 114-5, 123, 124
    jogos de apostas online e, 86-7, 88-9
    limites de apostas em, 104-5
    mercado negro, 104-5
    objetivos das, 102-3
    predições e, 87, 88-9, 91, 95, 101, 102-3
    robôs como, 142
    tradicionais, 58, 106-7, 123-4
Cash WinFall, 43-7
cassinos:
    indústria dos, 221
    máquinas de jogar nos, regras envolvendo, 186-7
    proibições por parte dos, 37, 54-5, 58
    segurança nos, 17-8, 34-5, 35, 37, 54-5, 86-7, 206, 221-2
    ver também blackjack; pôquer; roleta
causalidade e correlação, a questão da, 214-6
Centaur, 114
Cepheus, robô de pôquer, 198-9
cérebro:
    adulto, 187
    artificial, 182-3, 184-5
    infantil, 181, 187
    partes lesionadas do, relacionadas com arrependimento, 164-5
    memória e, 189-90

Chadwick, Henry, 93
Chaos (revista científica), 30
Chapin, R.M., 220
Chapman, Randal, 61, 64, 65-7, 69, 70, 83, 84, 220, 224
"Checkers Is Solved" (Schaeffer et al.), 172
Chinook, 166-8, 169-70, 171-2, 174, 177
Christie, Chris, 114
cifra de substituição, 77-8
clima, 24-5, 28-9, 34, 68
Clinton, Hillary, 106
Cloutier, T.J., 152-3, 154
Cobras e Escadas, jogo, 77
coeficiente de determinação, 69
Coles, Stuart, 87-8, 89, 90-2, 96, 100, 111, 121, 226
"Como apostar se precisar" (curso no MIT), 221-3
Competição Anual de Pôquer de Computador, 194
competitividade e memória, 172-4
complexidade, 97-8, 133, 136, 140-1, 143-4, 146-7, 153-4, 165, 166, 170-1, 172, 173, 174, 179-80, 189, 198, 218-9, 220, 221
comportamento:
    compreensão mais profunda do, desenvolvimento do, 225-6
    dos oponentes e a necessidade de predições, 174-5
    envolvido em mentir, 200
    imprevisibilidade de, 18-9, 145-6
    influência do, no pôquer, 201-2
    levando em conta, 217
    não antecipado, algoritmos cometendo erros e, 131
    olho por olho, 173
    robôs copiando, 201-2
    social, influência do, 211-2
computador, programas automatizados de *ver* robôs
concursos de beleza, interpretação de Keynes dos, 135-6, 137
Conferência Sloan de Análises Esportivas do MIT, 99, 119, 121
confiabilidade, 201-2
Congresso dos Estados Unidos, 148-9
conluios/aliança, 190-3
consórcios de apostas:
    em corridas de cavalos, 50, 67-8, 69, 71, 72-3, 79, 81-4, 116-7, 214-5

legalização, 114-5,
loterias e, 44-5, 46-7, 48-9, 210-11
nos esportes, 102-3, 113-4, 115-6, 117, 123
privados, reserva tradicional de, 109-10
Constituição dos Estados Unidos, 162
conta bancária, administração da, 79-82, 166-7
contagem de cartas *ver* cartas, contagem de
contato visual, 201
contramedidas, 36, 99-100, 204-5, 222-3
controle sobre os eventos, 208
Copa do Mundo (futebol), 125, 214
Copa do Mundo de Rúgbi, 98
Coram, Marc, 77-8, 79
correlação e causalidade, a questão da, 215-6
corridas de cavalos:
    administração do dinheiro de apostas em, 80-2
    apostas robóticas e, 128-30
    comparadas com golfe, 97-8
    consórcios de apostas e, 50, 67-8, 69, 71, 72-3, 79, 80-4, 116-7, 214-5
    cursos universitários estudando, 223-4
    e análise de regressão, 64, 65
    e as pistas de Hong Kong, 58-9, 69-70, 81-4, 88, 126-7
    e medição de qualidade, 65-6, 88
    e o método Monte Carlo, 76-7
    lei de apostas e, 206-7
    medição da performance individual, 116-7
    métodos de predição em, 61, 65, 66-9, 70-3, 78-9, 83, 84, 85, 214-5, 216, 224-5, 226-7
    Pinnacle Sports e, 106-7
    redução da disponibilidade de dados, limitações em, 86-7
    sistema de apostas mútuas em, 58-60, 81
    viés do favorito/tiro no escuro, 60, 61, 72
Corsi, índice, 99
Cosmopolitan, Las Vegas, 100-1
Crick, Francis, 38
críquete, 103-4
crise de empréstimos hipotecários, 110-1
crise financeira (2008), 110
Cubo de Rubik, 78
curiosidade, seguir a, 226
curso de jogo de apostas no MIT, 221-3
cursos universitários de jogos de apostas, 221-4

Índice remissivo

dados:
   acesso a, 153-4
   armazenamento e comunicação de, 26-7
   binários, 129
   coletar o máximo possível, 20-1, 116-7
   disponibilidade de, 83, 87, 99-100, 116, 183-4
   estatísticas e, importância de, nos esportes, 93-4
   limitados, 97-8
   malabarismos com, 176
   melhores, métodos de análise esportiva e acesso a, 215-6, 225-6
   novos, testar estratégias contra, 68, 69
   suficientes, para testar estratégias, 143-4
   viagem transatlântica mais rápida de, 126
Dahl, Fredrik, 182, 184-5, 186, 187, 192, 193, 195
damas, jogo de, 166-8, 169-70, 177, 178, 180-1, 199-200
Darwin, Charles, 61
DEA – Drug Enforcement Administration, 222
Deceptive Interaction Task, 200
Deep Blue, computador de xadrez, 176-7, 181, 185
Deep Thought, computador de xadrez, 176
DeepFace, algoritmo do Facebook, 184
Departamento de Defesa dos Estados Unidos, 105-6
dérbi de Kentucky, 58
DeRosa, David, 207-9
descontos, 83-4
Design of Experiments, The (Fisher), 39
detector de mentiras, 199-201
Diaconis, Persi, 77-8
DiCristina, Lawrence, 207, 208, 209, 210
dilema do prisioneiro, 149-50, 172
distribuição uniforme, 55-6
divisão de prêmios em loterias, 43-6, 47
Dixon, Mark, 87, 88, 89-92, 111-2, 121, 226
Djokovic, Novak, 123
Dobson, Andrew, 141
Dodds, Peter Sheridan, 212
dogmas, evitar, 226
dovetail, embaralhamento, 55-7, 77
Dow Jones, índice, 110, 134, 135

eBay, 108
Econometrica (revista científica), 159

ecossistemas, 138-42, 143-4, 145-6
efeito borboleta, 24, 137
Einstein, Albert, 218
embaralhamento de cartas *ver* cartas, embaralhamento de
encaminhamento de ordens, algoritmos de, 128
Enigma, máquinas, 179
escândalos, 103-4
Escola de Códigos e Cifras, 179
Eslami, Ali, 195-7
esportes:
   apostas de investidores em, 109-10, 111-4, 115
   arbitragem envolvida em, 123-4, 125, 126
   complexidade dos, 97-8
   controle sobre acontecimentos nos, 207-8
   e ligas esportivas imaginárias, 114-5
   e fundos de hedge, 109-10, 111, 112-4, 115
   e *slippage*, 127-8
   importância de estatísticas em, 93, 94, 217-8
   legalização de apostas em, 113-6
   medição de desempenho em, 99, 116-9, 216-8
   menos conhecidos, focalizando a atenção em, 120-1
   métodos de predição em, 94-6, 100-4, 111, 116-9, 120-1, 225-6
   pontos fora da curva nos, em termos de previsão, 98-9
   proibições em, 103-4
   ver também tipo específico de esporte
esportes importantes, problema de se concentrar nos, 121
esportes menos importantes, benefício de focar, 121
estatística:
   importância da, nos esportes, 93, 94, 217-8
   mantra citado com frequência, 214-5
   moderna, um dos fundadores da, 38
   roleta e, 23, 35-6
   ver também predições; probabilidade; regressão, análise de
estereótipos, 201-2, 221-2
estratégia agressiva, 167-8, 187-8, 193-4, 201-2, 203
estratégias de quase equilíbrio, 164, 165-6

estratégias ideais:
   em jogos do tipo "alinhe tantos em sequência", 169-71
   em mercados de ações/financeiros, 172-3
   na administração do dinheiro, 80-2, 86
   no blackjack, 51-2, 54-5
   no futebol, 157-8, 159
   no jogo de damas, 169-70
   no jogo de pedra–papel–tesoura, 154, 158, 190
   no pôquer, 154-6, 157, 158-9, 160-1, 162-3, 164, 165, 171-2, 173, 186-7, 190-1, 193-4, 197-8, 216-7
   no xadrez, 172-3, 210-1
   ver também teoria dos jogos; estratégias perfeitas
estratégias mistas, 153-5, 158-9
estratégias perfeitas, 51, 68, 157-8, 160-1, 165-6, 170-1, 172, 177-8, 196-7
   ver também estratégias ideais
estratégias puras, 154, 155, 158-9, 163
estratégias super-humanas, 199-200, 225-6
estrutura mental, 217-8
Ethier, Stewart, 23
Eudaemonic Pie, The (Bass), 90
eudaimônico, método de predição, 29, 30-5, 36-7, 136-7, 216-7
Eurocopa, torneio de futebol, 90, 123
eventos deflagradores, 133-4, 135, 142, 143
exploração e explorabilidade, equilíbrio entre, 193-4, 197-8
explosão do pôquer, 206-7

Facebook, 28, 183-4
face ideal para o jogo de pôquer, 201-2
falência, 80-1
farejar algoritmos, 128
Farmer, Doyne, 29, 33, 34-5, 133, 136, 144, 172, 173, 174, 221
favorito/tiro no escuro, viés do, 60, 61, 72
FBI, 95-6, 222
Federação Americana de Damas, 167
Federal Reserve, 145
Fédération Internationale de Football Association (Fifa), 90
Ferguson, Chris, 152-4, 155-7, 160, 163, 174
Fidens, 113
fim de jogo, base de dados de, 170-1
firmas de predições esportivas, 91-2, 93, 94-6, 97-9

Fisher, Ronald, 38-40, 87, 98
flutuação, 186
Follek, Rober, 160-3
força bruta, abordagem de, 48, 78-9, 177-8, 181
fórmula mágica, 118-9
Fréchet, Maurice, 159
Friedman, Milton, 124
Friedrich, Carl, 94
fundos de hedge, 109, 110, 113-4, 115, 133, 135, 212-3
futebol:
   arbitragem envolvida no, 124
   apostas robóticas no, 125-6
   capacidade de medição no, 89-91, 218
   clichê no, 112
   cobrança de pênalti no, como soma zero, 157-9
   empresas de predição em esportes e, 92
   escândalos no, 103-4
   fundos de apostas esportivas e, 112-3, 114
   medição de sorte e habilidade no, 212-3, 214
   métodos de predição no, 87-93, 96-7, 99-100, 103-4, 111-2, 113, 117, 118, 119-21, 226-7
   Pinnacle Sports e, 106-7
   Quatro Cavaleiros, método dos, 51-3, 60, 85-6
futebol americano, 92-3, 96, 100-1, 102, 118-9, 120-1, 124-5, 126-7, 217-8

Galileo, fundo, 114
Galla, Tobias, 172-3, 174
Galton, Francis, 61-2, 66, 119, 214
"Game of Poker, The" (Turing), 180
gamão, 152-3
Gandy, Robin, 180
ganha-fica perde-troca, estratégia, 188
Ganzfried, Sam, 194
Garrood, Andrew, 101-2
Gerrard, Steven, 117
Ginther, Joan, 42
Gödel, Kurt, 161, 162, 179, 185
golfe, 97-8, 121
Gosset, William, 41, 67
Grand National do Reino Unido, corrida de cavalos, 98
gravidade, 34
Grupo do Computador, 95, 109-10, 111

Índice remissivo

Guardian, The (jornal), 107, 130
Guinness, cervejaria, 67

habilidade, 186, 207-9, 210-1, 212, 213, 214, 215, 223-4, 225-6
hackers, 133-4
Hand, David, 212
Hanson, Robin, 106
Hard Rock, cassino, 100-1
Harvey, James, 43, 44, 46, 226
Hastie, David, 91, 118, 125
"Heads-Up Limit Hold'em Poker Is Solved" (Bowling et al.), 197
Heeb, Randal, 207, 208, 209, 210
Henry, Thierry, 117
hereditariedade, 62-4, 66, 119-20
Heuer, Andrea, 92
Hibbs, Albert, 19, 22, 36
Hibernia Atlantic, 126
Hilbert, David, 161
Holt, Matthew, 102
homem-máquina, competições:
    em game shows na TV, 175-6, 180-1
    no jogo de damas, 167-8, 171, 172
    no pôquer, 194-7
    no xadrez, 177-8, 181, 185
hóquei, 99, 213, 215-6

"15.S50" (curso no MIT), 223
IBM, 175-7
ignorância:
    primeiro grau de, 18
    segundo grau de, 18, 23-4, 26-7, 36-7
    terceiro grau de, 18, 23-4, 27-8, 36
ilusão, 226
imitação, jogo da, 180, 186-7, 204
imitadores, 144-5
incerteza, 31-2, 66, 73, 78-9, 124-5, 164-5, 182-3, 224-5
incompletude, 161-2, 177-8, 182-3
    teorema da, 161-2, 185
inconsistências, 161
indústria do pôquer, 206-7
informação qualitativa, 119
informação quantitativa, 119
inteligência artificial, 174, 176-7, 180-1, 182, 183-4, 185, 225-6
    artificial, conferência sobre, 195
    internet, benefícios da, 86

investir, 109-10, 111-4, 212-3
    ver também fundo de hedge; mercados de ações/financeiros

Jackson, Eric, 177
Jagger, Joseph, 22
janela de apostas, 124-5
Jennings, Ken, 175
Jeopardy!, 175-6, 180-1, 200
Jockey Club de Hong Kong, 58, 104
jogadores espertos, catando informação de, 104-5, 106
jogo da velha, 41-3, 165-6, 169-71, 172
jogos de apostas, leis, 35-6, 37, 85, 114, 206-7, 209-10
jogo determinista, 167-8
jogos do tipo "alinhe tantos em sequência", 170-1
    ver também jogo da velha
jogos novos, vantagens em, 86-7
Johanson, Michael, 187, 193, 197, 198, 202
Johnson, Neil, 137
Journal of Applied Statistics (revista científica), 88
Julius, George, 59

Kalashnikov, Mikhail, 97
Kaplan, Michael, 182, 186
Kasparov, Garry, 176, 181, 185, 194-5
Kelly, critério de, 80-2, 155
Kelly, John, 80
Kent, Michael, 92-3, 94-5, 96, 100-1, 116, 119, 121, 177
Keynes, John Maynard, 135-6
King, Brian, 213
Klein, Matthew, 109
Klincewicz, Stefan, 48
Knight Capital, 130-1, 132

Laak, Phil, 195-7
lançamento de moedas, cara ou coroa, 20, 21, 73, 79-80, 81, 207-9, 218-20
Laplace, Pierre Simon, 225
Larsen, Svend Egil, 132
Las Vegas Sports Consultant, 101
Le Monaco (jornal), 21, 22
legalização, 114-6
Lei dos Jogos de Apostas, 85, 209-10

Leitner, Christoph, 90
levantamentos estatísticos, 118-9
Lickel, Charles, 175
Lig 4, 170
Liga dos Campeões, 106
ligas esportivas imaginárias, 114-5
limites de apostas, 106-7, 108, 109, 110-1, 113-4, 124, 125-6, 127-8, 144-5, 226
   ver também pôquer com apostas limitadas
linguagem corporal, 174
linguagem humana, análise da, 175-6
Liverpool, clube de futebol, 117-8
Lorenz, cifra de, 41
Lorenz, Edward, 24, 68,137
Loteria de Michigan, 45
Loteria Estadual da Califórnia, 153
Loteria Estadual de Massachusetts, 43-7
Loteria Nacional do Reino Unido, 40
Loteria Nacional Irlandesa, 48
loterias:
   acumuladas em, 43-4, 47-9, 212-3
   aleatoriedade controlada e, 40-1
   consórcios de apostas e, 44, 45-7, 48-9, 210-1
   consultor para, 152-3
   cursos universitários sobre, 223-4
   divisão do prêmio em, 43-6, 47
   equipe de segurança, 42
   e roleta, visão distorcida de, 112
   furos encontrados em, 42-3, 44-5, 46-7, 226-7
   ganhar boladas em, 206
   tradicionais, 43-9
Lovelace, Ada, 185

Ma, Will, 223-4
macaco infinito, teorema do, 168, 207-8
Maisel, Herbert, 52
Major League Baseball, playoffs, 217
Maldini, Paolo, 117
Management Science (revista científica), 65
Mandelbrot, Benoît, 173
mapa logístico, 138-41
mapas:
   como abstrações, 218-9, 220
   logísticos, 138-41
"Maquinário computacional e inteligência" (Turing), 185

máquinas caça-níqueis, 181-2, 209
Markov, Andrei, 77
Markov, propriedade de, 77, 78
Martinez, Roberto, 218
May, Robert, 29, 137, 138, 140, 141, 142, 143
Mazrooei, Parisa, 192
Mazur, Matt, 202-5
McDermott, James, 52
McHale, Ian, 103
média, regressão à, 214
medição de desempenho, 98-9, 116-9, 216-8
medição qualitativa, 65-6, 87-8
Mega-Millions, 43
memória e competitividade, 172-4
memória, capacidade de, 185-91
memorização, 188-9, 190
mercado de análise de políticas, 105-6
mercado negro, casas de apostas no, 104-5
mercados de ações/financeiros, 110, 111, 113-4, 125-6, 127-8, 130-3, 134-5, 136-7, 141-5, 172-3, 174, 206-7
Meston, A.J., 63
Metropolis, Nicholas, 75-6, 78-9, 178, 190
Mezrich, Ben, 222
Midas, algoritmo de, 101, 102, 103
Milgram, Stanley, 28,
Miller, George, 189
Millman, Chad, 115
minimax, abordagem, 157, 159-60, 166-7
minimização de arrependimento, 164-6, 197-8
modelagem de escolhas, 65
modelagem do oponente, 174, 191, 193-4, 196-7
Monte Carlo:
   falácia de, 21, 208
   método, 76, 78-9, 97, 188, 225
Morgenstern, Oskar, 151, 162, 191
Munchkin, Richard, 86, 222

Nadal, Rafael, 123
"não linear", trajetória, 27-8
Nascar, 121
Nash, equilíbrio de, 148, 160, 163, 165, 172, 173, 191, 193, 194, 195, 197
Nash, John, 149, 160, 170
Nature (revista científica), 63, 64, 66
navegação na internet, 203-4
NBA, 98
negócios ver bolsas de ações; mercados de ações/financeiros

Índice remissivo

New England Patriots, 101
New York Times (jornal), 115, 182, 186, 187, 190
New Yorker (revista), 155
NFL, 117, 217-8
NHL, 98, 213
níveis de tomada de decisão, 162-4
números pseudoaleatórios, 76

Oakland A's, 217
Occam, navalha de, 68
olho por olho, comportamento, 173
Oller, Joseph, 59
online:
    apostas, 103-4
    blackjack, 85-7
    jogos de apostas, vantagens de, 86-7, 103-4, 120-1, 144-5
    segurança, 204-5
    sites de pôquer, 201-3, 204, 206-7, 208-9
Onside Analysis, 91, 119
"Optimum Strategy in Blackjack, The" (Baldwin, Cantey, Maisel e McDermott), 52
ordem iceberg, 128
Osipau, Andrei, 86

paciência e engenhosidade, 226-7
paciência, jogo de, 75
Packard, Norman, 29, 35, 133
Palacios-Huerta, Ignacio, 157, 159
pânico, 113, 145-6,
Pascal, Blaise, 26
Pasteur, Louis, 211
PDO, estatística, 213-4
Pearson, Karl, 20-3, 30, 38, 61-2, 63-4, 69, 76, 225
pedra–papel–tesoura, 154-5, 188, 190-1
pé-frio da Sports Illustrated, 119
Pentágono, 106
percepção humana, importância da, 118-9
Picasso, Pablo, 218
Pinnacle Sports, 105-6, 107
Poincaré, Henri, 18, 24, 25, 28, 36, 55, 62, 77, 78, 140, 225
Poisson, processo de, 89, 91
Poisson, Siméon, 89
Polaris 2.0 (robô de pôquer), 196
Poots, Brendan, 110, 113, 114, 118
populações, 137-42
popularidade, aleatoriedade da, 242-3
pôquer:
    abordagem combinada ao, 216-7
    abstrações e, 220-1

administração do dinheiro no, 155-7
aleatoriedade no, 163-4, 167-8
análise do fim do jogo no, 154
aplicar teoria dos jogos ao, 153, 159-60, 190-1, 192-3
apostas limitadas, 181-2, 186-7, 194-5, 196-7, 198-9
conluios no, 190-3, 206-9
como jogo de soma zero, 157, 190-1
como menos vulnerável a métodos de força bruta, 180-1
comportamentos no, 200-2
curso universitário sobre, 222-4
em salas de bate-papo na internet, 153-4
estratégia de quase equilíbrio no, 163-4, 165
estratégia ideal no, 154-6, 157, 158-9, 160-1, 162-3, 164-5, 171-2, 173, 186-7, 190-1, 193-4, 197-8, 216-7
heads-up (mano a mano), 181-2, 185-6, 195-6, 197-8, 204
ideia científica inspirada no, 225-6
informação incompleta no, 177-8
mais opções no, complexidade de, 153-4
opções básicas no, 149-51, 153-4
pesquisa bem conhecida do, 178-9
potencial para erros no, 171-2
predição no, 174
robôs jogadores no, 147-8, 160-1, 162, 164-5, 172-3, 174, 176-7, 181-2, 183, 184-5, 186-7, 191-2, 193-4, 195-9, 200, 201-5, 220-1, 225-6
sem limite, 198-9, 204-5
sorte versus habilidade no, 206-9, 210, 223-4
Texas hold'em, 151-3, 162-3, 181-2, 186-7, 194-5, 197-8
World Series, 151-2
Power Peg, programas, 131
Powerball, 43
predição computadorizada:
    no blackjack, 67
    no jogo de damas, 167-8, 169
    na corrida de cavalos, 61-2, 66, 72-3, 83
    e o método Monte Carlo, 76, 225
    na roleta, 17-8, 28, 29-30, 31-5, 36-7
    nos esportes, 93-6, 100-1, 102, 103-4, 110-1, 119, 225-6
predições:
    basquete e, 96, 98-100

beisebol e, 100-1, 102
blackjack e, 54-5, 57
casas de apostas e, 103-5, 106
clima e, 24-5, 28, 68
comparar, em relação a dados novos, 68, 69
comportamento do oponente e a necessidade de, 174
computadorizadas, 17-8, 28, 29, 30-5, 36-7, 61, 66, 76, 83, 93-7, 100-1, 102, 103-4, 110-1, 119, 167-8, 169-70, 225-6
construção da bomba de hidrogênio e, 74, 77-8
corridas de cavalos e, 61-2, 64-5, 66-9, 70-3, 79, 82-3, 84, 87-8, 214-5, 216, 224-5, 226-7
de piores cenários possíveis, 87-8
foco em fazer, 213-5
futebol americano e, 92-3, 96, 101, 102
futebol e, 87-93, 95-6, 99-100, 103-4, 111-2, 113, 226-7
golfe e, 97-9
grau de ignorância e, 18, 23-4
jogo de damas e, 167, 168-9
perturbações externas como fator nas, 34-5
pôquer e, 174
problema em explicar, 214-6
roleta e, 17, 19-20, 21-4, 25-7, 28-9, 30-5, 36-7, 137, 140, 173-4, 218-9, 226-7
Prediction Company, 133, 144
Preis, Tobias, 110
Premier League indiana, 104
Premier League inglesa, 217
premissas, capacidade de fazer, sobre oponentes, 193-4, 199-201
Premium Bonds, 213
Priomba Capital, 111, 113, 114, 115
probabilidade:
básica, estratégias bem-sucedidas para ir além, 216-7
de calote num empréstimo para compra de casa, 110
de sobrevivência de um ecossistema, 140-1
diferentes conclusões sobre, 220-1
em corridas de cavalos, 60, 61-2, 66, 71-2, 73, 80-1, 214-5, 216
em loterias, 46-7, 112

na roleta, 21-2, 32-3, 112
no blackjack, 51
no futebol, 88-9, 157-8, 159, 217-8
no jogo de paciência, 75
no jogo de pedra–papel–tesoura, 154
no pôquer, 150, 163, 182-3, 216-7
probabilidade, teoria da, 87, 144-5, 225-6
problema do processamento de informação, 177-8
Programa de Liquidez no Varejo, 130
programas automatizados ver robôs
proibições:
de transferências bancárias, 206-7
nos esportes, 103-4
por parte dos cassinos, 36-7, 54-5, 58
por websites de pôquer, 202-3, 204-5
prova por contradição, 170
psicologia, 181, 186-7, 198-9, 217

quadrado latino, 29
quadros de apostas, 59, 60, 71, 79-80, 82
quebra de códigos, 41, 77-8, 79, 179-80
Quebrando a banca (filme), 222
quedas relâmpago, 133-4, 135, 136-7, 142-3

racionalidade, 136-7, 172
Random Strategies Investments, LLC, 45
raspadinhas, 40-3
realidade, modelo de, 219-20, 221
recompensas futuras, maximização das, 164-5
reconhecimento facial, capacidade de, 183-5
recrutamento, equipes de, 87
rede social, teoria da, 28-9
redes neurais, 182-3
regressão, análise de, 62-4, 65, 67-8, 93, 119-20, 214-5
regressão à média, 62, 63-5, 119, 214
regressão múltipla, 64
regulação, 104-5, 114-5, 145-6
Reinhart, Vincent, 146
relações competitivas, 142-4, 148
relações de cooperação, 141-2, 146
relações predador-presa, 142
resultados esperados ver predições; probabilidade
risco, 47, 51, 80, 81, 91-2, 108-9, 110, 112-3, 116, 133, 146, 155-7, 164-5, 167-8, 180-1, 193-4, 224-5
risco sistêmico, 145-6

Índice remissivo

Ritz Club, 17, 35, 36
Robinson, Michael, 111
robôs:
  bolsas de apostas e, 124-6, 129-30
  cognitivos, outras aplicações úteis
    para, 176, 197-8
  como agentes de apostas, 142-3
  defeituosos, 129-30, 131, 132, 133
  diferentes tipos de, 141-3
  e a capacidade de aprender, 162, 172-3,
    174, 182-3, 184, 185-6, 187, 196-7, 198,
    199-200, 225-6
  em corridas de cavalos, 128-30
  ensinando a si próprios, 162-3, 185-7,
    199-200
  híbridos, 193-4
  limitações de, 199-200
  memória e, 134-5, 145-6
  mercados de ações/financeiros e, 126,
    129, 130-3, 134-5, 136-7, 141-3, 144-5
  no gamão, 182-3
  no *Jeopardy!*, 175-6, 177, 180-1, 199-200
  no jogo de damas, 166-7, 169-70, 171-2,
    176-7, 178, 199-200
  no pôquer, 147-8, 160-2, 163, 164-5, 166,
    172-3, 174-5, 176-8, 181-2, 183, 184-5,
    186-7, 191-2, 193-4, 195-9, 200, 201-5,
    220-1, 225-6
  no xadrez, 176, 177, 178, 181, 185-6, 198-9,
    200
  pedra–papel–tesoura e, 187-8, 189-91
  treinando, 166-7, 177-8, 183-4, 185, 186,
    197-8
  vulnerabilidades no uso de, 131-2
roleta, 17, 206
  aleatoriedade e predições na, 17-8,
    19-20, 21-4, 25, 26-7, 28, 29-30, 31-5,
    36-7, 52-3, 136-7, 140, 173-4, 187-9, 210-1,
    218-20, 221-2, 226-7
  controle sobre acontecimentos na, 207-8
  cursos universitários sobre, 223-4
  e a falácia de Monte Carlo, 21, 208
  e loterias, visão distorcida e, 111-2
  e sorte, 210-1
  estágios do giro, 31-2
  evolução de estratégias bem-sucedidas,
    36-7, 216-7
  fatores restringindo apostas científicas,
    36-7

  ideia científica inspirada na, 225-6
  Lei dos Jogos de Apostas e, 209-10
  redução da disponibilidade de dados,
    limitação em, 86-7
  viés na, 21-3
roubo de estratégia, abordagem de, 170-1
Roulson, Mark, 212
Rubner, Oliver, 92
Rutter, Brad, 175

S&P 500, 134
sabermétrica, 217
SABR – Society for American Baseball
  Research, 94
Salganik, Matthew, 211
San Francisco Giants, 101
Sandholm, Tuomas, 177, 193, 199, 220
Schaeffer, Jonathan, 166, 167, 169, 171, 177, 178,
  187, 200
Science (revista científica), 171, 197
"Searching for Positive Returns at the Track"
  (Bolton e Chapman), 61
Securities and Exchange Commission, 143
segurança:
  cassinos, 17-8, 34-5, 36-7, 54-5, 86-7, 206,
    221-2
  online, 204-5
seis graus de separação, 28
Selbee, Gerald, 45, 47
"sensível dependência das condições iniciais",
  24, 25-6
"sentar e jogar", jogos do tipo, 204
Shannon, Claude, 27, 28, 29, 30
Shaw, Robert, 29, 36
"short stack" [pouco cacife], estratégia de, 202
Silver, Adam, 115
simplicidade, 97, 125-6, 140-1, 143-4, 146, 165-6,
  167, 219-20, 225-7
simplificação exagerada, 220-1
simplificações, fazer, 150-1, 153-4, 263-4, 218-9,
  220
sistema bem-sucedido, 226-7
sistemas financeiros, regulação e, 145-6
slippage, 127-8
Slumbot, 177
Small, Michael, 30-5, 37
SMARS, software, 130-1
Smartodds, 91, 98, 120
SoarBot, 161, 162-3

soluções fortes, 169-70, 171
soluções fracas, 169-70, 171
soluções ultrafracas, 169-70, 171
soma zero, jogos de, 156-9, 160-1, 172-3, 190-1
sorte:
    habilidade versus, debate sobre, 206-9, 210-1, 212
    habitual, 210-1
    linha entre habilidade e, 212-3
    medir a, 213-4, 225-6
    na roleta, 210-1
    na vida, 224-5
    noção de, explorar, estudando jogos de azar, 224-5
    no jogo de damas, 167-8, 169
    no pôquer, 178, 195-6, 206-7, 208-9, 210, 223-4
    nos esportes, 98, 99, 213-4
    no xadrez, 177-8, 185, 210-1
    probabilidade e, 162
    questionar a, 42-3
    raridade de lucros provenientes da, 226-7
    sequências de, 20-1
spread betting, 145
Srivastava, Mohan, 41-2
start-ups:
    vantagens das, 116
    sugestões para, 121
Straus, Jack, 151-2
subir, aumentar, 155
Sullivan, Gregory, 46-7
Super Bowl, 114
superestimar, 111-2
Suprema Corte dos Estados Unidos, 209
surpresas, 184-5, 186, 197-8, 225-6

Tang, Si, 142
tarifação, 39-40, 114-5, 144-5, 146
Tartanian, robô de pôquer, 177, 199
taxa de câmbio, 122-3
telégrafo/telegramas, 122-3
tênis, 102-3, 121, 123
teoria da informação, 27
teoria de valores extremos, 87-8
"Teoria de jogos de salão" (Von Neumann), 159
teoria dos jogos, 149, 152-3, 159-60, 161, 162-3, 165-6, 167-8, 172, 173-4, 178-9, 187-8, 190-1, 192-3, 216-7, 225-6
teoria econômica, 165

Texas hold'em, pôquer, 152, 153, 181-2, 186, 195, 107
Theory of Games and Economic Behavior (Von Neumann e Morgenstern), 151, 178
Thorp, Edward, 26-7, 28, 29, 30, 50-1, 52-4, 55, 57-8, 76, 77, 80, 206, 216, 221, 226
Time (revista), 219
Tinsley, Marion, 166, 167, 171, 194
tomada de decisão caótica, 173-4
torneios com entrada grátis, 155-6
trapacear, 50, 191-2, 203-4, 206
três graus de separação, 28
trifeta, 72
triplo trio, 72-3, 79
truque de mágica, 226
Tse, Chi Kong, 30-3, 37
Turing, Alan, 179-81, 185, 186, 191, 198, 199, 204
Tutte, Bill, 41
Twitter, notícias no, 133, 134-5, 136

Ulam, Stanisław, 73-6, 79, 96, 178, 190, 211, 225
unidade monetária europeia, 141
Universidade de Salford, 129
Universidade de York, curso na, 224
US Masters, torneios de golfe, 98

varredura de tela, 100
Veiby, Peder, 132
Venetian, cassino, 100-1
Venn, diagrama de, 100
Venn, John, 38
Verhulst, Pierre, 138
viés:
    favorito/tiro no escuro, 60, 61-2, 72
    em modelos, 220
    sobreposições, 71
    físico, 22-3, 24, 36
    psicológico, 21-2, 111-2
volatilidade agrupada, 173-4
Voler La Vedette, robô, 130, 132
von Neumann, John, 75-6, 149-51, 153-4, 156, 159-60, 161, 163, 178, 179, 182, 186, 191, 217, 225
Voulgaris, Haralabos, 99, 104, 121

Wagenaar, Willem, 189
Walford, Roy, 19-20, 22-3, 36
Walters, Billy, 95-6
Wang, Zhijian, 188
Watson, 175-6, 181, 200

Índice remissivo

Watson, Thomas, 175
Weinstein, Jack, 209-10
Wiener, Norbert, 219
Wilde, Will, 113, 116
Wilson, Allan, 22-3
Wilson, Woodrow, 97
Wired (revista), 42
Wohl, Mike, 115

Wood, Greg, 130
Woods, Alan, 54, 57-8, 61, 72, 82-3
World Series of Poker, 151, 155-6

xadrez, 166, 172, 173, 176, 177, 178, 181, 185, 199, 210

Yorke, James, 29

 A marca FSC® é a garantia de que a madeira utilizada na fabricação do papel deste livro provém de florestas de origem controlada e que foram gerenciadas de maneira ambientalmente correta, socialmente justa e economicamente viável.

Este livro foi composto por Mari Taboada em Dante Pro 11,5/16 e impresso em papel offwhite 80g/m² e cartão triplex 250g/m² por Geográfica Editora em setembro de 2017.

Publicado no ano do 60º aniversário da Zahar, editora fundada sob o lema "A cultura a serviço do progresso social".